国家林业和草原局研究生教育"十四五"规划教材

现代摄影测量与遥感技术

杨曦光 于 颖 主编

中国林业出版社
China Forestry Publishing House

内容简介

本教材主要介绍摄影测量的基本知识，解析空中三角测量的理论和方法，数字高程模型及正射影像的制作，无人机航测技术，遥感技术的基本概念、原理和方法，遥感物理基础，遥感平台和传感器特点，遥感图像处理，遥感解译和自动分类，以及遥感技术在各领域的应用等内容。本书可以作为遥感科学与技术专业、地理信息科学专业、地图学与地理信息系统专业、测绘专业等大中专院校研究生、本科生、高职高专的教材，也可作为相关专业的师生、专业技术人员和研究人员学习参考资料。

图书在版编目（CIP）数据

现代摄影测量与遥感技术／杨曦光，于颖主编. —
北京：中国林业出版社，2022.12
国家林业和草原局研究生教育"十四五"规划教材
ISBN 978-7-5219-2049-9

Ⅰ.①现…　Ⅱ.①杨…　②于…　Ⅲ.①摄影测量-高
等学校-教材②遥感技术-高等学校-教材　Ⅳ.①P23
②TP7

中国版本图书馆 CIP 数据核字（2022）第 254325 号

责任编辑：高红岩　王奕丹
责任校对：苏　梅
封面设计：睿思视界视觉设计

出版发行：中国林业出版社
　　　　　（100009，北京市西城区刘海胡同 7 号，电话 83223120）
电子邮箱：cfphzbs@163.com
网　　址：http://www.forestry.gov.cn/lycb.html
印　　刷：北京中科印刷有限公司
版　　次：2022 年 12 月第 1 版
印　　次：2022 年 12 月第 1 次印刷
开　　本：787mm×1092mm　1/16
印　　张：15.5
字　　数：377 千字
定　　价：49.00 元

《现代摄影测量与遥感技术》编写人员

主　　编　杨曦光　于　颖

副 主 编　刘艳霞　刘桂卫　刘文彬　范德芹　范文义

　　　　　　李明泽

编　　委　(以姓氏拼音为序)

　　　　　　范德芹[中国矿业大学(北京)]

　　　　　　范文义(东北林业大学)

　　　　　　付　尧(玉溪师范学院)

　　　　　　李明泽(东北林业大学)

　　　　　　刘　畅(西南林业大学)

　　　　　　刘桂卫(中国铁路设计集团有限公司)

　　　　　　刘文彬(中国科学院地理科学与资源研究所)

　　　　　　刘艳霞(中国科学院海洋研究所)

　　　　　　温一博(沈阳农业大学)

　　　　　　杨曦光(东北林业大学)

　　　　　　于　颖(东北林业大学)

　　　　　　甄　贞(东北林业大学)

前　言

回顾历史，从 20 世纪初借助飞艇和飞机的航空摄影测量，到 20 世纪 70 年代由 Land-sat 和 SPOT 系列卫星所开辟的卫星摄影测量和遥感技术，再到同时期蓬勃发展的低空无人机摄影测量，最后到现在被广泛关注的地面移动测图系统，摄影测量已经历了一个多世纪的发展，技术日趋成熟。地面、低空、航空和卫星的发展，反映了摄影测量载体的变迁，新技术的革新推动了摄影测量相关知识不断地发展，也为摄影测量带来了新的理论基础和活力。

党的十八大以来，我国遥感卫星发展迅猛，高分系列卫星、自然资源卫星系列、海洋系列卫星、风云卫星、北斗卫星和"吉林一号"卫星等陆续组网运行，特别是高分专项实施，构建起稳定运行的高分卫星遥感系统，近 50 个业务领域实现 100% 信息自给率，遥感数据已经成为具有多传感器、多时相、多分辨率、多要素等特性的时空大数据。

党的二十大报告对全面建成社会主义现代化强国作出了进一步科学谋划，其中，高质量发展是全面建设社会主义现代化国家的首要任务。提供高质量的测绘产品和服务是测绘事业发展的重要生命线，是深入贯彻落实党的二十大精神的重要任务之一。航空摄影测量技术是当前用于工程测绘的主要技术手段，具有省时省力和提高测绘精准性的效果。随着我国空天遥感技术的长足进步，摄影测量技术已经越来越广泛的应用于城市和工程测绘领域，是国民经济、国防建设、社会发展和生态文明的基础性、公益性事业，是现代化建设中必不可少的重要保障。

本教材是以介绍摄影测量和遥感技术的基本理论、方法和应用为主的指导书，介绍了现代摄影测量技术理论和遥感技术相关知识。本教材分上、下两篇，上篇主要介绍摄影测量学的基础知识、理论方法、外业工作和摄影测量新技术；下篇主要介绍卫星遥感技术相关的基础理论、遥感平台、数据特点、分类及应用等问题。通过对本教材的学习，为学生学习后续专业课程以及毕业后运用所学知识进行实际航测生产、遥感技术应用或从事相关的科学研究和教学工作打下坚实基础。

上篇为摄影测量学，共 9 章，内容包括：摄影测量学的定义与发展、航空摄影测量的基础知识、单张航摄像片解析、立体观察与立体测量、双像解析摄影测量、解析空中三角测量、数字摄影测量、摄影测量外业工作和航空摄影测量新技术。通过该部分内容的学习，使学生获得像片解析的基础知识，掌握利用摄影测量方法进行高精度点位测定的作业过程及必要的运算技能，了解基于航空遥感影像的摄影测量定位、定向方法的发展趋势。

下篇为遥感技术，共6章，内容包括：遥感概述、遥感电磁辐射基础、遥感系统、遥感数字图像处理、遥感图像解译和遥感技术应用。可使学生比较系统地掌握遥感技术的基本原理、方法和各领域的应用概况。

本教材由杨曦光、于颖担任主编，第一章由李明泽、温一博、杨曦光编写；第二、第三章由于颖、刘畅、杨曦光编写；第四、第五章由李明泽、于颖编写；第六章由李明泽、杨曦光编写；第七、第八章由刘艳霞、于颖编写；第九章由刘桂卫、甄贞、于颖编写；第十章由范文义、付尧、杨曦光编写；第十一章由范德芹、杨曦光编写；第十二章由刘文彬、于颖编写；第十三、第十四章由范文义、于颖编写；第十五章由杨曦光、于颖、刘艳霞、刘桂卫、刘文彬、范德芹、范文义和李明泽共同编写。研究生刘钰琪、郑文睿、陈洁、李雨轩参与了书稿中插图和公式的整理工作，在此一并表示感谢。本书的出版得到了"国家自然科学基金"（31971580、31870621），中国博士后科学基金（2019M661239）和东北林业大学优秀研究生教材建设项目（2022年）的资助，特此感谢。

由于编者水平有限，书中难免会存在错误与不足，敬请读者批评指正。

编 者

2022 年 10 月

目　录

上篇　摄影测量学

第一章
摄影测量学的定义与发展

摄影测量学是影像信息获取、处理、分析和成果表达的一门信息科学。本章主要介绍了摄影测量学的定义、任务、特点及分类，摄影测量学与现代遥感技术之间的联系，并阐明了摄影测量学的发展历程。

第一节　摄影测量学介绍

一、摄影测量学的定义

摄影测量学（Photogrammetry）是对研究的物体进行摄影、量测和解译所获得的影像，获取所摄物体的几何信息和物理信息的一门科学和技术。摄影测量学的内容包括：获取被摄物体的影像，研究影像的处理理论、技术和设备，将所处理和量测得到的结果以图解或数字的形式输出的技术和设备。

传统的摄影测量学定义是指将使用光学相机获得的照片进行处理，来获取被摄体的形状、大小、位置、特征以及相互关系的学科。20 世纪 60 年代，随着航天技术和计算机技术的飞速发展，摄影测量的学科领域随之扩大。70 年代，美国 Landsat 系列卫星的成功发射，使遥感作为一门新兴的技术得到广泛应用。在遥感技术中，除了使用传统的摄影机外，还使用了全景摄影机、多光谱扫描仪、CCD 固体扫描仪、成像光谱仪、合成孔径侧视雷达等传感器。它们提供了大量的多时相、多光谱、多分辨率的丰富的影像信息。由于摄影测量与遥感在理论、技术、设备和应用等方面密不可分，两者逐渐合并发展为摄影测量与遥感学科。为此，国际摄影测量与遥感学会（International Society for Photogrammetry and Remote Sensing，ISPRS）于 1988 年在日本东京召开的第十六届大会上对摄影测量与遥感作出定义：摄影测量与遥感是对非接触传感器系统获得的影像及数字表达进行记录、量测和解译，从而获得自然物体和环境的可靠信息的一门工艺、科学和技术。简而言之，它就是影像信息获取、处理、分析和成果表达的一门信息科学。

二、摄影测量学的任务

摄影测量学的主要任务是测制各种比例尺的地形图，创建地形数据库，并为不同的地理信息系统和土地信息系统提供基础数据。摄影测量学要解决的两大问题是几何定位和影像解译。几何定位就是确定被摄主体的大小、形状和空间位置，其原理来自测量学的前方交会法，即根据两个已知的摄影站点和两条已知的摄影方向线，交会出构成这两条摄影光线的待定地面点的三维坐标；影像解译是确定与地面物体相对应的图像的性质，其常规方法是根据地物在像片上的构像规律，采用人工目视判读方法识别地物的属性。当前，利用计算机技术自动识别和提取物理信息是摄影测量学的主要研究方向之一。

三、摄影测量学的特点

摄影测量学的特点包括：①图像的测量和解译主要在封闭空间内进行，不与物体本身接触，因此很少受到气候、地理和其他条件的限制；②所摄影像可以真实反映客观物体或目标，信息丰富、直观，人们可以从研究对象中获取大量的几何和物理信息；③可以拍摄动态物体的瞬时影像，完成传统方法难以完成的测量工作；④适用于大比例尺地形测绘，测绘速度快、效率佳；⑤产品的形式多种多样，可以生产纸质地形图、数字线画图（Digital Line Graphic，DLG）、数字高程模型（Digital Elevation Model，DEM）和数字正射影像（Digital Orthophoto Map，DOM）等。

摄影测量学的应用领域非常广泛。只要物体能拍摄成影像，就可以解决摄影测定技术方面的问题。这些被摄体既可以是固体，也可以是液体，还可以是气体；它既可以是静态的，也可以是动态的；既可以是细微的细胞或组织，也可以是一颗巨大的宇宙星体。这种灵活性使摄影测量学作为一种测量和获取数据并进行分析的方法，可以在许多方面应用。

四、摄影测量学的分类

1. 根据拍摄过程中摄影机位置的不同

根据拍摄过程中摄影机位置的不同，摄影测量学可分为航空摄影测量、航天摄影测量、地面摄影测量、近景摄影测量和显微摄影测量。航空摄影测量主要是用于生产摄影、科研和教学，成图比例尺可覆盖1∶500~1∶50 000，是测绘1∶500~1∶5 000地形图的重要方法，是测绘1∶10 000~1∶50 000地形图的主要方法。航天摄影测量又称遥感技术，是把摄影机安装在人造卫星、航天飞机上，对地面进行遥感，成图比例尺已从1∶50 000~1∶1 000 000提高到1∶5 000左右（甚至1∶1 000左右），在一定条件下已可替代部分航空摄影测量，用于资源调查、环境保护、灾害监测、气象监测、地质调查、地形测绘和军事侦察等领域。地面摄影测量是将摄影机放置在地面上拍摄测量目标，通常用于工程研究和山区航空摄影间隙的补充测量。近景摄影测量通常用于检查和测绘拍摄距离<300 m（或100 m）的非地形目标；显微摄影测量指通过显微装置获取微小物体图像进行相应处理的一种摄影测量方法，主要应用于建筑材料微小颗粒的几何形状及其表面缺陷的测定和生物医学、虫卵、菌体、细胞等变化以及其他生物变化的测量等方面。

2. 根据应用领域的不同

根据应用领域的不同，摄影测量学分为地形摄影测量与非地形摄影测量两大类。地形摄影测量是以地表形态为研究对象，生产各种比例尺的纸质地图、数字地图、数字地面模型和数字影像地图等产品。地形摄影测量是摄影测量的主要任务，它能满足国家对基础地理信息的需求，广泛应用于城市建设、环境保护、规划、农林、水利、电力、交通、地质、矿业等多个部门及行业。与野外利用经纬仪现场测绘方法相比，摄影测量法具有以下优点：作业速度快，测图周期短；主要是内业工作，工作强度低；节省大规模制图的费用，成图精度均匀；可生产影像测绘产品。非地形摄影测量是摄影测量学的一个分支学科，一般是指近景摄影测量。其主要利用影像确定非地形目标物的形状、大小及空间位置等，广泛应用于工业制造、建筑工程、生物医学及考古、变形观测、公安侦破、事故调查、弹道测量、爆破、矿山工程等领域。

3. 根据技术处理手段的不同

根据技术处理手段的不同，摄影测量学分为模拟摄影测量、解析摄影测量和数字摄影测量。模拟摄影测量的直接结果为各种纸质地图（地形图、专题图等），它们必须经过数字化才能输入计算机。解析和数字摄影测量可以直接向各种数据库和地理信息系统提供基本的地理信息。

第二节　摄影测量学与遥感的关系

一、摄影测量学是遥感的一个分支

20 世纪 60 年代，航天技术迎来了一个新的时代。地球轨道卫星的发展，使其能便利快捷地提供地球表面的高平台卫星影像，而不受政治边界和国家边界的限制。更重要的是数字化电子图像系统的发展，该系统可以对地球上采集的地面图像数据进行再转换，利用计算机图像处理技术将这些数字化数据处理成可视图像，并根据应用需要将不同波段的图像合成为彩色图像。图像处理技术还可以进行图像增强、模式识别及不同时间获得的图像叠加等。20 世纪 70 年代，航天遥感开始正式应用。目前，具有商业性质的航天遥感主要是指卫星遥感，世界各国使用的遥感数据多是购于美国 Landsat 系列卫星和法国的 SPOT 卫星遥感系列产品及 NOAA 气象卫星的遥感数据。

科学上把航天遥感和航空摄影技术体系称为遥感，定义为"远隔一定距离，不与探测物体相接触，来获得物体和现象的科学及应用技术。"这是一种广义上定义，实际目前广泛应用的是以卫星为平台的航天遥感（图 1-1）和以飞机为平台的航空遥感。遥感技术具有 3 个技术内涵：①传递

图 1-1　卫星遥感在轨工作示意

物体信息的物质与能量；②遥感的探测装置；③运载探测装置的飞行器。

从空间遥感数据中可以不同程度地分析和提取地物的地理空间信息，即有关地理实体及其相互关系的信息。这些信息可反映出自然资源与环境的内在特征及其动态变化，按性质可分如下类型：

(1) 分类信息

根据遥感数据可以确定出地球表面具有相同特征的区域，如从大地类上可以识别出水系、植被、土壤及人文景观等。不同专业根据不同的遥感数据可获得更详细的地类信息，如农田、草地、森林、江河湖海等。

(2) 地物定量信息

确定出各种地理实体的数量特征，如森林蓄积量、林分高度、谷物收获量、冰雪体积等。并根据统计分析方法可估计出区域总体的数量特征。

(3) 空间度量信息

确定出各种地理实体的空间位置、几何长度、面积等。

(4) 地形信息

提取海拔高度、坡度及坡向等信息。

(5) 网络信息

获取道路、河流等所构成的网络系统大连通性、路径等信息。

(6) 地理实体之间空间分布及其相互关系方面的信息

从遥感数据分析和提取上述信息的方法和过程称为判读或解译。可以按遥感种类分为航空像片判读及卫星图像解译；也可以按判读方法分为目视判读、计算机判读和计算机辅助目视判读。

适用于各技术领域遥感数据的应用过程如下：

(1) 定义所需要的信息

使用遥感数据的目的就是获得使用者所需要的信息，所以只有事先定义所需要的信息，才能在选择遥感技术、获得或购置遥感数据、确定分析方法时满足总体目标的要求。定义所需要的信息时要考虑的因子有：信息种类、具体内容、信息量、信息表达形式，以及要求的精度和收集信息的速度、时间、成本等。

(2) 遥感数据的收集

可以向测绘或有关部门购置最近拍摄的该区域的航空像片，也可以委托航摄专业部门对所要区域进行拍摄获取最新航片。后者对航片比例尺、胶卷种类、拍摄季节等方面的要求有更大的选择余地。

(3) 遥感数据分析

根据总体目标的要求，通过上述的判读分析方法，获得地物属性的空间信息，包括分类、定量、地形、网络及拓扑等。分析结果的表达形式可以是统计数表、数字地图、线划地图、影像地图、计算机文件、文字报告等。在分析过程中，除了使用遥感数据外，还经常与地面调查、野外观察、现存地图或其他数据一起联合分析及处理。遥感数据所提取信息的精度、广度和深度除了取决于遥感数据本身的质量外，还需要有训练有素的判读分析人员、正确的判读方法及必要的仪器设备等。

（4）分析结果的验证

对遥感数据分析结果的精度要进行一定的测试验证，作为成果报告的组成部分提交用户。这样才能正确地使用这些信息，做出有效的规划和决策。

（5）应用于规划决策过程

从遥感数据提取的有关地理实体的空间位置信息和属性信息是区域自然资源和环境规划决策的基础。多层次（航空与航天）与多时性遥感所提供的信息可满足不同水平的规划与决策类型。

航空摄影测量技术的产生和发展是现代遥感技术最早的形式，100多年来，航空摄影测量为航天遥感技术的出现铺平了道路。作为对摄影测量科学技术的一个概括，很多学者在不同的文献上对其做过不同的定义：美国摄影测量协会（ASP）的定义"摄影测量是一门记录、测定和判释摄影像片、图像、电磁辐射图像模式和其他现象的科学与技术（1980）。"沃尔夫（P. R Wolf）认为"摄影测量学是通过测定与判释目标物及关联物所反射之电磁能而成之像，以获得可靠信息的一门科学技术。"莫菲特（F. H Moffitt）认为"摄影测量学是在像片上测定影像的科学，其中包括：平面图和地形图的制作；依据像点而确定目标在空间上的位置；测估森林蓄积量；土壤分类；地质调查；军事情报的收集等。"赫勒特（B. Helert）认为"摄影测量学包括测度与判释两部分。测度是指由像片信息为基础，确定物体的几何性质，如大小、形状及位置的科学技术；而像片判释学则研究摄影影像，以辨认地物及推演其性质的过程。"李德仁院士等认为"传统的摄影测量学是利用光学摄影机摄影的像片/图像，研究和确定被摄物体的形状、大小、位置、性质和相互关系的一门科学技术。"

二、摄影测量学与遥感的异同

1. 共同之处

摄影测量学作为一个成熟的学科，已有150年左右的发展史，遥感作为现代高科技只有三四十年左右的发展史，但两者研究内容（理论基础、技术手段、生产设备、应用目的等）已趋于一致，共同发展形成影像信息学科。

2. 差异之处

摄影测量学以航空摄影成像为主；以测绘大比例尺地形图为主；以影像几何信息的处理为主；以提供区域基础地理信息服务为主。遥感以卫星传感器成像为主（具有宏观特性、光谱特征及时相特征）；以编制中小比例尺专题图为主；以影像物理信息的处理为主；以各行业、部门专业应用为主。

第三节　摄影测量学的发展概况

人类社会在与自然交互中，其活动范围从地面发展到空中。离开陆地的人们力求把自己在陆地使用的研究仪器，通过相应的改装，也搬到空中，首批仪器就包括摄影机。从1839年尼普斯（Neipce）和达盖尔发明摄影术算起，摄影测量已经有180多年的历史。实际上，早在 1858 年，人们已从气球和风筝上获得最早的空中照片。1903 年莱特兄弟发明飞机后，才使航空摄影测量成为可能。飞机的出现促使航空摄影迅速发展为一种重要的应用科学技术，在影响国民经济发展的各个领域获得了广泛的应用(图 1-2)。

在摄影测量发展史文献中可以查到：法国人尼普斯在 1826 年拍摄了第一张摄影照片；1849 年，法国军事工程师劳赛达特(A. Laussedat)利用地面摄影进行地图制作；1859 年，法国摄影家通过气球拍摄巴黎上空的照片，在同一年劳赛达特也利用了气球在巴黎上空拍摄，研究制作地图；1898 年，研究者利用数学方法，将中心投影转换成为正射投影，使其成为摄影成图的起点；1903 年，莱特兄弟发明了飞机，这为人类真正开始从空中观察和科学系统地研究地球创造了条件；1909 年，莱特(W. Wright)于飞机上拍摄了第一张摄影像片，开启了航空摄影；第一次世界大战期间，第一台航空摄影机问世。由于航空摄影与地面摄影相比有着明显的优势，如视野开阔，无前景遮挡后景现象，可以快速拍摄大面积的照片；自 20 世纪以来，航空摄影测量技术已经成为大面积测量地形图的最有效方法，1901 年研制了立体坐标量测仪，1909 年研制了"1318 立体自动测图仪"，这些仪器主要用于地面摄影测量；20 世纪 30 年代到 50 年代末，各国主要测量仪器厂针对航空地形摄影测量研制和生产了各种类型的模拟测图仪器，如光学和机械投影仪器和立体测图仪器。这是模拟航空摄影测量的黄金时期。在中国，模拟航空摄影测量的发展一直持续到 20 世纪 70 年代末期。

图 1-2 航空摄影获取地面环境与资源地理信息

模拟航空摄影测量指的是用光学或机械方法模拟摄影过程，使两个投影器恢复摄影时的位置、姿态和相互关系，构成一个比实地缩小了的几何模型，即所谓摄影过程的几何反转，在此基础上的量测即相当于实地的量测，量测的结果是通过机械或齿轮传动等方法直接在绘图桌上绘出，如地形图或各种专题图。

由于计算机技术的发展，人们开始使用计算机完成复杂的几何计算和大量的数值计算，这促进了始于 20 世纪 50 年代末的解析空中三角测量仪、解析测图仪和数控正射投影仪的出现，开辟了解析摄影测量的新纪元。直到 20 世纪 70 年代中期，计算机技术的发展才使解析测图仪进入了商用阶段。

解析测图仪是世界上首先实现测量成果数字化的仪器。在计算机辅助绘图软件的控制下，三维模型中的测量结果存储在计算机上，然后传输到数控绘图机绘制地图。这种以数字格式存储的地图构成了地图和地图数据库以及建立若干地理信息系统的基础。

20 世纪 80 年代，国际上开始将无人机应用于测绘工程。无人机全称为无人驾驶飞行器（Unmanned Aerial Vehicle，UAV），指利用无线电遥控或自备程序控制操纵的不载人飞机。随着技术发展的成熟，无人机生产成本大幅降低，在各个领域无人机都得到了广泛应用，特别是现代测绘领域，无人机颠覆了传统测绘的作业方式，通过无人机照片可采集高清立体图像数据，自动生成三维空间信息模型，快速获取地理信息。无人机航空摄影测量具有高效率、低成本、数据准确、操作灵活等特点，已成为测绘部门的新宠儿，成为航空遥感测量不可或缺的重要组成部分。

航空摄影遥感体系发展过程大致可以划分为以下几个阶段：

①在第一次世界大战期间　这一阶段属于航空摄影技术发展的初始阶段，主要用于军事侦察。虽然还没有形成比较完善的解释理论，但从航拍照片中可以获得重要的军事信息，使人们认识到这一技术体系具有十分重要的应用价值。

②从 20 世纪 20 年代到 40 年代　航空摄影和解译技术在理论和应用上都取得了很大进展，形成了较为完善的航空摄影技术体系。这一时期的非凡成果是基于立体摄影的地形图制作技术和方法，促进了几何学、地图学和地图科学的革命性变化，许多地形图和专题图都是利用航空摄影编制的。同时，航空摄影在考古学、林学、地质学、生态学和工程学等领域的应用也取得了很大进展，形成了各专业判读的技术方法。

③第二次世界大战后到 20 世纪 80 年代　利用航空像片绘制地形图和各种专题图已成为一种常规方法。航空像片和地面抽样调查相结合已成为获取这些地区自然资源管理信息的主要技术手段。黑白红外胶片的出现和应用提高了航片的判读性能和应用价值。

航空摄影测量技术本身也经历了 3 个发展阶段：模拟法航空摄影测量阶段、解析法航空摄影阶段和数字摄影测量阶段。

模拟法航空摄影阶段可以认定是从 20 世纪 30 年代到 70 年代。这个阶段摄影测量的理论和相应的测图仪器是以光学、机械、光学—机械仪器的物理投影，实现模拟摄影过程的几何反转，完成摄影测量的解算。

随着计算机技术的发展，摄影测量由模拟法逐渐向解析法过渡。德国的施密特在 20 世纪 50 年代建立了解析摄影测量的基本理论，并将其应用于解析空中三角测量。解析空中三角测量可以很好地处理像点坐标的系统误差和粗差，保证测量结果的高精度和可靠性，已经成了摄影测量内业测图控制点加密的主要方法。解析摄影测量发展的另一个标志就是解析测图仪的研制成功。1957 年，美国的海拉瓦提出了解析测图仪的思想，并于 60 年代初研制成第一台解析测图仪，当时主要用于美国军方。到了七八十年代，解析测图仪得到了快速的发展，欧美许多著名的摄影测量仪器制造商，如德国的蔡司（Zeiss）、瑞士的怀尔德（Wild）和科恩（Kern）等公司，都开始生产解析测图仪，使解析测图仪进入民用领域（图 1-3）。解析测图仪是由一台立体坐标量测仪和一台专用电子计算机以及相应的接口设备组成，它的操作与模拟的立体测图仪没有本质的区别（图 1-4）。由于解析测图仪是根据数学关系式建立的立体模型，因而可以预先做各种系统误差的改正，而且它可以处理各种类型的像片，扩展了摄影测量的应用领域。解析测图仪的产品可以是纸质的线划图，也可以是数字地图和数字地面模型等数字产品，便于建立测量数据库，是摄影测量成为地理信息系统基础数据获取和更新的重要手段。

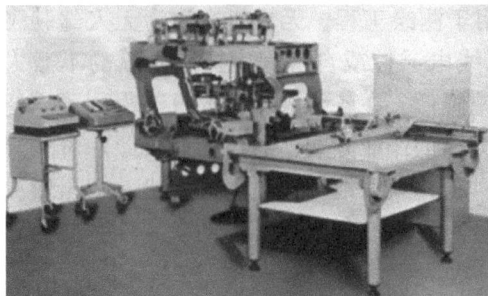

图 1-3　模拟立体测图仪

图 1-4　解析立体测图仪

随着计算机技术的进一步发展和数字图像处理、模式识别等技术在摄影测量领域的应用，摄影测量开始进入数字摄影测量阶段(图 1-5)。美国于 20 世纪 60 年代初研制成全数字自动化系统 DAMC，它能把模拟的像片经过扫描转换成由灰度表示的数字影像，利用计算机代替人眼进行立体观测，实现摄影测量的自动化(图 1-6)。1988 年，瑞士科恩公司推出世界上第一个商用数字摄影测量系统 DPSI。1992 年在国际摄影测量与遥感学会大会上，几家国际上著名的大公司纷纷推出基于 SUN、SGI 工作站的数字摄影测量系统，标志着摄影测量真正进入数字摄影测量时代。

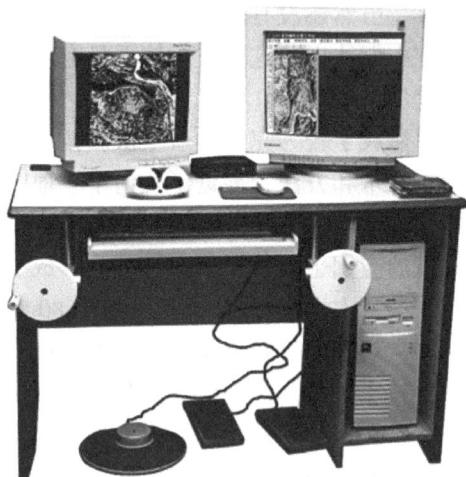

图 1-5　全数字摄影测量系统

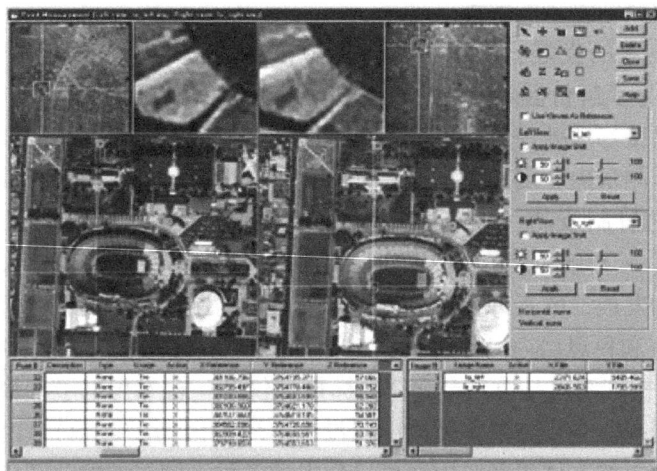

图 1-6　数字摄影测量阶段的计算机系统平台

数字摄影测量与模拟、解析摄影测量的区别在于：它不再依赖精密而昂贵的光学与机械仪器；处理的原始资料是数字影像或数字化影像；处理过程中以计算机视觉代替人眼进行立体观测，实现几何信息和物理信息的自动提取；其产品形式是数字的，包括数字地图、数字地面模型、数字正射影像和数字景观图等。

100多年来的实践充分证明了航空摄影的优越性，主要有以下几点：

①扩大了人们的观察视野。航空摄影可提供大面积的鸟瞰图，使我们可以从全局的角度上来观察所研究的对象。

②使我们能观察到地面上难以达到的一些地方，并进行分析研究，如沙漠、冰川、高山、沼泽及原始森林等地带的自然现象和自然资源。

③能提供永久性的科学资料，并可在室内条件下充分地加以研究，还能与历史性资料相比较，可以监测大自然随时间的变化。

④扩大了光谱分辨率，因为摄影感光胶片所记录的光谱范围是人眼的2倍。人眼只能观察到0.4~0.7 μm的光，而摄影胶片可以扩展到0.3~0.9 μm。特别是近年来出现的多光谱摄影，使人们可以利用光谱波段组合的方式，获得更详细的信息。

⑤增加了空间分辨率和几何逼真度。航空摄影像片具有一定的量测性和可判性，特别是利用航空像片可以产生立体观察效应，使我们可以用航片编制地形图、地图，以及获得地物的位置、距离、方向、面积等信息。

第二章
航空摄影测量的基础知识

摄影测量的前期工作是利用各种类型的摄影机对所测量的目标进行拍摄，获取测量目标的影像。为了获取高质量的影像，更好地对影像进行判读量测，提高获取地面测量点的精度，要充分掌握摄影测量相关基本知识。

第一节 摄影原理与摄影机

一、摄影的基本原理

摄影的成像原理是小孔成像。在小孔处安置一个摄影物镜，在成像面处放置涂有对光敏感的感光材料，物体投射光线经过摄影物镜后聚焦成像于感光材料上，感光材料感光后发生光化学作用，生成不稳定的、肉眼看不见的潜像，潜像经过显影、定影等处理过程后变成稳定可见但明亮度与实际地物相反的影像，这种影像再经过晒印或放大处理后即可获得与实际地物明亮度一致的影像。

二、摄影机的基本结构

摄影机是用于摄取光学影像的仪器，也是摄影的主要工具。摄影机的种类很多，但其结构基本一致，主要由镜箱和暗箱两部分组成（图 2-1）。

镜箱包括物镜筒、镜箱体和成像面，是摄影机的光学部件。物镜筒内嵌有摄影物镜、光圈和快门，是摄影机的重要部件。物体的投射光线经过物镜聚焦后进入摄影机，成像于成像面上。镜箱体是一个封闭的筒，用来调节摄影机物镜与像框平面之间的距离。

暗箱用来存放感光材料。普通摄影机的暗箱和镜箱是连成一体的，测量专用摄影机的暗箱和镜箱是可以分开的，一般有多个暗箱，暗箱可以从摄影镜箱上拆卸下来，供摄影师调换使用。

1. 摄影物镜

摄影物镜是摄影机上由凸透镜或凹透镜组合而成的精密光学成像系统。组合透镜成像分析方法一般是利用单个透镜逐次成像或者利用透镜组的"等效透镜"成像。

光学透镜的镜面通常呈球面，从透镜中心到周边有一定的曲率。透镜中两球面曲率中

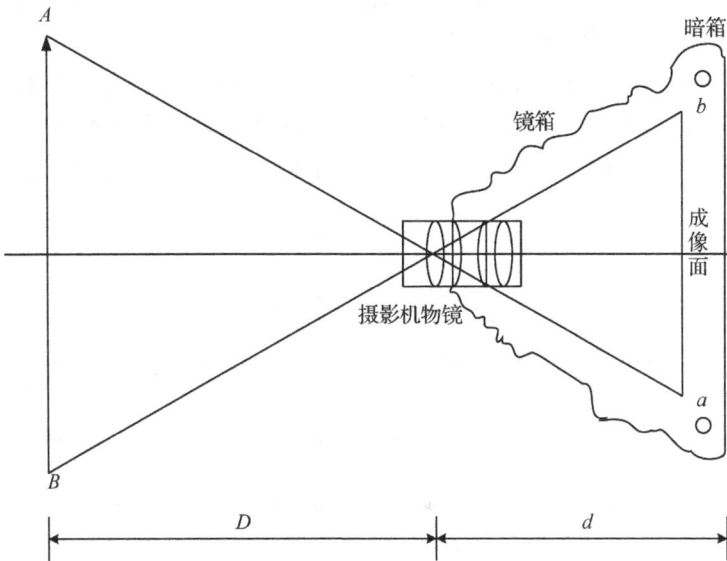

图 2-1 摄影机构造示意图

物点 A、B 在成像面上的像点为 a、b；D 为物方焦距；d 为像方焦距

心的连线是透镜的光轴，物镜光学系统中各个透镜的光轴应该重合，形成物镜的主光轴。如图 2-2 所示，一平行于主光轴的光线 AB，经物镜组多次折射后得到折射光线 CD，AB 延长线与 CD 交于 h'，经过 h' 作垂直于主光轴的面 Q'，所有平行于主光轴的投射光线都在平面 Q' 上发生折射现象。同理可以得到点 h 和另外一个折射面 Q。折射面 Q 与 Q' 将空间分为两部分，将物体所在的空间成为物方空间，影像所在的空间称为像方空间。平面 Q 与 Q' 也分别称为物方主平面与像方主平面。平面 Q 与 Q' 与主光轴分别交于 S 和 S'，相应地称为物方主点与像方主点。折射光线 CD 与主光轴的交点为 F'，称为像方焦点。像方主点 S' 与 F' 之间的距离称为像方焦距 f'。若物方空间一组与主光轴斜交的投射光线，经过物镜折射后为平行于主光轴的平行线组，那么这些投射光线必然相交于主光轴的 F 点上，该点称为物方焦点。物方主点 S 与 F 之间的距离称为物方焦距 f。

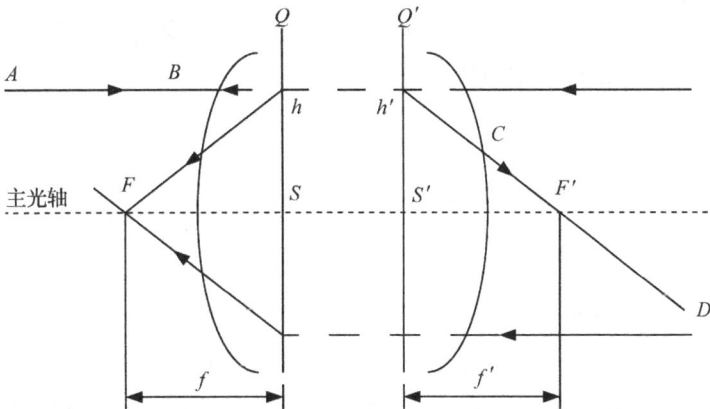

图 2-2 物镜的主平面、主点、焦点

上述像方空间和物方空间、像方主点与物方主点、像方平面与物方平面、像方焦距与物方焦距以及像方焦点与物方焦点都是一一对应的。

另外，从主光轴外的物点 A 发出的所有光线，经过物镜产生折射，总有一对共轭光线，其出射光线与其入射光线平行，即入射光线与主光轴的夹角 β 与出射光线与主光轴的夹角 β' 恰好相等，两光线与主光轴的两个交点 K 与 K' 分别称为物方节点与像方节点(图 2-3)。

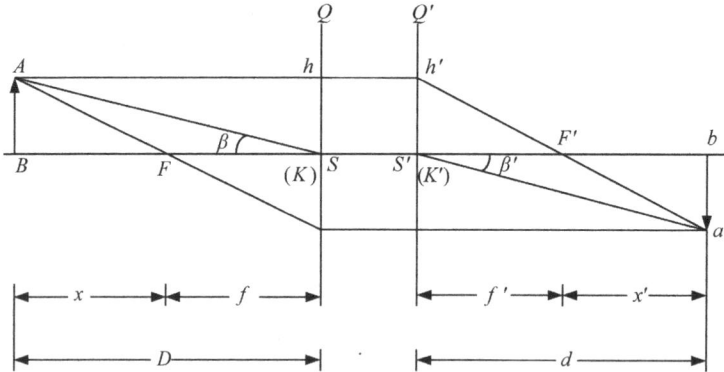

图 2-3　物方节点与像方节点

综上所述，一个物镜有一对主点、一对焦点、一对节点。当物方空间和像方空间介质相同时，一对节点与一对主点恰好重合，像方焦距也等于物方焦距，此时透镜组合为理想的物镜。

①主光轴　透镜组诸透镜球面曲率的中心连线。

②主焦点(F, F')　平行于主光轴的光线通过透镜组后与主光轴的交点。

③主平面(Q, Q')　过等效折射点(h, h')且垂直于主光轴的平面。

④主点(S, S')　主平面与主光轴的交点。

⑤主焦距(f, f')　主焦点到主点间距离。

⑥节点(K, K')　主光轴上角的放大率为1的一对光学共轭点(光线通过共轭节点时，角放大率为1；物方与像方同介质时，K, K'分别与 S, S'重合)。

2. 物镜的成像公式

设物点 A 到物方主平面 Q 的距离为 D，称为物距。其成像点 a 到达像方主平面 Q' 的距离 d，称为像距。物镜焦距 f，则高斯成像公式为：

$$\frac{1}{D}+\frac{1}{d}=\frac{1}{f} \tag{2-1}$$

此式表示物点经过光学系统后能获得清晰构想的条件公式。从图 2-3 可以看出 $D=x+f$，$d=x'+f'$，将 D, d 表达式带入公式(2-1)整理得下式，又称牛顿透镜公式：

$$xx'=f^2 \tag{2-2}$$

3. 物镜的光圈和光圈号数

通过物镜边缘部分的投射光线都会引起较大的影像模糊与变形。为限制物镜边缘光线的进入，控制和调节进入物镜的光量，通常在相机镜头中心设置一光圈。光圈是控制物镜进光面积的可变光阑，它的作用包括调节物镜使用面积、控制焦面光通量、调节成像景深等。

现将一束平行于主光轴的光线束入射进入物镜，当在物镜前面设置一个光圈时，光圈孔径以外的光线受阻，无法进入物镜，此时进入物镜光线束的断面积等于光圈孔径的圆面积。实际中通常将光圈放置在物镜的两个透镜组之间，同样能起到控制光束柱面积的作用。平行光束经过物镜折射后通过光圈，此时光束直径称为有效孔径，用 δ 表示。有效孔径与物镜焦距 f 之比称为相对孔径，相对孔径的导数称为光圈号数，用 k 表示。光圈号数 k 成等比级数排列并标刻在物镜外框上（1.4，2，2.8，4，5.6，8，11，16，22···）。

平行光线经过物镜成像于成像面上，单位面积影像的亮度与有效孔径的平方成正比，与物镜焦距的平方成反比，也就是与相对孔径的平方成正比，与光圈号数的平方成反比。即光圈号数越小，光圈越大，能通过的光线也越多，聚焦在感光材料上的亮度也就越高；反之，使用光圈号数越大，影像亮度越小。

4. 摄影机快门

摄影机快门是控制曝光时间的装置，其还可与光圈配合起到遮盖投射光线经过物镜进入镜箱体内的作用，控制曝光量。

快门速度 t 是指快门从开启到关闭所经历的时间。t 以 1/2 为公比成等比级数排列，标刻在物镜外框（1，1/2，1/4，1/8，1/15，1/30，1/60，1/125，1/250···）。

5. 曝光量 H 与 k，t 的关系

曝光量是指感光材料单位面积上所受辐射光量的多少，用 H 表示。H 等于成像面照度 E 与时间 t 的乘积，即 $H=Et$。设对同一景物拍摄两次，分别使用 k_1，t_1 和 k_2，t_2，为了得到相同的正确曝光量 H（对某种感光材料，正确曝光量 H 为定值），则

$$H=E_1 \cdot t_1 = E_2 \cdot t_2 \Rightarrow \frac{E_1}{E_2} = \frac{t_1}{t_2} \tag{2-3}$$

由于成像面照度与光圈号数的平方成反比，所以 $\dfrac{E_1}{E_2} = \dfrac{k_1}{k_2} = \left(\dfrac{k_1}{k_2}\right)^2$，则 $\dfrac{t_2}{t_1} = \left(\dfrac{k_2}{k_1}\right)^2$。

若曝光时间改变 1 倍，即 $t_2/t_1 = 2$，则相应光圈号数之比 $k_2/k_1 = \sqrt{2}$，因此，物镜上标明的光圈号的排列顺序是以 $\sqrt{2}$ 为公比的等比级数排列。

例：已知某种胶卷在晴天阳光下获得正确曝光量的参考方式是 $k=16$，$t=1/125$ s，则要获得正确的曝光量，应进行如下相对应的设置：

$$\text{若 } k=8\text{，则 } t=\frac{1}{500}$$

$$\text{若 } k=22\text{，则 } t=\frac{1}{60}$$

$$\text{若 } k=11\text{，则 } t=\frac{1}{250}$$

$$\vdots \qquad \qquad \vdots$$

6. 拍摄景深

景深指被摄景物中能产生较为清晰影像的最近点至最远点的距离（物方能够清晰成像的一段物距）。如图 2-4 所示，当物点 A 的摄影物距为 D 时，只有在像距为 d 时才能得到

清晰的像点 a。物距大于或小于 D 的物点(如 B、C 两点)在像平面构成一个模糊的圆圈。由于人眼的分辨能力有限,当模糊圆圈的直径 ε 小于某一个限度时,人眼观测到的模糊圆圈影像仍然是一个清晰的点,因此仍可以认为远距离点 B 和近距离点 C 在像平面上的影像是清晰的。同理,介于 B 和 C 的任意点在像平面上也是清晰的。景深就是远距离点 B 与近距离点 C 纵深距离。远景点的物距称为远景距离,近景点的物距称为近景距离。

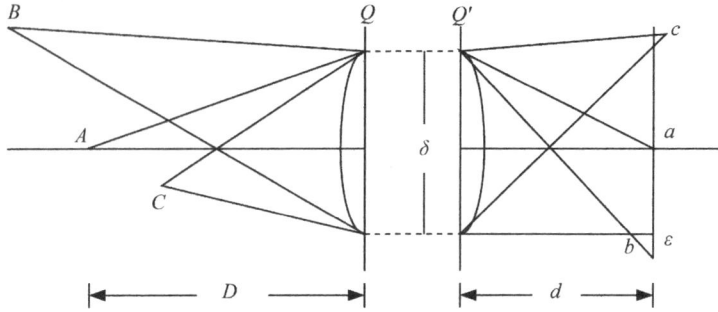

图 2-4　景深

根据高斯成像公式有:

$$\frac{1}{D_A}+\frac{1}{d_a}=\frac{1}{f}, \quad d_a=\frac{fD_A}{D_A-f}$$

$$\frac{1}{D_B}+\frac{1}{d_b}=\frac{1}{f}, \quad d_b=\frac{fD_B}{D_B-f}$$

$$\frac{\varepsilon}{\delta}=\frac{d_a-d_b}{d_b}\Rightarrow d_b=\frac{\delta d_a}{\delta+\varepsilon}=\frac{\delta fD_A}{(\varepsilon+\delta)(D_A-f)}$$

则

$$D_B=\frac{\delta fD_A}{\delta D_A-f(\varepsilon+\delta)(D_A-f)}=\frac{D_Af^2\delta}{f^2\delta-f\varepsilon(D_A-f)}$$

由于 $f\ll D_A$,所以上式中 $D_A-f\approx D_A$,将 D_A 用 D 表示,并将 $k=f/\delta$ 带入,则

$$D_B=\frac{Df^2}{f^2-Dk\varepsilon}$$

同理可以求出:

$$D_C=\frac{Df^2}{f^2+Dk\varepsilon}$$

根据定义,景深为远景距离与近景距离之差,即

$$\Delta D=D_B-D_C=\frac{2D^2k\varepsilon}{f^2-(Dk\varepsilon/f)^2} \tag{2-4}$$

三、摄影机的分类

摄影测量中所有的摄影机一般可分为量测用摄影机和非量测用摄影机。量测用的摄影机属于专业摄影机,它可提供适应摄影测量用的像片,非量测用摄影机是日常生活中用的

普通摄影机、摄像机等。

1. 量测用摄影机

量测用摄影机的结构和普通摄影机基本相同，但是量测摄影机在镜头及结构上更为精密和复杂，具有良好的光学性能，物镜畸变差较小、分辨率高、透光性强，且机械结构稳定，同时能够根据设计要求，进行自动连续摄影。与非量测摄影机相比较，量测摄影机具有以下特性：

①量测用摄影机的像距是一个固定的已知值　航空摄影机在空中摄影时，由于物距较大，摄影时摄影物镜都是固定调焦于无穷远点处，即每次摄影的像距是固定不变的，几乎等于摄影机物镜的焦距。地面摄影测量用的地面摄影机，一般可按几个分段固定的物距进行调焦，以适应对不同距离的物体摄影的需要。

②量测用摄影机承片框上具有框标　量测用摄影机镜箱体的后部贴附一个金属框架，框架的四边严格地处于同一平面内，此平面也就是像平面，严格地与物镜的主光轴相垂直。框架中间空出的部分是像幅。框标有两类：一类为机械框标，是在框架的每一边中点各设有一个框标记号；另一类为光学框标，即将框标记号设在框架的角上。将两类框标中相对的两框标相连接，可建立像平面框标坐标系，确定像点位置。对于机械框标，两对边框标连线分别为 x、y 轴，两连线交点是坐标系原点[图 2-5(a)]；对于光学框标，两对角框标连线交点是坐标系原点[图 2-5(b)]，经过原点且平行于下方(或上方)两框标连线的直线为 x 轴，过原点且垂直于 x 轴的直线为 y 轴。

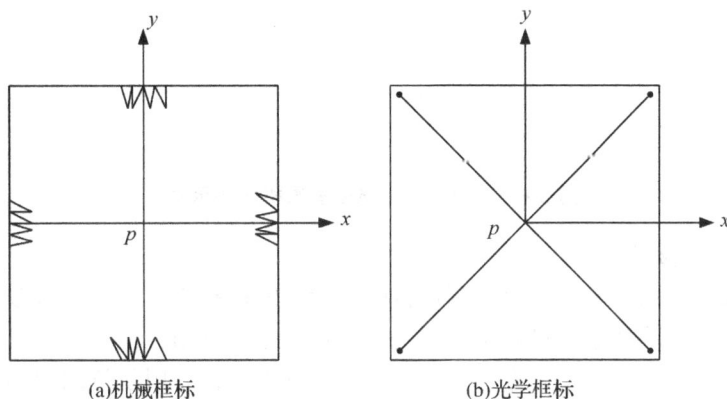

(a)机械框标　　　　　　　　　　　　　(b)光学框标

图 2-5　机械框标与光学框标示意

③量测用摄影机的内方位元素值是已知的　摄影机物镜后节点在像片平面上的投影，称为像主点。像主点与物镜后节点之间的距离称为摄影机主距，也叫像片主距，用符号 f 表示。在理想的结构设计情况下，像主点应与框标坐标系原点重合，但由于制造技术上的误差，常常达不到这项要求，因此像主点在框标坐标系中有坐标值 (x_0, y_0)，且可精确测定。像片主距 f 和像主点在框标坐标系中的坐标值 (x_0, y_0) 合称为摄影机的内方位元素，也叫像片的内方位元素。它能确定物镜后节点在框标坐标系中的位置。

量测用摄影机有航空摄影机和地面摄影机两种。航空摄影机简称航摄仪，是拍摄航空像片的仪器，由镜箱、暗匣、座架与操纵器组成。航摄仪是根据精密测量要求设计的，因此其具有以下特性：物镜成像分辨率高，畸变差小；物镜透光率高；光学影像反差大；焦面照度均匀；焦面上设置有框标；有胶片压平系统；像距为定值（主距）；有减震装置等。航摄仪的种类主要有 4 种，即单镜头框幅航空摄影机、多镜头框幅航空摄影机、条带航空摄影机和全景航空摄影机。图 2-6 为一种单镜头框幅航空摄影机的结构示意。

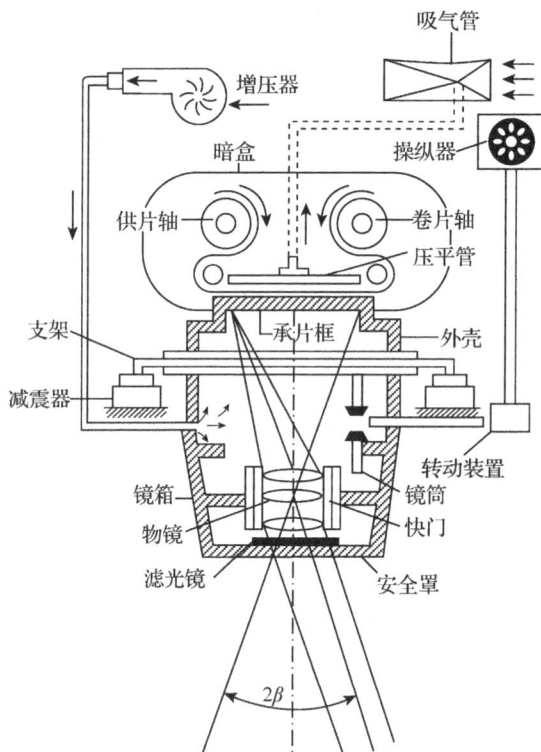

图 2-6　单镜头框幅航空摄影机结构示意

2. 非量测用摄影机

非量测用摄影机指不是专为摄影测量目的而设计的摄影机。其种类繁多，各类普通照相机、电影摄影机等均属于非量测用摄影机。与量测摄影机相比，非量测摄影机一般光学性能较差，物镜畸变差较大，内方位元素未知或部分未知，无用于量测的框标，底片压平措施欠佳，缺少定向装置。但其质量轻，操作轻便灵活，价格低，可调焦对光，满足清晰构像的条件公式[即高斯成像公式，式(2-1)]。

第二节　航空摄影的基本要求

航空摄影就是将航摄仪安放在飞机或其他航空器上，从空中对地面景物的摄影。航空摄影总体上可分为竖直和倾斜摄影两种。在摄影时，摄影机主光轴近似垂直于地平面，倾斜角小于3°，称为竖直摄影；倾斜角大于3°称为倾斜摄影。绝大多数应用是竖直航空摄影，在航空摄影测量实践中通常采用区域（面积）竖直投影。这种航空摄影可以满足研究某一地区的自然资源、地理景观或大面积测图等方面的需要。

航空摄影的成果，即摄影测量测图的原始资料，其质量的优劣直接影响摄影测量过程的繁简、摄影测量成图的工效和精度以及地物信息的提取。为此，航空摄影必须满足几个要求。

一、摄影比例尺的选择

航空摄影比例尺是由摄影机焦距及飞行高度（航高）所决定的。

$$\frac{1}{m} = \frac{f}{H} \tag{2-5}$$

式中：m 为像片比例尺分母；f 为摄影机主距；H 为摄影高度或称航高。

航空摄影的比例尺直接影响地物摄影影像的大小和分辨率。比例尺越大，地面分辨率越高，航片上影像表达的细节越多。像片比例尺的概念与地图比例尺的概念一样，是对应于像片上一个长度单位影像的地物实际大小。例如，1：10 000 比例尺表达的像片上一个长度单位的地物影像，其地物应为 10 000 个长度单位；反之，地面上距离 10 000 cm（100 m），像片影像中距离为 1 cm。但是航空比例尺与地图比例尺有一定的差异。地图是垂直投影的产物，所以在一幅地图上各个点比例尺是恒定的（理论上是这样）；而航空摄影是中心投影，由于地面起伏和航空像片倾斜的影响，无论是不同航空像片还是同一张航空像片比例尺都不是恒等的。在应用航空像片编制地图，以及直接应用航空像片进行量测时均要根据摄影测量技术方法进行校正。

航摄前先确定摄影比例尺，以确定摄影高度。摄影比例尺的确定取决于成图比例尺、摄影测图成图方法和成图精度，另外还需考虑经济性和摄影资料的可使用性。摄影比例尺可分为大、中、小 3 种比例尺。摄影比例尺与成图比例尺的关系见表 2-1。

表 2-1 摄影比例尺与成图比例尺关系表

比例尺类别	航摄比例尺	成图比例尺
大比例尺	1：2 000~1：3 000	1：500
	1：4 000~1：6 000	1：1 000
	1：8 000~1：1 200	1：2 000
中比例尺	1：15 000~1：20 000（像幅 23×23）	1：5 000
	1：10 000~1：25 000 1：25 000~1：35 000 （像幅 23×23）	1：10 000
小比例尺	1：20 000~1：30 000	1：25 000
	1：35 000~1：55 000	1：50 000

摄影比例尺确定后，根据式（2-1）可确定航高。航空摄影时，飞机应按设计的航高飞行以获得规定比例尺的航摄像片。但是，由于空气气流的波动等影响，实际航高与设计的航高不完全相等，因而使摄影比例尺发生变化。对于同一架航摄机，其摄影机主距是不变的，因而影响摄影比例尺变化的因素主要是航高。设航高的变化量为 $\pm\Delta H$，摄影比例尺相

应的变化量为 $\pm m$，则有

$$m \pm \Delta m = \frac{H \pm \Delta H}{f} = \frac{H}{f} \pm \frac{\Delta H}{f} \qquad (2-6)$$

将 $f = \frac{H}{m} f = \frac{H}{m}$ 带入式(2-6)，可有

$$\pm \Delta m = \pm \frac{m \times \Delta H}{H}$$

或为

$$\pm \frac{\Delta H}{m} = \pm \frac{\Delta m}{H}$$

如果相邻两张像片的比例尺相差太大，则会影响像对的立体观察，甚至无法在仪器上进行作业。为此，摄影比例尺的变化应该控制在一定的范围内。按照摄影测量的要求，$\pm(\Delta m/m)$ 值一般不超过 5%。因此，航空摄影时飞行的航高 H 的变化量 ΔH（也称为航高差）的限制量 ΔH 小于 5%H。另外，摄影测量规范还规定同一航带内最大航高与最小航高之差不得大于 30 cm；摄影区域内实际航高与设计航高之差不得大于 50 cm。

航高是指摄影飞机在摄影瞬间相对某一水准面的高度，从该水准面起算向上符号为正。根据所取基准面的不同，航高可以分为相对航高和绝对航高。相对航高是指摄影机相对某一基准面的高度（通常基准面取测区地表平均高程平面，用 H 表示，有 $H = mf$）。绝对航高是指摄影机相对平均海平面的高度，用 $H_{绝}$ 表示。设被摄区域内地面平均高程为 $h_{平均}$，则

$$H_{绝} = H + h_{平均} \qquad (2-7)$$

二、航摄倾角

摄像机在进行航摄时，摄影物镜的主光轴偏离铅垂线 SN 的夹角 α 称为航摄倾角（像片倾角）（图2-7）。进行航摄时，要求像片倾角保持在 3°以内，这种摄影称为竖直摄影或近似垂直摄影。地形测量中，一般只用竖直摄影的像片作业。

三、像片的重叠度

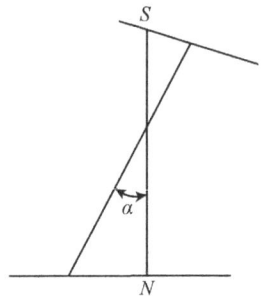

图 2-7　像片倾角示意

根据摄影测量和立体观测的要求，拍摄的竖直的航空像片要有一定的重叠度。同一地面区域在相邻两张像片上都摄有影像，这一部分就是重叠部分，它与整张像片面积的比称为重叠度。这种重叠沿航线方向，故称航向重叠。同一航带两张相邻的航空像片上互相重叠的影像部分称为二度重叠；在连续 3 张像片上都有相同地物影像，称为三度重叠。相邻航带之间的航空像片重叠影像称为旁向重叠。摄影测量和立体观测要求，在进行航空摄影时航向的二度重叠要达到 60% 左右，最低不能小于 53%；旁向重叠要求达到 30% 左右，最低不能小于 15%。

在森林航空摄影中，为结合森林抽样调查，有时也要求进行带状航空摄影或点状航空摄影。带状航空摄影也可称为单航带航空摄影，即在一个摄影区内航线设计成彼此不相邻

接的单独的航带，只要求航向重叠有一定的百分比。

四、航线弯曲度

航线弯曲度是指航线两端像片的像主点间的直线距离(L)与偏离该直线最远的像主点到直线的距离(δ)之比(图 2-8)。航带的弯曲会影响到航向重叠、旁向重叠的一致性，如果弯曲太大，则可能会产生航摄漏洞，甚至影响摄影测量的作业。因此，航带弯曲度一般规定不超过3%。

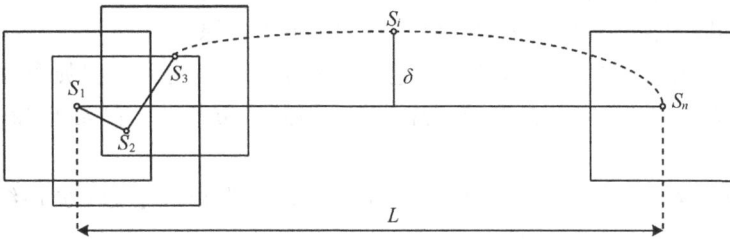

图 2-8　航线弯曲度示意

S_1、S_2、S_3、S_i、S_n 为第1张、第2张、第3张、第i张和第n张像片的像主点

五、像片旋偏角

相邻两张像片(P_1，P_2)的像主点(O_1，O_2)连线与像幅沿航线方向的两框标连线间的夹角为旋偏角，一般用k表示(图 2-9)。它是由于航摄时，航摄机定向不准确而产生。在模拟测图仪时代，旋偏角不仅影响像片的重叠度，还影响航测内业生产是否顺利。然而随着现代航摄、航测技术的发展，实际生产中已运用数字摄影测量设备处理影像，对旋偏角的检查主要是看其是否造成了不可弥补的航摄漏洞(主要指绝对漏洞)。一般要求像片旋偏角小于6°，个别最大不大于8°，而且不能有连续3张超过6°的情况。

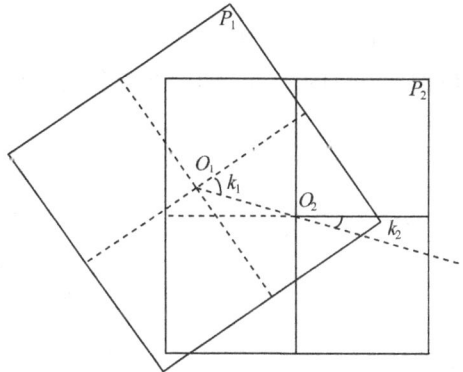

图 2-9　航片旋转角

第三节　颜色及彩色合成

一、色的基本知识

1. 颜色

物体分发光体和非发光体。发光体发出的光线成分混合而成的颜色即为发光体的颜色；非发光体本身不发光，但对投影到其表面的光线具有吸收、反射和透射作用。非发光

体又分为非透明物体和透明物体两类。非透明物体呈现的颜色是物体表面反射光线光谱成分混合而成的颜色；透明体呈现的颜色是物体投射光线的光谱成分混合而成的颜色。若物体对透射光线中的各个波段的色光的吸收是等量的，则称该物体为非选择吸收性物体。非选择吸收性物体按对白光吸收的能力而呈现不同亮度的黑、灰、白色调，即消色。若物体对白光可见光谱成分具有不同的吸收能力，对某些波长的光吸收强，而对另一些波长的光吸收弱，则称该物体具有选择吸收性，为选择吸收性物体。

2. 三原色和互补色

色度学研究表明，任何一种颜色都可以用红光（R）、绿光（G）、蓝光（B）以适当的比例混合而产生相同的视觉效果。因此，红、绿和蓝称为三原色。

两种基色等量相加得到另一基色的补色。两种基色混合得到白光则称两者为互补色。例如，红+绿＝黄，红+蓝＝品红，绿+蓝＝青。因此，黄与蓝、品红与绿、青与红为互补色。

不等量叠加得到两者的中间色。例如，红（多）+绿（少）＝橙；红（少）+绿（多）＝黄绿。

3. 滤光片

滤光片是染成某种颜色的有色玻璃透明片，属于选择性吸收的透明体。滤波片所染颜色不同，其对不同波长的光有不同的吸收或透射性能，因此投射光线透过滤光片后会改变原有的光谱成分。在实际应用中，可以依据所需要的光谱成分的透射光，选择使用相对应的滤光片。

4. 色彩三要素

人眼能够分辨色彩的3种变化，即色别、明度、饱和度，故将此三者称为色彩三要素。色别指颜色的类别；明度指颜色的明亮程度；饱和度指颜色的纯度。

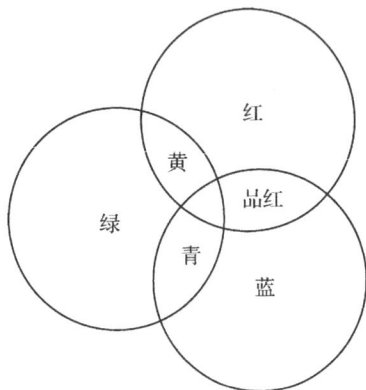

图 2-10　加色法示意

二、彩色合成

1. 加色法

加色法是指将三原色按照不同比例进行混合得到其他颜色的方法（图 2-10）。如将等量的红光、蓝光、绿光进行混合后可得到白光，将等量红光、蓝光混合后得到品红色的光等。对彩色物体摄影时，感光材料如能恢复原物体各部分的原色比例，便可以得到与原物体色彩相同的有色影像。

2. 减色法

减色法是指从白光中减去其中一种或两种基色光而产生其他色彩的彩色合成法。减色法一般用于颜料配色。减色法中黄色染料是由于吸收了白光中的蓝光，反射红光和绿光的结果，即黄＝白−蓝；品红+黄＝白−（绿+蓝）＝红。

滤光片也是应用的减色法原理。由于滤光片是选择性的透明体，因此具有减色功能。黄色滤光片吸收蓝光而透过绿光和红光，绿光和红光混合成黄光；品红色滤光片吸收绿光而透过蓝光和红光，蓝光和红光混合成品红色光；青色滤光片吸收红光而透过绿光和蓝光，绿光和蓝光混合成青色光。因此，如图 2-11（a）所示，当白光通过黄色滤光片时，黄色滤光片吸收蓝光而透过绿光和红光，如果再通过青色滤光片，红光又被吸收，透过的只有绿光。其他两种补色滤光片组合透射白光结果如图 2-11(b) 和图 2-11(c) 所示。若将白色光连续透过 3 种补色滤光片，如图 2-11(d) 所示，则最后所有光都被吸收，没有光线通过而呈现黑色。

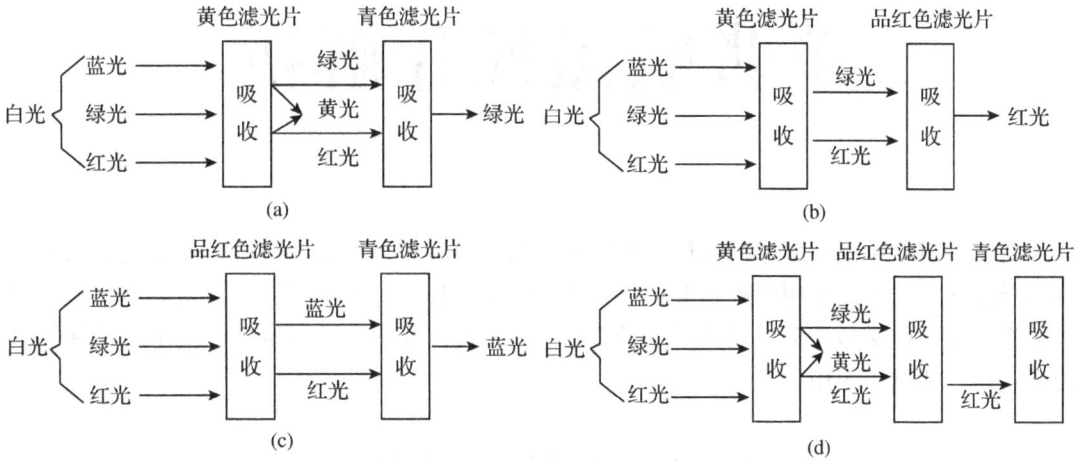

图 2-11　减色法成色示意

第三章
单张航摄像片解析

摄影测量的主要任务是根据像点的平面坐标确定地面点的空间坐标。本章从最基本的单张航摄像片出发，采用图解和解析的方法，研究像片与对应地面、像点与对应物点之间的关系。单张航摄像片解析是摄影测量学的理论基础，其中的基本概念、基本理论和主要公式在摄影测量中应用广泛。

第一节　投影的基础知识

一、投影、中心投影和垂直投影

用一组假想的直线，将空间物体投射到某个几何面上，形成该物体在几何面上的构像，这一过程称为投影。所用的几何面既可以是平面，也可以是曲面。在摄影测量学中，投影的几何面通常取平面，称为投影平面。投影的直线称为投射线或投影线，在投影平面上得到的构像也称投影。

投射线相互平行的投影称为平行投影，投射线垂直于投影平面的平行投影称为垂直投影。在测量学中，小范围的地形图就是该区域地物、地貌在水平面上作垂直投影后，按某一地图比例尺用图式符号绘制在图纸上。中心投影是指空间任意直线均通过一固定点（投影中心）投射到一平面（投影平面）上而形成的透视关系。

二、中心投影特征及与垂直投影的区别

1. 中心投影

如图 3-1 所示，S 为投影中心，P 为投影平面，SA 为通过投影中心的直线（投影光线），SA 与 P 的交点 a 为空间点 A 的中心投影。投影平面 P，投影中心 S 和空间点 A 三者的关系位置是任意的。

利用航空摄影机从空中向地面进行摄影所获得的航空像片上的影像是以摄影机物镜光学中心为中心的中心投影（图 3-2）。从地面上各点所反射的太阳光线都通过物镜中心 S 与成像面 P（负片）相交，负片上的光学构像面就是这个以物镜光学中心为顶的光锥体被负片所截的截面。投影上来说，航空像片（正片）的位置，等于以投影中心为圆心，以焦距

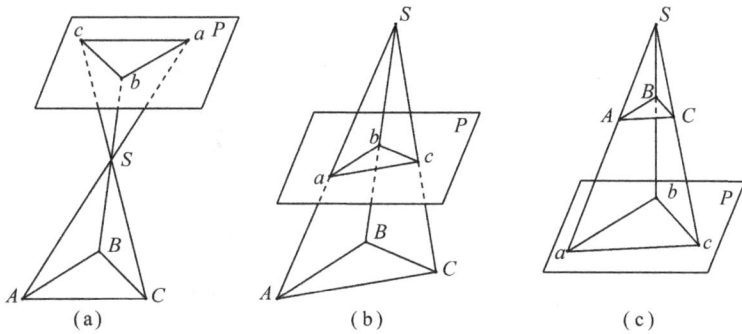

图 3-1　中心投影的 3 种方式

(f)为半径，将 P(负片)旋转至 P'，P' 即为正像的位置，H 为摄影机飞行航高。这样的旋转在研究航空像片影像的中心投影几何特性时，可以正确地保持影像和地物的几何关系。

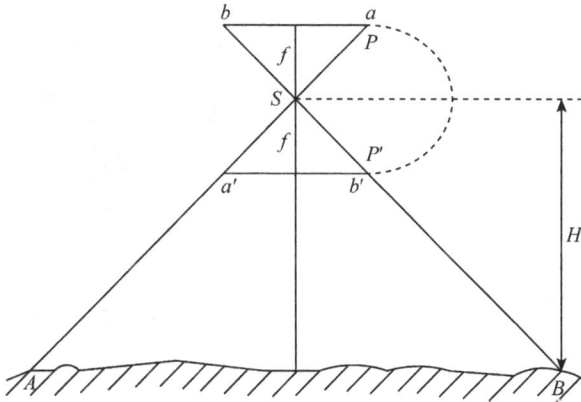

图 3-2　航空像片的中心投影

2. 中心投影成像特征

①在中心投影上，点的像还是点。

②直线的像一般还是直线，但如果直线的延长线通过投影中心时，则该直线的像就是一个点。

③空间曲线的像一般仍为曲线，但若空间曲线在一个平面上，而该平面又通过投影中心时，它的像则为直线。

3. 中心投影和垂直投影的区别

航空像片是中心投影，地形图是垂直投影。两者的区别表现在 3 个方面(图 3-3)：

①投影距离变化　对于垂直投影，构像比例尺和投影距离无关。在 P_1 和 P_2 投影面上 A、O、B 3 点的位置不变；对于中心投影，则随投影距离 H_1、H_2(航高)的变化，A、O、B 3 点在两投影面上的位置就有不同，即比例尺不同(图 3-4)。航空像片的比例尺取决于航高(物距)和焦距(像距)的几何关系，即

$$\frac{1}{M}=\frac{f}{H} \tag{3-1}$$

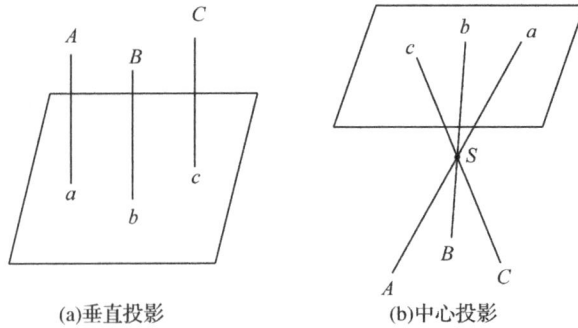

(a)垂直投影 (b)中心投影

图 3-3 垂直投影与中心投影

式中：M 为航空像片比例尺的分母；f 为焦距；H 为航高。

航空摄影机选定以后，焦距就固定了，由于航高的变化，像片比例尺随之改变。航高就是投影距离，故航空像片的比例尺与航高有关。

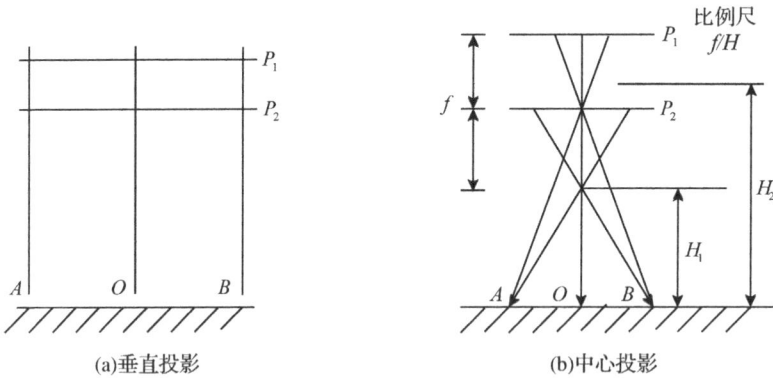

(a)垂直投影 (b)中心投影

图 3-4 垂直投影和中心投影的区别——投影距离变化

②投影面倾斜 对于垂直投影，投影面总是水平的，图上各部分的比例尺是统一的。对于中心投影，投影面倾斜时，像片各部分的比例尺就不同，如图 3-5 所示。地面上 A、B、C 3 点距离相等，在倾斜的投影面上，ab 不等于 bc。

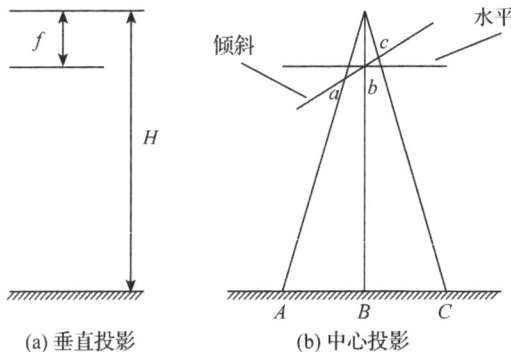

(a) 垂直投影 (b) 中心投影

图 3-5 垂直投影和中心投影的区别——投影面倾斜

③地形起伏 地形起伏对垂直投影没有影响，如图 3-6 所示。A 与 A' 虽位于不同高度，但其投影均为 a。对中心投影有影响，在图 3-6（b）中，地面倾斜的影像中 A 与 A_0 是位于同一铅垂面上高度不同的点，其在像片上的构像为 a 和 a_0，而 aa_0 即为因地形起伏引起的像点位移。具有像点位移的像点 a 投影到基准面上的点位为 A'，A_0A' 则为图面上的投影差。这是由中心投影所引起的投影差。地形起伏越大，这种投影差越大。

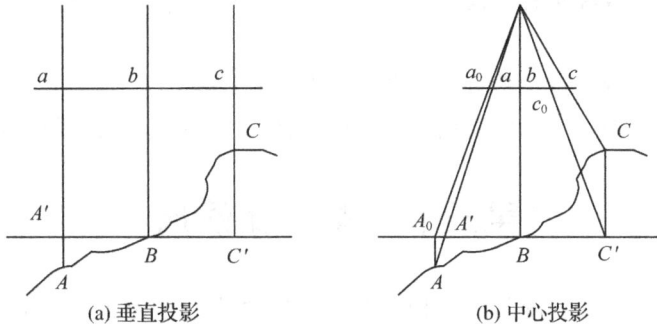

(a) 垂直投影　　　　(b) 中心投影

图 3-6　中心投影和垂直投影的区别——地形起伏

根据上述可知，将中心投影变为垂直投影必须统一像片比例尺、纠正因像片倾斜和地形起伏所引起的误差。这是利用像片绘制地形图必须解决的问题。

第二节　航空像片上特殊的点、线、面

航摄像片往往存在一定的倾斜角，使像片上的一些点、线、面具有特殊的性质，这些点、线、面对于研究航摄像片的几何特性、确定像片与地面的相对关系具有重要意义。

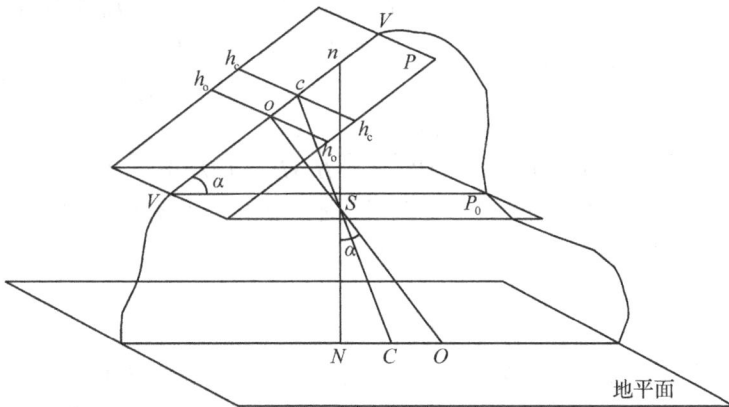

图 3-7　航空像片上的主要点、线、面

如图 3-7 所示，P 为倾斜像面，S 为镜头中心，P_0 为过 S 的水平面，P_0 与 P 所夹的二面角 α 是像片倾斜角。

①像主点（o）　航空摄影机主光轴 SO 与像面的交点，称为像主点。
②像底点（n）　通过镜头中心 S 的铅垂线（主垂线）与像面的交点，称为像底点。

③主垂面　包含主垂线与主光轴的平面称为主垂面。

④等角点(c)　主光轴与主垂线的夹角是像片倾斜角α，像片倾斜角的分角线与像面的交点称为等角点。

⑤主纵线　主垂面与像面的交线 VV 称为主纵线，它在像片上是通过像主点和像底点的直线。

⑥主横线　与主纵线垂直且通过像主点的直线 $h_0 h_0$，称为主横线。主纵线与主横线构成像片上的直角坐标轴。

⑦等比线　通过等角点且垂直于主纵线的直线 $h_c h_c$ 称为等比线。

在水平像片上，像主点、像底点与等角点重合，主横线与等比线重合。

第三节　像片比例尺

航空像片上某一线段长度与地面相应线段长度之比，称为像片比例尺。在平坦地区，摄影时像片处于水平位置，像片的比例尺处处一致，如图3-8所示。像片比例尺等于焦

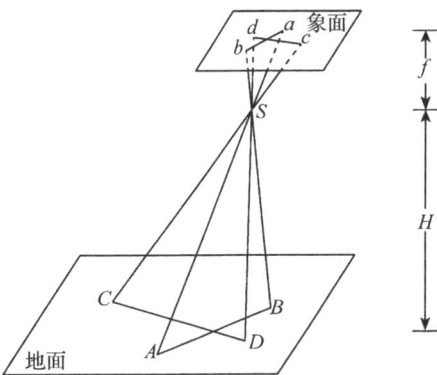

图3-8　平坦地面的像片比例尺

距(f)与航高(H)之比，它与线段的方向和长短无关。实际上，地面是起伏不平的，在每次拍摄像片时，地面至航摄机物镜的距离(真航高)各不相同，即使在同一张像片上，因地形起伏使各地面点至投影中心的距离也不尽相等。

如图3-9所示，A、B、C、D、E、F 为地面点，它们在像片上的影像分别为 a、b、c、d、e、f，A、B 在水平面 T_2 上，C、D 在水平面 T_0 上，E、F 在水平面 T_1 上，以 T_0 为起始面，投影中心至 T_0 的航高为 H_0，T_0 与 T_1 的高差为 h_1，T_0 与 T_2 的高差为 h_2，M 表示像片平均比例尺分母，则

$$\frac{ef}{EF}=\frac{1}{M_1}=\frac{f}{H_0-h_1}, \quad \frac{ab}{AB}=\frac{1}{M_2}=\frac{1}{H_0+h_2}, \quad \frac{cd}{CD}=\frac{1}{M_0}=\frac{f}{H_0} \tag{3-2}$$

上式说明位于不同高度上的线段，比例尺是不一致的，只有位于同一水平面上的线段在像片上才具有同一比例尺。因此，水平像片比例尺的一般公式应为：

$$\frac{ab}{AB}=\frac{1}{M}=\frac{1}{H_0\pm h} \tag{3-3}$$

当像片倾斜时，影像出现倾斜误差，不仅像片上各部分的比例尺不相同，而且，各点周围不同方向上也不相同。因此，倾斜像片的比例尺应理解为像片上无穷小线段与地面上相应线段之比。

摄影比例尺又称为像片比例尺，其严格的定义为：航摄像片上一线段长为 l 的影像与地面上相应线段的水平距离 L 之比，即 $1/M=l/L$。由于航空摄影时航摄像片不能严格保持水平，再加上地形的起伏，所以航摄像片上的影像比例尺处处均不相等。我们所说的摄影比例尺，是指平均的比例尺，当取摄区内的平均高程面作为摄影基准面时，摄影机的物镜

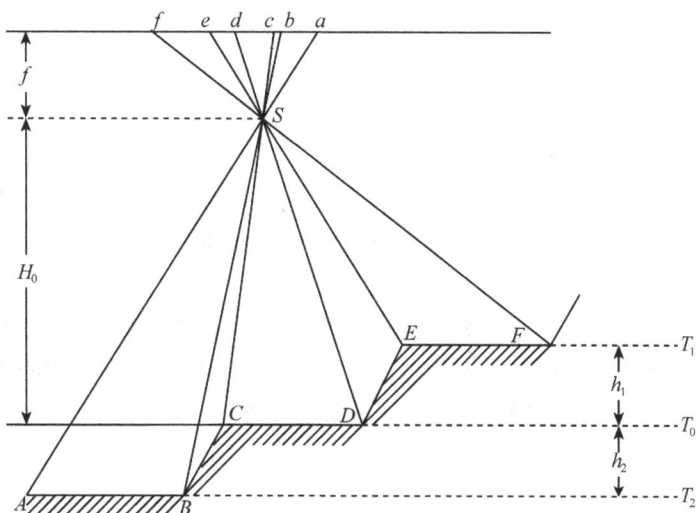

图 3-9　起伏地面的像片比例尺

中心至该面的距离称为摄影航高，一般用 H 表示，摄影比例尺表示为 $1/M=f/H$，f 为摄影机主距。摄影瞬间摄影机物镜中心相对于平均海平面的航高称为绝对航高，所以，相对于其他某一基准面或某一点的高度均为相对航高。平均比例尺也叫主比例尺。

当确定了摄影机和摄影比例尺后，即 f 和 M 为已知，航空摄影时就要按计算的航高 H 进行飞行摄影，以获得符合生产要求的摄影像片。当然，飞机在飞行过程中很难精确确定航高，但是差异一般不超过 5%。同一航线内，各摄影站的高差不得大于 50 m。

第四节　像点位移——中心投影的误差

航摄像片是地面景物的中心投影，而地形图则是地面景物的正射投影。当地面水平且像片也水平时，像片的比例尺为一常数，像片上的影像与地面几何相似，像点之间的几何关系等同于正射投影。这样的理想像片具有地形图的数学特性，可以作为地形图使用。

事实上，实际地面总是有起伏的，航摄像片总是存在一定的倾斜角，此时所摄的像片与上述理想情况不同，地面点的实际构像位置与理想情况下的构像位置存在差异，这种点位的差异称为像点位移，它包括因地形起伏引起的像点位移和因像片倾斜引起的像点位移。

一、因地形起伏引起的像点位移

水平像片的比例尺因地形起伏的影响而有变化，这是因为航空像片是地面的中心投影。在垂直摄影的航空像片上，高出或低于起始面的地面点在像片上的像点位置和在平面图上的位置比较，产生了移动，这就是因地形起伏引起的像点位移。

如图 3-10 所示，T_0 为选定的起始面；A 点高出于起始面，其高差为 h_a；B 点低于起始面，其高差为 h_b；A、B 在起始面上的垂直投影点为 A_0、B_0；A、B 在像片上的影像为

a、b，而 A_0、B_0 在像片上的影像为 a_0、b_0；像片上线段 aa_0 与 bb_0 就是因地形起伏引起的像点位移。则有：

$$bb_0 = \frac{h_b}{H}bo, \quad aa_0 = \frac{h_a}{H}ao \qquad (3-4)$$

根据上式可总结出投影差的几点规律：

①投影差大小与像点距离底点的距离成正比，即距像底点越远，投影差越大。像片中心部分投影差小，像底点是唯一不因高差而引起投影差的点（投影差分布在以像底点为中心的辐射线上）。

②投影差大小与高差成正比，高差越大，投影差也越大。高差为正时，投影差为正，即影像离开中心点向外移动；高差为负时，投影差为负，即影像向着中心点移动。

③投影差与航高成反比，即航高越高，投影差越小。

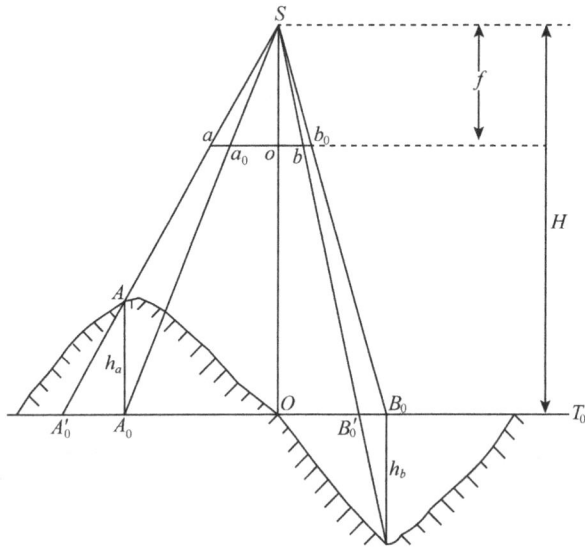

图 3-10　因地形起伏引起的像点位移

二、因像片倾斜引起的像点位移

若航空摄影时，像面未能保持水平，因投影面倾斜而使像片上影像的位置发生变化，这叫作因像片倾斜引起的像点位移。当倾斜角很小时，这种误差不易观察。以完全水平像片上影像位置为标准，倾斜像片由于以 X 轴旋转，或以 Y 轴旋转，或以 X 轴和 Y 轴 2 个方向都有旋转，同一地物影像位置与完全水平像片上的位置相比较，将出现一定位置上的错位即为像点位移。

如图 3-11 所示，点 a 代表某一地物 A 在倾斜像片的位置，点 a^0 代表同一地物在水平像片上影像位置，对应的以各自像主点 o^0 与 o 为原点的像点坐标分别为 (x^0, y^0) 和 (x, y)。若把倾斜像片还原成水平像片时，影像点 a 与水平像片同名像点将有 $a'a^0$ 长度的错位，即 δ_a。为了便于讨论问题，分别建立以公共的等角点 c 为原点、以等比线为 x 轴、各

自的主纵线为 y 轴的坐标系。设像点 a 等角点 c 的距离为 r，像点 a^0 到 c 的距离为 r^0，ca 与等比线的夹角为 φ，ca^0 与等比线的夹角为 φ^0，像点 a^0 和像点 a 在以等角点 c 为原点的各自的像平面坐标系中的坐标为 (x_c^0, y_c^0) 和 (x_c, y_c)。

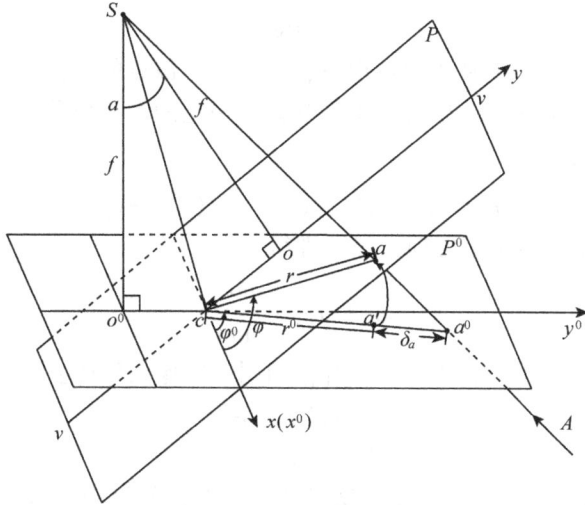

图 3-11 水平像片与倾斜像片的关系

由图 3-11 可知，在倾斜像片上有：

$$\begin{cases} x = x_c \\ y = y_c - co = y_c - f\tan\dfrac{\alpha}{2} \end{cases} \tag{3-5}$$

在水平像片上有：

$$\begin{cases} x^0 = x_c^0 \\ y^0 = y_c^0 + o^0 c = y_c^0 + f\tan\dfrac{\alpha}{2} \end{cases} \tag{3-6}$$

根据水平像片与倾斜像片相应像点的坐标关系

$$\begin{cases} x^0 = \dfrac{fx}{f\cos\alpha - y\sin\alpha} \\ y^0 = \dfrac{f(y\cos\alpha + f\sin\alpha)}{f\cos\alpha - y\sin\alpha} \end{cases}$$

得到以等角点 c 为原点的水平像片像点与对应倾斜像片像点之间的坐标关系式，即

$$\begin{cases} x_c^0 = \dfrac{fx_c}{f - y_c\sin\alpha} \\ y_c^0 = \dfrac{fy_c}{f - y_c\sin\alpha} \end{cases} \tag{3-7}$$

由于

$$\tan\varphi^0 = \frac{y_c^0}{x_c^0} = \frac{y_c}{x_c} = \tan\varphi$$

所以有

$$\varphi^0 = \varphi$$

由此可见，在倾斜像片上从等角点出发，引向任意像点的方向线，其方向角与水平像片上相应方向线的方向角相等。因此，由像片倾斜引起的像点位移只产生在方向线上。若用 δ_a 表示像点位移值，则

$$\delta_a = r - r^0 = ca - ca^0 = \sqrt{x_c^2 + y_c^2} - \sqrt{(x_c^0)^2 + (y_c^0)^2}$$

将式(3-6)代入上式右端第二项，经整理得

$$\delta_a = -r \frac{y_c \sin\alpha}{f - y_c \sin\alpha}$$

由于 $y_c = r\sin\varphi$，代入上式，得到因像片倾斜引起的像点位移公式，即

$$\delta_a = \frac{-r^2 \sin\varphi \sin\alpha}{f - r\sin\varphi \sin\alpha} \tag{3-8}$$

对于竖直摄影的航片，其倾斜角一般都是小角度，分母中 $r_c \sin\varphi \sin\alpha \ll f$，舍去该项，可得像点位移的近似公式，即

$$\delta_a \approx \pm \frac{r^2}{f} \sin\varphi \sin\alpha \tag{3-9}$$

倾斜像片的这种像点位移是以等角点为中心，呈辐射状的位移。当相对于水平像片向上倾斜时，像点朝等角点方向向内位移；反之，向外位移。当地面水平时，这种位移大小取决于像片倾斜角大小，以及像点距等角点的远近。

①当 $\varphi = 0$ 或 $180°$ 时，$\delta_a = 0$，$r = r^0$，等比线上的点没有位移，所以当地面水平时，倾斜像片上等比线上的像点具有水平像片的性质，不受像片倾斜的影响。

②当 $\varphi < 180°$ 时，$\delta_a < 0$，则 $r = r^0$，像点朝向等角点位移；当 $\varphi > 180°$ 时，$\delta_a > 0$，则 $r > r^0$，像点背向等角点位移。

③当 $\varphi = 90°$ 或 $270°$ 时，$|\sin\varphi| = 1$，即在向径相等的情况下，主纵线上像点位移最大。

④倾斜差出现在以等角点为中心的辐射线上。

⑤等比线上没有倾斜差。

⑥向径相同，主纵线上倾斜差最大。

由于倾斜像片的上述构像特点，地物在倾斜像片上的形状、相对距离、方位等都将发生改变。地面上平行线在一般情况下，其影像不平行；长方形和正方形的地物，其影像在一般情况下呈四边形或梯形；地面上的圆形地物在像片上呈椭圆。倾斜像片上角度构像一般情况下不等于地面上相应地物的夹角，但由等角点引出的方向线不发生方向上的偏差，这是航空像片的一个重要的几何特性。

为了防止倾斜像片这种位移对影像形态及几何量造成过大的影响，对航片判读与成图或直接使用航片量测等方面带来很大的困难，在生产实践中进行航空摄影要求是近似于垂直的竖直航空摄影。竖直航空摄影作业规程要求摄影倾斜角不能大于 $3°$。每张像片被摄时

都应利用水准气泡作质量检查。竖直航空摄影的像片也称为微倾斜像片。微倾斜像片影像的形态变形是不大的，目视观察不易察觉，对于根据影像形态信息识别地物的影响是不大的。但对于编制地图来讲，对每张像片的倾斜误差必须通过摄影测量进行纠正，否则这种误差的传播积累将使地图失去精度控制。

上述有关航空像片中心投影几何特性的讨论，我们或是假定地面平坦来讨论像片倾斜的影像的特性，或是假定像片水平来讨论地形起伏及直立地物的影像几何特性。这样能更清楚地看出影像中心投影的两个因素的单独作用。然而实际上绝大多数的情况是像片即不水平，地面也不平坦。因为我们使用的竖直摄影的微倾斜像片，除了在利用航片获得空间位置，即编制地图的情况之外，在一般情况下，我们进行航空像片目视分类判读及量测判读时，可以忽略微倾斜像片对构像位移的影响，只着重考虑地面高差的影响。

但对于为获得空间位置信息及编制地图来讲，影响中心投影的像片倾斜和地形起伏却都是主要考虑的因素。综上，航空像片存在 3 种误差：投影差、倾斜差和航高变动引起的误差。消除由各种因子所引起的空间位置误差，获得正射影像是摄影测量的主要任务。

第五节　摄影测量中的坐标系

摄影测量的主要任务是根据像片上像点的平面坐标，确定对应的地面点的大地坐标。为了计算方便，除了像平面坐标系和大地坐标系外，还需要建立一些过渡的坐标系。摄影测量中常用的坐标系有两大类：一类是用于描述像点的位置，称为像平面及空间坐标系；另一类是用于描述地面点(或模型点)的位置，称为物方空间坐标系。

一、像平面坐标系

像平面坐标系用来表示像点在像平面上的位置，通常采用右手坐标系。坐标轴的选择常用以下两种方法。

1. 框标坐标系($p-xy$)

框标坐标系是以像片上四边或四角上的框标来定义的坐标系统。对于框标设在像幅四边的像片，通常以航线方向两对边框标连线作为 x 轴，旁向两对边框标连线作为 y 轴，框标连线的交点作为坐标原点 p，如图 3-12(a)所示；若框标设在四角上，则以对角框标连线夹角的平分线作为 x，y 轴，连线交点为坐标原点 p，如图 3-12(b)所示。

2. 像平面直角坐标系($o-xy$)

像平面直角坐标系是以像主点 o 为坐标原点，x 轴、y 轴分别平行于框标坐标系的 x 轴、y 轴，如图 3-13 所示。

在摄影测量解析计算时，像点的坐标应采用以像主点为原点的像平面直角坐标系坐标。由于像主点在框标坐标系中的坐标(x_o，y_o)为微小值，因而框标坐标系和像平面直角坐标系非常接近。

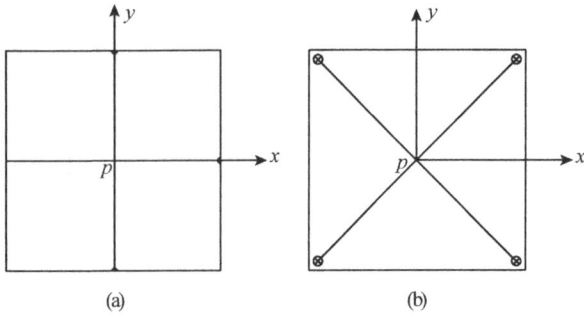

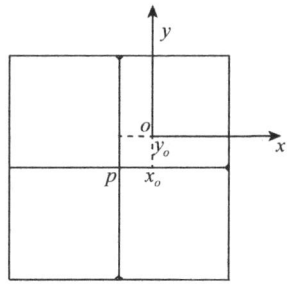

图 3-12　框标坐标系　　　　　　　图 3-13　像平面直角坐标系

二、像空间坐标系 $(S\text{-}xyz)$

为了便于建立像点与对应地面点之间的联系，需要将像点的平面坐标转换成空间坐标系中的坐标，为此设立像空间坐标系，空间坐标系以摄影中心（投影中心）S 为坐标原点，x 轴和 y 轴分别与像平面直角坐标系的 x 轴和 y 轴平行，z 轴与主光轴重合，向上为正，如图 3-14 所示。

像空间坐标系可以很方便地与像平面直角坐标系联系起来。例如，某像点 a 在像平面直角标系中的坐标为 (x, y)，则该像点在像空间坐标系中的坐标 $(x, y, -f)$（图 3-14）。由于在摄影瞬间不同摄站拍摄的像片具有不同的空间方位，因而在不同摄站建立的像空间坐标系互不平行。

三、像空间辅助坐标系 $(S\text{-}XYZ)$

像点的像空间坐标系可以直接从像片平面坐标得到，但由于各像片的像空间坐标系不统一，为此，需建立一种相对统一的坐标系。以摄站点（或投影中心）S 为坐标原点，坐标轴可根据需要选定，一般以铅垂方向为 Z 轴，航线方向为 X 轴，构成右手坐标系，如图 3-15 所示。像空间辅助坐标系是一种从像方到物方的过渡性坐标系。像点在像空间辅助坐标系中的坐标为 (X_a, Y_a, Z_a)。

四、摄影测量坐标系 $(P\text{-} X_p Y_p Z_p)$

像空间坐标系和像空间辅助坐标系都是右手坐标系，一般用于描述像点的空间坐标，而摄影测量坐标系则是用于描述像点对应物点或模型点的空间坐标。将像空间辅助坐标系 $(S\text{-}XYZ)$ 沿着 Z 轴反方向平移至 Z 轴与地面的交点 P，得到的坐标系 $(P\text{-} X_p Y_p Z_p)$ 称为摄影测量坐标系，如图 3-16（a）所示。由于它与像空间辅助坐标系平行，因此很容易由像点的像空间辅助坐标求得对应的地面点的摄影测量坐标。摄影测量坐标系也是右手坐标系。

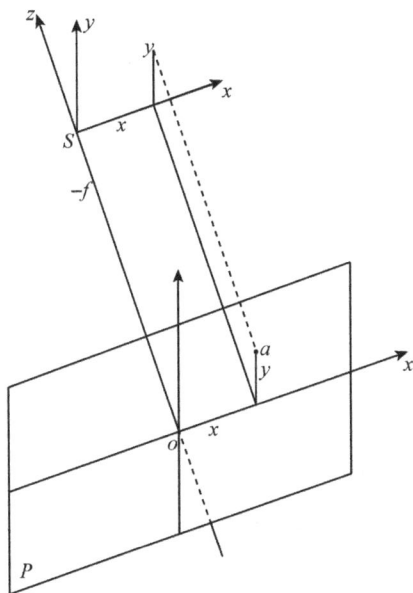

图 3-14　像空间坐标系

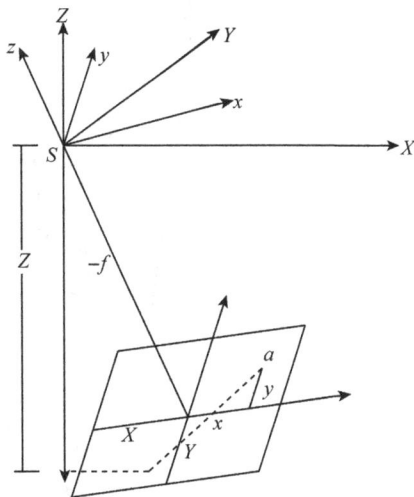

图 3-15　像空间辅助坐标系

五、地面测量坐标系($t- X_t Y_t Z_t$)

地面测量坐标系即大地坐标系，也就是国家测图所采用的高斯—克吕格 3 度带或 6 度带投影的 1980 西安坐标系和 1985 国家高程基准。

地面测量坐标系是左手坐标系。大地测量成果是摄影测量所需的原始数据之一，摄影测量方法求得的地面点坐标最终也要以大地坐标形式提供给用户[图 3-16(b)]。

六、地面摄影测量坐标系($A-X_{tp}Y_{tp}Z_{tp}$)

由于摄影测量坐标系采用的是右手坐标系，而地面测量坐标系采用的是左手坐标系，这给由摄影测量坐标到地面测量坐标的转换带来了困难。为此，在摄影测量坐标系与地面测量坐标系之间建立一种过渡性的坐标系，称为地面摄影测量坐标系，用($A- X_{tp}Y_{tp}Z_{tp}$)表示。

地面摄影测量坐标系是右手坐标系，坐标原点通常选在某一地面控制点 A 上，Z_{tp} 轴铅垂，X_{tp} 轴与 X_p 轴方向接近，如图 3-16 所示。在摄影测量解析计算时，要先将摄影测量坐标转换成地面摄影测量坐标，再转换成地面测量坐标。

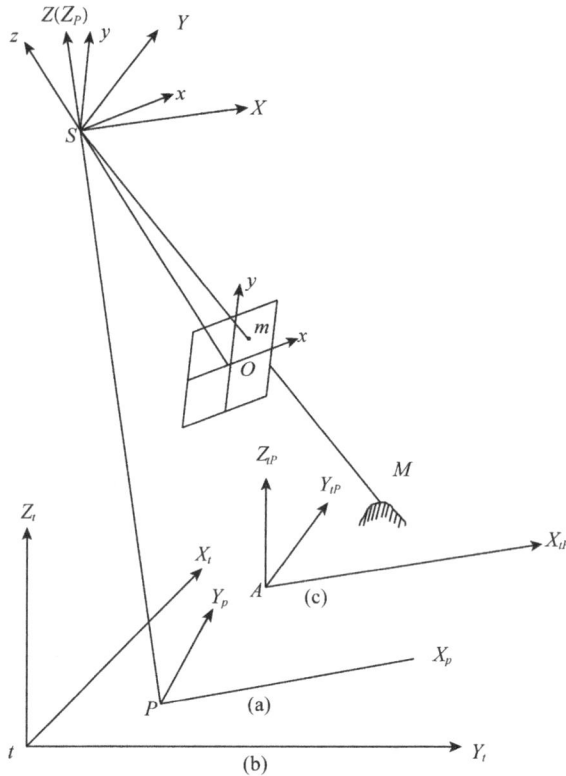

图 3-16 摄影测量坐标系(a)、地面摄影测量坐标系(b)和地面测量坐标系(c)

第六节 内、外方位元素

在航空摄影瞬间，像片与摄影中心、像片和地面之间存在着固有的几何关系，确定这些关系的参数称为像片的方位元素。像片的方位元素分为内方位元素和外方位元素两类。其中，表示摄影中心与像片相关位置的参数称为内方位元素；表示摄影中心和像片在地面坐标系中的位置和姿态的参数称为外方位元素。

一、航摄像片的内方位元素

描述摄影物镜像方节点与像片之间相关位置的参数称为像片的内方位元素。内方位元素有 3 个，分别是摄影中心 S 到像片面的垂直距离(主距)f 和像主点 o 在框标坐标系中的坐标$(x_o，y_o)$，如图 3-17 所示。内方位元素的值通常是已知且稳定的，它由摄影机制造厂家在实验室测定得到，并提供给用户。生产厂家在制造摄影机时，应尽可能将像主点置于框标连线交点上。但由于摄影机的安装存在误差，像主点与框标连线交点之间往往存在一个微小值偏差。

若将航摄像片装入与摄影机相似的投影镜箱内，恢复摄影时的一个内方位元素值，并用灯光照明，即可得到与摄影时完全相似的投影光束。内方位元素是建立测图所需的立体模型的基础。在解析计算时,利用像片的内方位元素,可以直接将像点的框标坐标转换成像空间坐标系中的坐标。

二、航摄像片的外方位元素

在恢复内方位元素的基础上,确定航摄像片在摄影瞬间的空间位置和姿态的参数,称为像片的外方位元素。

一张像片的外方位元素有 6 个,其中 3 个是描述摄影中心(或物镜物方节点)S 在物方空间坐标系中的坐标,是直线元素;另外 3 个是描述摄影光束空间姿态的角元素。航摄像片的外方位元素通常是未知的,而且不同像片有不同的外方位元素值。

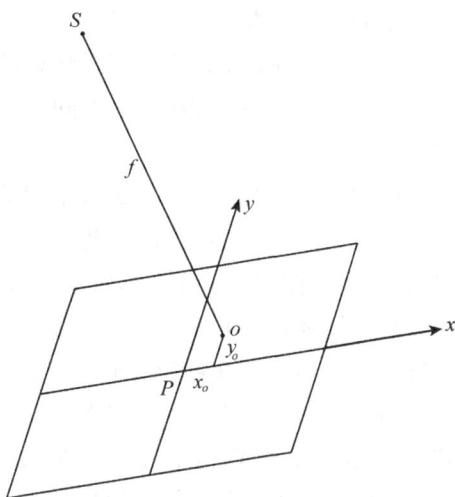

图 3-17　像片的内方位元素

1. 3 个直线元素

3 个直线元素是指在摄影瞬间摄影中心 S 在地面摄影测量坐标系中的坐标(X_S, Y_S, Z_S),如图 3-18 所示。

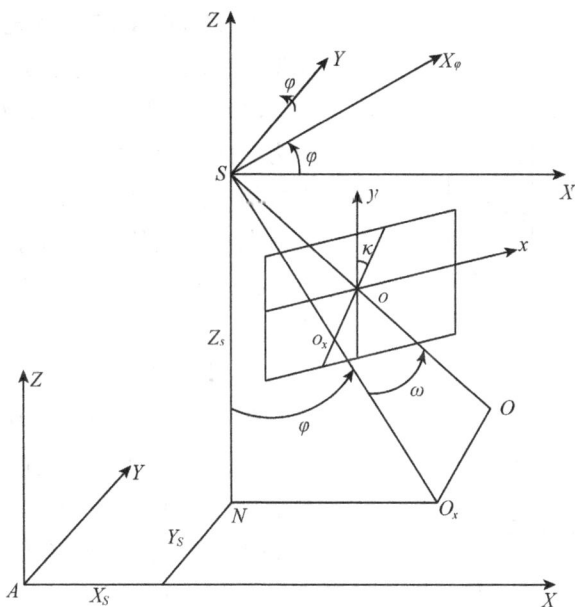

图 3-18　φ-ω-κ 转角系统

2. 3 个角元素

3 个角方位元素是描述像片(或摄影光束)在摄影瞬间的空间姿态的参数。其中两个角元素用以确定摄影机主光轴 SO 在空间的方位,另一个角元素用以确定像片在像片平面内的方位。

主光轴空间方位是以摄站为原点建立平行于地面摄影测量坐标系的像空间辅助坐标系，主光轴从垂直于地面的理想状态可以以不同的次序，通过两个角度的旋转到实际的倾斜位置。根据绕轴系和次序的不同，主光轴空间方位通常有 3 种角方位元素表达方式，也称 3 种转角系统。

(1) 以 Y 轴为主轴的 $\varphi\text{-}\omega\text{-}\kappa$ 转角系统

主轴是指主光轴第一次旋转所绕的坐标轴。在 $\varphi\text{-}\omega\text{-}\kappa$ 转角系统中，主光轴从铅垂位置出发（此时像空间坐标系和像空间辅助坐标系一致），先绕 Y 轴旋转 φ 角，X 轴和 Z 轴也同时绕 Y 轴旋转 φ 角；然后主光轴再绕已转了 φ 角的 X 轴旋转 ω 角，到达实际摄影时的位置 So；最后像片在自身的平面内绕主光轴旋转 κ，恢复摄影瞬间像片的空间方位，如图 3-18 所示。在此系统中，把主光轴第二次旋转所绕的 X 轴称为副轴；φ 角称为航向倾角，它是主光轴 So 在 XZ 平面上的投影 So_x 与 Z 轴的夹角；ω 称为旁向倾角，它是主光轴与其在 XZ 平面上的投影 So_x 之间的夹角；κ 称为像片旋角，它是指斜面 So_xo 与像片面的交线和像平面坐标系的 y 轴之间的夹角。

各转角的正负号规定如下，从旋转轴（如 Y 轴）的某一端面对着坐标原点看，剩下的两坐标轴（如 X 轴、Z 轴）应构成右手坐标系，此时转角绕轴逆时针方向旋转为正，反之为负。图 3-18 中所示各角度均为正。

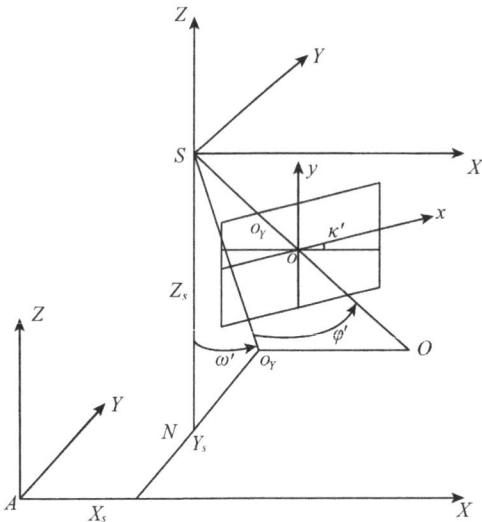

图 3-19 $\varphi'\text{-}\omega'\text{-}\kappa'$ 转角系统

(2) 以 X 轴为主轴的 $\varphi'\text{-}\omega'\text{-}\kappa'$ 转角系统

在 $\varphi'\text{-}\omega'\text{-}\kappa'$ 转角系统中，X 为主轴，Y 为副轴。如图 3-19 所示，ω' 为旁向倾角，它是指主光轴在 YZ 平面上的投影 So_Y 与 z 轴的夹角；φ' 为航向倾角，它是指主光轴与其在 YZ 平面上投影 So_Y 的夹角；κ' 为像片旋角，它是斜面 So_Yo 与像片面的交线和像平面坐标系 x 轴之间的夹角。转角的正负号的定义同 $\varphi\text{-}\omega\text{-}\kappa$ 转角系统。

(3) 以 Z 轴为主轴的 $A\text{-}\alpha\text{-}\kappa_v$ 转角系统

在 $A\text{-}\alpha\text{-}\kappa_v$ 转角系统中，Z 为主轴，X 为副轴。如图 3-20 所示，主垂面方位角 A 是主垂面与地面的交线（即摄影方向线 VV）和物方坐标系 Y 轴的夹角，符号规定从 Y 轴正方向顺时针旋转至摄影方向线 VV 时为正；像片倾角 α 是主垂面内主光轴与 Z 轴的夹角，α 角恒为正值；像片旋角 κ_v 是主垂面与像片的交线（即主纵线 vv）与像平面直角坐标系 y 轴的夹角，从主纵线的正方向起逆时针旋至 y 轴正方向为正角。图中各角度都为正。

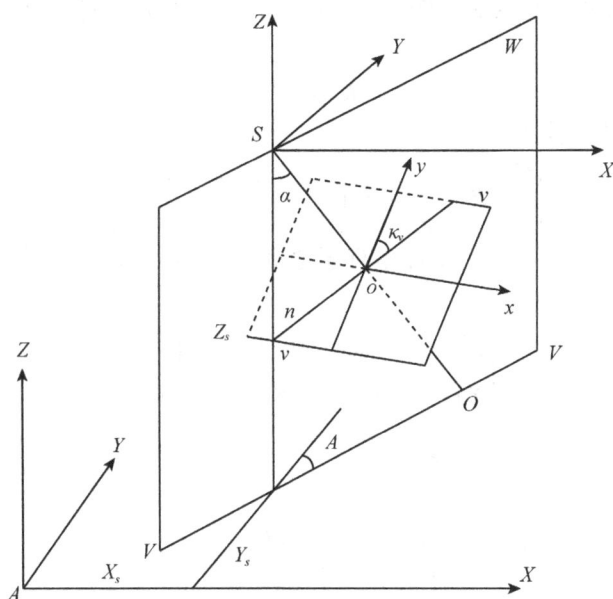

图 3-20 A-α-κ_v 转角系统

上述 3 种转角系统中，φ-ω-κ 转角系统通常在模拟、解析和数字双像测图时采用且最为常见，而 A-α-κ_v 转角系统只在单张像片测图时使用。

航摄像片的外方位元素通常是未知的，而且每张像片的外方位元素的值都不一样。但是，这些外方位元素可以通过地面控制点解算，也可以用全球定位系统等仪器在摄影瞬间实时测定。

第七节 像点在不同坐标系中的变换

在解析摄影测量中，当利用像点坐标计算相应的地面点坐标时，常常需要建立像点在不同平面直角坐标系与空间直角坐标系之间的坐标变换关系。

一、像点的平面坐标变换

设有两个像平面坐标系，对应坐标轴之间存在一个转角 κ，如图 3-21 所示。某像点 a 在两坐标系中的坐标分别为 $(x，y)$ 和 $(x'，y')$。由平面解析几何知识可知：

$$\begin{bmatrix} x \\ y \end{bmatrix} = \begin{bmatrix} \cos\kappa & -\sin\kappa \\ \sin\kappa & \cos\kappa \end{bmatrix} \begin{bmatrix} x' \\ y' \end{bmatrix} = R \begin{bmatrix} x' \\ y' \end{bmatrix} \tag{3-10}$$

其中

$$\boldsymbol{R} = \begin{bmatrix} \cos\kappa & -\sin\kappa \\ \sin\kappa & \cos\kappa \end{bmatrix} = \begin{bmatrix} a_1 & a_2 \\ b_1 & b_2 \end{bmatrix} \tag{3-11}$$

式中：a_1、a_2 分别为 x 轴与 x' 轴及 x 轴与 y' 轴夹角的余弦；b_1、b_2 分别为 y 轴与 x' 轴及 y 轴与 y' 轴夹角的余弦。

39

矩阵 $\boldsymbol{R}$ 是个正交矩阵称为旋转矩阵，矩阵中各元素称为方向余弦。根据旋转矩阵的性质，有：

$$\boldsymbol{R}^{\mathrm{T}} = \boldsymbol{R}^{-1}$$

可得式(3-10)的反算式为：

$$\begin{bmatrix} x' \\ y' \end{bmatrix} = \boldsymbol{R}^{-1} \begin{bmatrix} x \\ y \end{bmatrix} = \boldsymbol{R}^{\mathrm{T}} \begin{bmatrix} x \\ y \end{bmatrix} = \begin{bmatrix} \cos\kappa & \sin\kappa \\ -\sin\kappa & \cos\kappa \end{bmatrix} \begin{bmatrix} x \\ y \end{bmatrix} \tag{3-12}$$

式(3-10)适用于同一原点的平面坐标系之间的变换。当原点不同时应加入坐标原点的平移值，此时有：

$$\begin{bmatrix} x \\ y \end{bmatrix} = \begin{bmatrix} \cos\kappa & \sin\kappa \\ -\sin\kappa & \cos\kappa \end{bmatrix} \begin{bmatrix} x' \\ y' \end{bmatrix} + \begin{bmatrix} x_0 \\ y_0 \end{bmatrix} \tag{3-13}$$

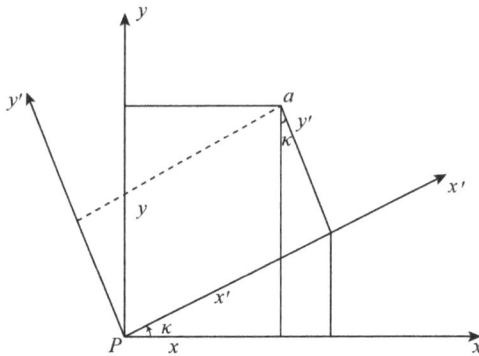

图 3-21　像点的平面坐标变换

二、像点的空间坐标变换

像点的空间坐标变换通常是指像空间坐标与像空间辅助坐标之间的变换。设像点 a 在像空间坐标系中的坐标为 $(x, y, -f)$，在像空间辅助坐标系中的坐标为 (X, Y, Z)，两者之间的坐标变换关系可以由下式表示，即

$$\begin{bmatrix} X \\ Y \\ Z \end{bmatrix} = \boldsymbol{R} \begin{bmatrix} x \\ y \\ -f \end{bmatrix} = \begin{bmatrix} a_1 & a_2 & a_3 \\ b_1 & b_2 & b_3 \\ c_1 & c_2 & c_3 \end{bmatrix} \begin{bmatrix} x \\ y \\ -f \end{bmatrix} \tag{3-14}$$

和像点的平面坐标变换一样，式中旋转矩阵 $\boldsymbol{R}$ 也是个正交矩阵，方向余弦 a_i, b_i, c_i ($i = 1, 2, 3$) 分别是像空间辅助坐标系各轴与相应的像空间坐标系各轴夹角的余弦，因此有：

$$\begin{bmatrix} x \\ y \\ -f \end{bmatrix} = \boldsymbol{R}^{-1} \begin{bmatrix} X \\ Y \\ Z \end{bmatrix} = \boldsymbol{R}^{\mathrm{T}} \begin{bmatrix} X \\ Y \\ Z \end{bmatrix} = \begin{bmatrix} a_1 & b_1 & c_1 \\ a_2 & b_2 & c_2 \\ a_3 & b_3 & c_3 \end{bmatrix} \begin{bmatrix} X \\ Y \\ Z \end{bmatrix} \tag{3-15}$$

9 个方向余弦中，只含有 3 个独立的参数，这 3 个参数可以是像空间辅助坐标系按某一转角系统，旋转至像空间坐标系的 3 个角方位元素。所以，当采用不同的转角系统时，方向余弦组成的旋转矩阵就有不同的表达形式。下面按照 3 种不同的转角系统分别推导出角元素与方向余弦的关系式。

1. 以 Y 轴为主轴的 φ-ω-κ 转角系统

在该转角系统中，像空间坐标系和像空间辅助坐标系的关系可以认为：像空间坐标系从与像空间辅助坐标系重合时的起始位置出发，先绕主轴 Y 旋转 φ 角，再绕已转了 φ 角的副轴 X_φ 旋转 ω 角，最后绕已经转了 φ 角和 ω 角的 $Z_{\varphi\omega}$ 轴（主光轴的实际位置）旋转 κ 角，到达像空间坐标系的实际位置。因此，像点在像空间坐标系与像空间辅助坐标系之间的关系可以分 3 步推导。

①将 S-XYZ 坐标系绕 Y 轴旋转 φ 角，得到新的坐标系 S-$X_\varphi Y_\varphi Z_\varphi$，如图 3-22 所示，由于绕 Y 轴旋转，变换前后像点的 Y 坐标保持不变，而 X 坐标和 Z 坐标的变化同平面坐标变换时完全一致，即

$$\begin{bmatrix} X \\ Z \end{bmatrix} = \begin{bmatrix} \cos\varphi & -\sin\varphi \\ \sin\varphi & \cos\varphi \end{bmatrix} \begin{bmatrix} X_\varphi \\ Z_\varphi \end{bmatrix}$$

$$Y = Y_\varphi$$

或写成

$$\begin{bmatrix} X \\ Y \\ Z \end{bmatrix} = \begin{bmatrix} \cos\varphi & 0 & -\sin\varphi \\ 0 & 1 & 0 \\ \sin\varphi & 0 & \cos\varphi \end{bmatrix} \begin{bmatrix} X_\varphi \\ Y_\varphi \\ Z_\varphi \end{bmatrix} = \boldsymbol{R}_\varphi \begin{bmatrix} X_\varphi \\ Y_\varphi \\ Z_\varphi \end{bmatrix} \tag{3-16}$$

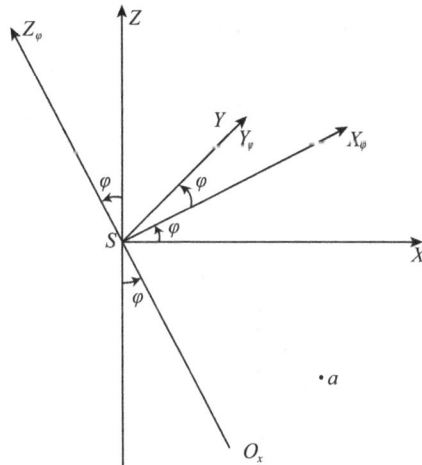

图 3-22　绕 Y 轴旋转 φ 角

②将坐标系 S-$X_\varphi Y_\varphi Z_\varphi$ 绕 X_φ 旋转 ω 角，得到新的坐标系 S-$X_{\varphi\omega} Y_{\varphi\omega} Z_{\varphi\omega}$，如图 3-23 所示，此时变换前后像点的 X 坐标保持不变，参照①可得

$$\begin{bmatrix} X_\varphi \\ Y_\varphi \\ Z_\varphi \end{bmatrix} = \begin{bmatrix} 1 & 0 & 0 \\ 0 & \cos\omega & -\sin\omega \\ 0 & \sin\omega & \cos\omega \end{bmatrix} \begin{bmatrix} X_{\varphi\omega} \\ Y_{\varphi\omega} \\ Z_{\varphi\omega} \end{bmatrix} = \boldsymbol{R}_\varphi \begin{bmatrix} X_{\varphi\omega} \\ Y_{\varphi\omega} \\ Z_{\varphi\omega} \end{bmatrix} \tag{3-17}$$

41

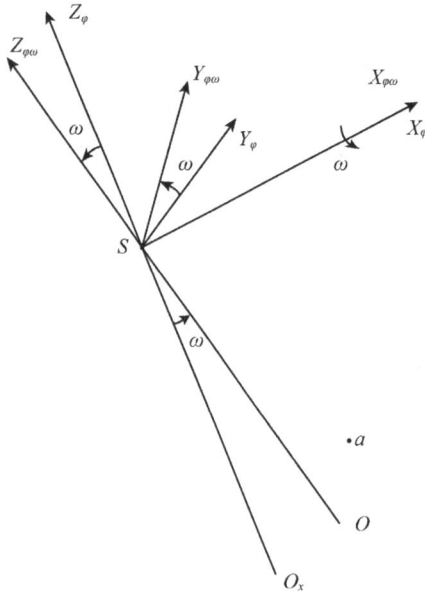

图 3-23　绕 X_φ 旋转 ω 角

③将坐标系 $S\text{-}X_{\varphi\omega}Y_{\varphi\omega}Z_{\varphi\omega}$ 绕 $Z_{\varphi\omega}$（像空间坐标系的 z 轴）旋转 κ 角，得到的坐标系即为像空间坐标系，如图 3-24 所示。参照①、②可得

$$\begin{bmatrix} X_{\varphi\omega} \\ Y_{\varphi\omega} \\ Z_{\varphi\omega} \end{bmatrix} = \begin{bmatrix} \cos\kappa & -\sin\kappa & 0 \\ \sin\kappa & \cos\kappa & 0 \\ 0 & 0 & 1 \end{bmatrix} \begin{bmatrix} x \\ y \\ -f \end{bmatrix} = \boldsymbol{R}_\kappa \begin{bmatrix} x \\ y \\ -f \end{bmatrix} \tag{3-18}$$

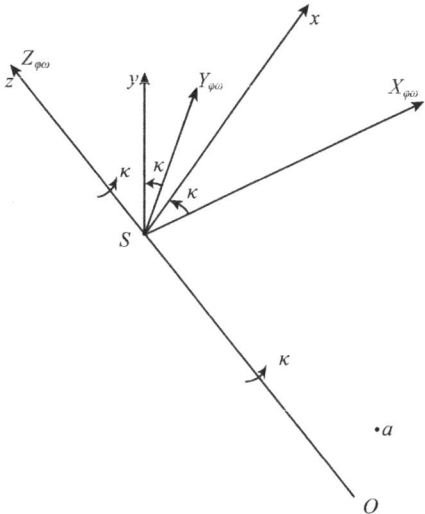

图 3-24　绕 $Z_{\varphi\omega}(z)$ 旋转 κ 角

结合式(3-16)~式(3-18)，得到像点的像空间坐标与像空间辅助坐标之间的关系式为：

$$\begin{bmatrix} X \\ Y \\ Z \end{bmatrix} = \begin{bmatrix} \cos\varphi & 0 & -\sin\varphi \\ 0 & 1 & 0 \\ \sin\varphi & 0 & \cos\varphi \end{bmatrix} \begin{bmatrix} 1 & 0 & 0 \\ 0 & \cos\omega & -\sin\omega \\ 0 & \sin\omega & \cos\omega \end{bmatrix} \begin{bmatrix} \cos\kappa & -\sin\kappa & 0 \\ \sin\kappa & \cos\kappa & 0 \\ 0 & 0 & 1 \end{bmatrix} \begin{bmatrix} x \\ y \\ -f \end{bmatrix}$$

$$= \boldsymbol{R}_\varphi \boldsymbol{R}_\omega \boldsymbol{R}_\kappa \begin{bmatrix} x \\ y \\ -f \end{bmatrix} = \boldsymbol{R} \begin{bmatrix} x \\ y \\ -f \end{bmatrix} = \begin{bmatrix} a_1 & a_2 & a_3 \\ b_1 & b_2 & b_3 \\ c_1 & c_2 & c_3 \end{bmatrix} \begin{bmatrix} x \\ y \\ -f \end{bmatrix} \tag{3-19}$$

把矩阵相乘，得到旋转矩阵中各元素的表达式为：

$$\begin{cases} a_1 = \cos\varphi\cos\kappa - \sin\varphi\sin\omega\sin\kappa \\ a_2 = -\cos\varphi\sin\kappa - \sin\varphi\sin\omega\cos\kappa \\ a_3 = -\sin\varphi\cos\omega \\ b_1 = \cos\omega\sin\kappa \\ b_2 = \cos\omega\cos\kappa \\ b_3 = -\sin\omega \\ c_1 = \sin\varphi\cos\kappa + \cos\varphi\sin\omega\sin\kappa \\ c_2 = -\sin\varphi\sin\kappa + \cos\varphi\sin\omega\cos\kappa \\ c_3 = \cos\varphi\cos\omega \end{cases} \tag{3-20}$$

其中，

$$\begin{cases} \varphi = -\arctan\left(\dfrac{a_3}{c_3}\right) \\ \omega = -\arcsin(b_3) \\ \kappa = -\arctan\left(\dfrac{b_1}{b_2}\right) \end{cases} \tag{3-21}$$

2. 以 X 轴为主轴的 $\omega'-\varphi'-\kappa'$ 转角系统

与 $\varphi-\omega-\kappa$ 转角系统相似，在 $\omega'-\varphi'-\kappa'$ 转角系统中，将 $S-XYZ$ 坐标系先绕主轴 X 轴旋转 ω' 角，再绕已转了 ω' 角的副轴 Y_ω' 旋转 φ' 角，最后绕已转了 ω' 和 φ' 角的 $Z_{\omega'\varphi'}$ 轴(主光轴的实际位置)旋转 κ'，到达像空间坐标系的位置。参照前述方法可得

$$\begin{bmatrix} X \\ Y \\ Z \end{bmatrix} = \begin{bmatrix} 1 & 0 & 0 \\ 0 & \cos\omega' & -\sin\omega' \\ 0 & \sin\omega' & \cos\omega' \end{bmatrix} \begin{bmatrix} \cos\varphi' & 0 & -\sin\varphi' \\ 0 & 1 & 0 \\ \sin\varphi' & 0 & \cos\varphi' \end{bmatrix} \begin{bmatrix} \cos\kappa' & -\sin\kappa' & 0 \\ \sin\kappa' & \cos\kappa' & 0 \\ 0 & 0 & 1 \end{bmatrix} \begin{bmatrix} x \\ y \\ -f \end{bmatrix}$$

$$= \boldsymbol{R}_\varphi' \boldsymbol{R}_\omega' \boldsymbol{R}_\kappa' \begin{bmatrix} x \\ y \\ -f \end{bmatrix} = R \begin{bmatrix} x \\ y \\ -f \end{bmatrix} = \begin{bmatrix} a_1 & a_2 & a_3 \\ b_1 & b_2 & b_3 \\ c_1 & c_2 & c_3 \end{bmatrix} \begin{bmatrix} x \\ y \\ -f \end{bmatrix} \tag{3-22}$$

旋转矩阵中，各元素的表达式为：

$$\begin{cases} a_1 = \cos\varphi'\cos\kappa' \\ a_2 = -\cos\varphi'\sin\kappa' \\ a_3 = -\sin\varphi' \\ b_1 = \cos\omega'\sin\kappa' - \sin\omega'\sin\varphi'\cos\kappa' \\ b_2 = \cos\omega'\cos\kappa' + \sin\omega'\sin\varphi'\sin\kappa' \\ b_3 = -\sin\omega'\cos\varphi' \\ c_1 = \sin\omega'\sin\kappa' + \cos\omega'\sin\varphi'\cos\kappa' \\ c_2 = \sin\omega'\cos\kappa' - \cos\omega'\sin\varphi'\sin\kappa' \\ c_3 = \cos\omega'\cos\varphi' \end{cases} \tag{3-23}$$

3. 以 Z 轴为主轴的 A-α-κ_v 转角系统

在 A-α-κ_v 转角系统中，由于定义 A 角顺时针为正，因而相应的坐标变换式为：

$$\begin{bmatrix} X \\ Y \\ Z \end{bmatrix} = \begin{bmatrix} \cos A & \sin A & 0 \\ -\sin A & \cos A & 0 \\ 0 & 0 & 1 \end{bmatrix} \begin{bmatrix} 1 & 0 & 0 \\ 0 & \cos\alpha & -\sin\alpha \\ 0 & \sin\alpha & \cos\alpha \end{bmatrix} \begin{bmatrix} \cos\kappa_v & -\sin\kappa_v & 0 \\ \sin\kappa_v & \cos\kappa_v & 0 \\ 0 & 0 & 1 \end{bmatrix} \begin{bmatrix} x \\ y \\ -f \end{bmatrix}$$

$$= R_A R_\alpha R_{\kappa_v} \begin{bmatrix} x \\ y \\ -f \end{bmatrix} = R \begin{bmatrix} x \\ y \\ -f \end{bmatrix} = \begin{bmatrix} a_1 & a_2 & a_3 \\ b_1 & b_2 & b_3 \\ c_1 & c_2 & c_3 \end{bmatrix} \begin{bmatrix} x \\ y \\ -f \end{bmatrix} \tag{3-24}$$

旋转矩阵中，各元素的表达式为：

$$\begin{cases} a_1 = \cos A\cos\kappa_v + \sin A\cos\alpha\sin\kappa_v \\ a_2 = -\cos A\sin\kappa_v + \sin A\cos\alpha\cos\kappa_v \\ a_3 = -\sin A\sin\alpha \\ b_1 = -\sin A\cos\kappa_v + \cos A\cos\alpha\sin\kappa_v \\ b_2 = \sin A\sin\kappa_v + \cos A\cos\alpha\cos\kappa_v \\ b_3 = -\cos A\sin\alpha \\ c_1 = \sin\alpha\sin\kappa_v \\ c_2 = \sin\alpha\cos\kappa_v \\ c_3 = \cos\alpha \end{cases} \tag{3-25}$$

在上述 3 种转角系统中，尽管表达方向余弦的形式不同，但相应的元素彼此相等，由此组成的旋转矩阵是唯一的。

三、旋转矩阵的近似表达式

对于竖直摄影的航摄像片来说，像片的角方位元素通常是小角度（不超过 3°）。此时为了计算方便，往往只考虑旋转矩阵中各方向余弦的小值一次项。以直接用角度表达的旋转矩阵为例，由于

$$\cos\varphi \approx 1 \ , \quad \cos\kappa \approx 1 \ , \quad \sin\varphi \approx \varphi \ , \quad \sin\omega \approx \omega \ , \quad \sin\kappa \approx \kappa$$

所以有

$$a_1 = \cos\varphi\cos\kappa - \sin\varphi\sin\omega\sin\kappa \approx 1 - \varphi\kappa \approx 1$$

同理可得其他元素的近似值，由此组成旋转矩阵的一次项为：

$$\boldsymbol{R} = \begin{bmatrix} 1 & -\kappa & -\varphi \\ \kappa & 1 & -\omega \\ \varphi & \omega & 1 \end{bmatrix} \tag{3-26}$$

当用 3 个独立方向余弦组成旋转矩阵时，也可得到类似的近似表达式，即

$$\boldsymbol{R} = \begin{bmatrix} 1 & a_2 & a_3 \\ -a_2 & 1 & b_3 \\ -a_3 & -b_3 & 1 \end{bmatrix} \tag{3-27}$$

当用罗德里格矩阵组成旋转矩阵时，同样可得：

$$\boldsymbol{R} = \begin{bmatrix} 1 & -c & -b \\ c & 1 & -a \\ b & a & 1 \end{bmatrix} \tag{3-28}$$

第八节　中心投影的构像方程

一、一般地区的构像方程—共线条件方程

航摄像片是地面景物的中心投影。在摄影瞬间，某地面点 A 经摄影中心 S 在像片上得到构像点 a。如果不考虑底片变形等原因引起的像点构像误差，物点 A、摄影中心 S 和像点 a 应位于一条直线上，即满足共线条件。

为了推导一般地区的构像方程，建立与地面摄影测量坐标系相平行的像空间辅助坐标系，如图 3-25 所示。设物点 A 和摄影中心 S 在地面摄影测量坐标系中的坐标分别为(X_A, Y_A, Z_A)和(X_S, Y_S, Z_S)；像点 a 在像空间辅助坐标系和像空间坐标系中的坐标分别为(X, Y, Z)和(x, y, $-f$)。由于地面摄影测量坐标系与像空间辅助坐标系对应轴系相互平行，根据相似三角形原理，可以得到像点的像空间辅助坐标(X, Y, Z)与对应物点的地面摄影测量坐标(X_A, Y_A, Z_A)之间的关系：

$$\frac{X}{X_A - X_S} = \frac{Y}{Y_A - Y_S} = \frac{Z}{Z_A - Z_S} = \frac{1}{\lambda} \tag{3-29}$$

式中：λ 为比例因子。

将上式写成矩阵形式为：

$$\begin{bmatrix} X \\ Y \\ Z \end{bmatrix} = \frac{1}{\lambda} \begin{bmatrix} X_A - X_S \\ Y_A - Y_S \\ Z_A - Z_S \end{bmatrix} \tag{3-30}$$

由像点的像空间坐标与像空间辅助坐标的关系式可得其逆变换式，即

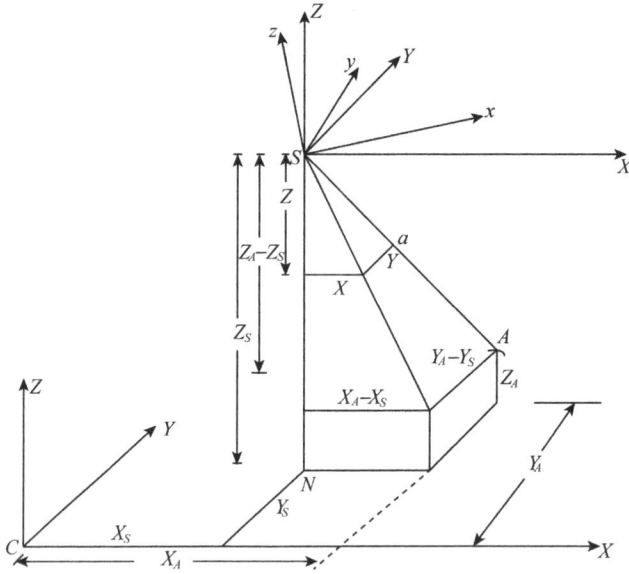

图 3-25 共线条件方程式

$$\begin{bmatrix} x \\ y \\ -f \end{bmatrix} = \boldsymbol{R}^{\mathrm{T}} \begin{bmatrix} X \\ Y \\ Z \end{bmatrix} = \begin{bmatrix} a_1 & b_1 & c_1 \\ a_2 & b_2 & c_2 \\ a_3 & b_3 & c_3 \end{bmatrix} \begin{bmatrix} X \\ Y \\ Z \end{bmatrix} \tag{3-31}$$

将式(3-30)代入式(3-31)得

$$\begin{bmatrix} x \\ y \\ -f \end{bmatrix} = \frac{1}{\lambda} \begin{bmatrix} a_1 & b_1 & c_1 \\ a_2 & b_2 & c_2 \\ a_3 & b_3 & c_3 \end{bmatrix} \begin{bmatrix} X_A - X_S \\ Y_A - Y_S \\ Z_A - Z_S \end{bmatrix} \tag{3-32}$$

展开为:

$$\begin{cases} x = \dfrac{1}{\lambda} \left[a_1(X_A - X_S) + b_1(Y_A - Y_S) + c_1(Z_A - Z_S) \right] & ① \\[2mm] y = \dfrac{1}{\lambda} \left[a_2(X_A - X_S) + b_2(Y_A - Y_S) + c_2(Z_A - Z_S) \right] & ② \\[2mm] -f = \dfrac{1}{\lambda} \left[a_3(X_A - X_S) + b_3(Y_A - Y_S) + c_3(Z_A - Z_S) \right] & ③ \end{cases} \tag{3-33}$$

式(3-33)中①与②分别除以③,消除比例因子得

$$\begin{cases} x = -f \dfrac{a_1(X_A - X_S) + b_1(Y_A - Y_S) + c_1(Z_A - Z_S)}{a_3(X_A - X_S) + b_3(Y_A - Y_S) + c_3(Z_A - Z_S)} \\[3mm] y = -f \dfrac{a_2(X_A - X_S) + b_2(Y_A - Y_S) + c_2(Z_A - Z_S)}{a_3(X_A - X_S) + b_3(Y_A - Y_S) + c_3(Z_A - Z_S)} \end{cases} \tag{3-34}$$

式(3-34)就是一般地区的中心投影构像方程式。它描述的是摄影瞬间像点、摄影中心和物点三点共线的几何关系,因而又称为共线条件方程式。共线条件方程式是摄影测量中最重要的基本公式之一,应用十分广泛。若已知像片的内方位元素以及至少 3 个地面点坐

标和相应的像点坐标，就可根据式(3-33)，解算出像片的 6 个外方位元素，此法称为空间后方交会；反之，若已知像点坐标及像片的内、外方位元素，就可以计算地面点的三维坐标。

二、平坦地区的构像方程

当地面水平时，地面任一点的高程 Z_A 为一常数，由式(3-31)可得

$$\begin{bmatrix} X_A-X_S \\ Y_A-Y_S \\ Z_A-Z_S \end{bmatrix} = \lambda \begin{bmatrix} a_1 & b_1 & c_1 \\ a_2 & b_2 & c_2 \\ a_3 & b_3 & c_3 \end{bmatrix} \begin{bmatrix} x \\ y \\ -f \end{bmatrix} \tag{3-35}$$

把式(3-35)展开，第一式和第二式分别除以第三式得

$$\begin{cases} X_A-X_S = (Z_A-Z_S)\dfrac{a_1x+a_2y-a_3f}{c_1x+c_2y-c_3f} \\ Y_A-Y_S = (Z_A-Z_S)\dfrac{b_1x+b_2y-b_3f}{c_1x+c_2y-c_3f} \end{cases} \tag{3-36}$$

式中：$(Z_A-Z_S) = -H$ 为常数；(X_A-X_S) 和 (Y_A-Y_S) 为水平地面点在像空间辅助坐标系中的坐标。用新的符号 X，Y 表示，得

$$\begin{cases} X = -H\dfrac{a_1x+a_2y-a_3f}{c_1x+c_2y-c_3f} \\ Y = -H\dfrac{b_1x+b_2y-b_3f}{c_1x+c_2y-c_3f} \end{cases} \tag{3-37}$$

将式(3-35)中的(Z_A-Z_S)乘入分式(3-37)中的$-H$，分子、分母同除以$-c_3f$，并用新的符号表示各系数后，可写为：

$$\begin{cases} X = \dfrac{a_{11}x+a_{12}y+a_{13}}{a_{31}x+a_{32}y+1} \\ Y = \dfrac{a_{21}x+a_{22}y+a_{23}}{a_{31}x+a_{32}y+1} \end{cases} \tag{3-38}$$

式(3-38)为地面水平时的中心投影构像方程，它反映了两个平面对应点之间的投影变换关系，故式(3-38)称为投影变换公式，也叫透视变换公式。用此公式可以将倾斜像片变换为水平像片，即像片纠正。式(3-38)的反算式为：

$$\begin{cases} X = \dfrac{a'_{11}X+b'_{11}Y+c'_{11}}{a'_{31}X+b'_{31}Y+1} \\ Y = \dfrac{a'_{21}X+b'_{21}Y+c'_{21}}{a'_{31}X+b'_{31}Y+1} \end{cases} \tag{3-39}$$

三、水平像片与倾斜像片相应像点之间的坐标关系

假设在同一摄站拍摄了两张像片，水平像片 P^0 和倾斜像片 P，如图 3-26 所示，地面

点 A 在水平像片 P^0 和倾斜像片 P 上的构像分别是 a^0 和 a，对应的像点坐标分别为 $(x^0$，$y^0)$ 和 $(x$，$y)$。若把水平像片看成是航高为 f 的水平地面，则由式（3-36）可得水平像片与倾斜像片相应点之间的坐标关系为：

$$\begin{cases} x^0 = -f\dfrac{a_1x+a_2y-a_3f}{c_1x+c_2y-c_3f} \\[2mm] y^0 = -f\dfrac{b_1x+b_2y-b_3f}{c_1x+c_2y-c_3f} \end{cases}$$

（3-40）

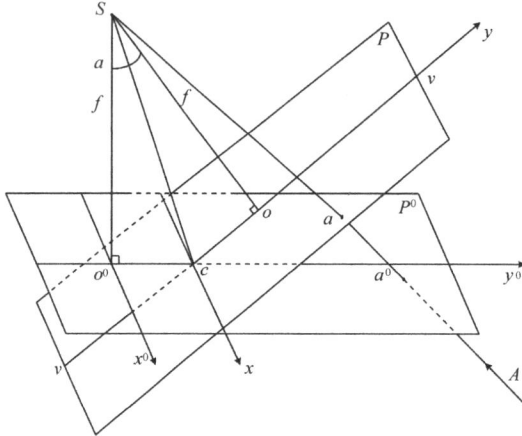

图 3-26　水平像片与倾斜像片的关系

如果取主纵线为 y 轴，主横线为 x 轴，式（3-40）各方向余弦用 $A-\alpha-\kappa_v$ 转角系统表示，则有 $A=\kappa_v=0$，代入式（3-25）可得

$$\begin{cases} a_1=1，\ a_2=0，\ a_3=0 \\ b_1=0，\ b_2=\cos\alpha，\ b_3=-\sin\alpha \\ c_1=0，\ c_2=\sin\alpha，\ c_3=\cos\alpha \end{cases}$$

（3-41）

将式（3-41）代入式（3-40）得

$$\begin{cases} x^0 = \dfrac{fx}{f\cos\alpha-y\sin\alpha} \\[2mm] y^0 = \dfrac{f(y\cos\alpha+f\sin\alpha)}{f\cos\alpha-y\sin\alpha} \end{cases}$$

（3-42）

式中 $(x^0$，$y^0)$ 为水平像片上以像主点为原点（图中 o^0）的像点坐标；$(x$，$y)$ 为倾斜像片上以像主点（图中 o）为原点的像点坐标。

第九节　空间后方交会

航摄像片的外方位元素反映了摄影瞬间像片和对应地面之间的相互关系。如果已知这些参数，就能根据像点的平面坐标计算出对应地面点的空间坐标。航摄像片的外方位元素可以利用雷达、全球定位系统（GPS）、惯性量测系统（IMU）等，在摄影瞬间实时测定，也可以在摄影之后，利用一定数量的地面控制点，根据共线条件方程式反求像片的外方位元素，这种方法称为单张像的空间后方交会。

一、空间后方交会的基本公式

空间后方交会常用的数学模型是共线条件方程式，为了书写方便，省去式(3-34)地面坐标的下标，表示为：

$$\begin{cases} x=-f\dfrac{a_1(X-X_S)+b_1(Y-Y_S)+c_1(Z-Z_S)}{a_3(X-X_S)+b_3(Y-Y_S)+c_3(Z-Z_S)} \\ y=-f\dfrac{a_2(X-X_S)+b_2(Y-Y_S)+c_2(Z-Z_S)}{a_3(X-X_S)+b_3(Y-Y_S)+c_3(Z-Z_S)} \end{cases} \tag{3-43}$$

式中：x，y 为像点在像平面直角坐标系中的坐标，可以量测得到；f 为摄影机主距，是已知值；X，Y，Z 为像点对应的物点在地面摄影测量坐标系中的坐标，对于控制点是已知值；X_S，Y_S，Z_S 为摄影中心在地面摄影测量坐标系中的坐标，通常是未知的；a_i，b_i，c_i 为只含有 3 个独立参数的 9 个方向余弦，也是未知的。

由此可知，如果已知 3 个(不在一条直线上的)地面点坐标并量测出对应的像点坐标，即可列出 6 个方程式，解求像片的 6 个外方位元素。由于共线方程是非线性公式，为了便于迭代计算，需把共线方程用泰勒公式展开，取一次项得到线性表达式，有：

$$\begin{cases} x=(x)+\dfrac{\partial x}{\partial X_S}dX_S+\dfrac{\partial x}{\partial Y_S}dY_S+\dfrac{\partial x}{\partial Z_S}dZ_S+\dfrac{\partial x}{\partial \varphi}d\varphi+\dfrac{\partial x}{\partial \omega}d\omega+\dfrac{\partial x}{\partial \kappa}d\kappa \\ y=(y)+\dfrac{\partial y}{\partial X_S}dX_S+\dfrac{\partial y}{\partial Y_S}dY_S+\dfrac{\partial y}{\partial Z_S}dZ_S+\dfrac{\partial y}{\partial \varphi}d\varphi+\dfrac{\partial y}{\partial \omega}d\omega+\dfrac{\partial y}{\partial \kappa}d\kappa \end{cases} \tag{3-44}$$

用新的符号表示各偏导数后为：

$$\begin{cases} x=(x)+a_{11}dX_S+a_{12}dY_S+a_{13}dZ_S+a_{14}d\varphi+a_{15}d\omega+a_{16}d\kappa \\ y=(y)+a_{21}dX_S+a_{22}dY_S+a_{23}dZ_S+a_{24}d\varphi+a_{25}d\omega+a_{26}d\kappa \end{cases} \tag{3-45}$$

式中：(x)，(y) 为函数的近似值；dX_S，dY_S，dZ_S，$d\varphi$，$d\omega$，$d\kappa$ 为外方位元素近似值的改正数，它们的系数为函数的偏导数。

为了便于推导偏导数，令

$$\begin{cases} \bar{X}=a_1(X-X_S)+b_1(Y-Y_S)+c_1(Z-Z_S) \\ \bar{Y}=a_2(X-X_S)+b_2(Y-Y_S)+c_2(Z-Z_S) \\ \bar{Z}=a_3(X-X_S)+b_3(Y-Y_S)+c_3(Z-Z_S) \end{cases} \tag{3-46}$$

则共线方程可表示为：

$$\begin{cases} x=-f\dfrac{\bar{X}}{\bar{Z}} \\ y=-f\dfrac{\bar{Y}}{\bar{Z}} \end{cases} \tag{3-47}$$

对各直角元素的偏导数为：

$$
\begin{cases}
a_{11}=\dfrac{\partial x}{\partial X_s}=-f\dfrac{\dfrac{\partial \overline{X}}{\partial X_s}\overline{Z}-\dfrac{\partial \overline{Z}}{\partial X_s}\overline{X}}{(\overline{Z})^2}=-f\dfrac{-a_1\overline{Z}+a_3\overline{X}}{(\overline{Z})^2}=\dfrac{1}{\overline{Z}}(a_1f+a_3x)\\[3mm]
a_{12}=\dfrac{\partial x}{\partial Y_s}=\dfrac{1}{\overline{Z}}(b_1f+b_3x)\\[3mm]
a_{13}=\dfrac{\partial x}{\partial Z_s}=\dfrac{1}{\overline{Z}}(c_1f+c_3x)\\[3mm]
a_{21}=\dfrac{\partial y}{\partial X_s}=\dfrac{1}{\overline{Z}}(a_2f+a_3y)\\[3mm]
a_{22}=\dfrac{\partial y}{\partial X_s}=\dfrac{1}{\overline{Z}}(b_2f+b_3y)\\[3mm]
a_{23}=\dfrac{\partial y}{\partial Z_s}=\dfrac{1}{\overline{Z}}(c_2f+c_3y)
\end{cases}
\tag{3-48}
$$

对角方位元素的偏导数有：

$$
\begin{cases}
a_{14}=\dfrac{\partial x}{\partial \varphi}=-\dfrac{f}{(\overline{Z})^2}\left(\dfrac{\partial \overline{X}}{\partial \varphi}\overline{Z}-\dfrac{\partial \overline{Z}}{\partial \varphi}\overline{X}\right)\\[3mm]
a_{15}=\dfrac{\partial x}{\partial \omega}=-\dfrac{f}{(\overline{Z})^2}\left(\dfrac{\partial \overline{X}}{\partial \omega}\overline{Z}-\dfrac{\partial \overline{Z}}{\partial \omega}\overline{X}\right)\\[3mm]
a_{16}=\dfrac{\partial x}{\partial \kappa}=-\dfrac{f}{(\overline{Z})^2}\left(\dfrac{\partial \overline{X}}{\partial \kappa}\overline{Z}-\dfrac{\partial \overline{Z}}{\partial \kappa}\overline{X}\right)\\[3mm]
a_{24}=\dfrac{\partial y}{\partial \varphi}=-\dfrac{f}{(\overline{Z})^2}\left(\dfrac{\partial \overline{Y}}{\partial \varphi}\overline{Z}-\dfrac{\partial \overline{Z}}{\partial \varphi}\overline{Y}\right)\\[3mm]
a_{25}=\dfrac{\partial y}{\partial \omega}=-\dfrac{f}{(\overline{Z})^2}\left(\dfrac{\partial \overline{Y}}{\partial \omega}\overline{Z}-\dfrac{\partial \overline{Z}}{\partial \omega}\overline{Y}\right)\\[3mm]
a_{26}=\dfrac{\partial y}{\partial \kappa}=-\dfrac{f}{(\overline{Z})^2}\left(\dfrac{\partial \overline{Y}}{\partial \kappa}\overline{Z}-\dfrac{\partial \overline{Z}}{\partial \kappa}\overline{Y}\right)
\end{cases}
\tag{3-49}
$$

根据式（3-46）可知：

$$\begin{bmatrix} \overline{X} \\ \overline{Y} \\ \overline{Z} \end{bmatrix} = \begin{bmatrix} a_1 & b_1 & c_1 \\ a_2 & b_2 & c_2 \\ a_3 & b_3 & c_3 \end{bmatrix} \begin{bmatrix} X-X_S \\ Y-Y_S \\ Z-Z_S \end{bmatrix} = \boldsymbol{R}^{\mathrm{T}} \begin{bmatrix} X-X_S \\ Y-Y_S \\ Z-Z_S \end{bmatrix}$$

$$= \boldsymbol{R}_\kappa^{\mathrm{T}} \boldsymbol{R}_\omega^{\mathrm{T}} \boldsymbol{R}_\varphi^{\mathrm{T}} \begin{bmatrix} X-X_S \\ Y-Y_S \\ Z-Z_S \end{bmatrix} = \boldsymbol{R}_\kappa^{-1} \boldsymbol{R}_\omega^{-1} \boldsymbol{R}_\varphi^{-1} \begin{bmatrix} X-X_S \\ Y-Y_S \\ Z-Z_S \end{bmatrix} \tag{3-50}$$

因此有

$$\frac{\partial \begin{bmatrix} \overline{X} \\ \overline{Y} \\ \overline{Z} \end{bmatrix}}{\partial \varphi} = \boldsymbol{R}_\kappa^{-1} \boldsymbol{R}_\omega^{-1} \frac{\partial \boldsymbol{R}_\varphi^{-1}}{\partial \varphi} \begin{bmatrix} X-X_S \\ Y-Y_S \\ Z-Z_S \end{bmatrix}$$

$$= \boldsymbol{R}_\kappa^{-1} \boldsymbol{R}_\omega^{-1} \boldsymbol{R}_\varphi^{-1} \boldsymbol{R}_\varphi \frac{\partial \boldsymbol{R}_\varphi^{-1}}{\partial \varphi} \begin{bmatrix} X-X_S \\ Y-Y_S \\ Z-Z_S \end{bmatrix}$$

$$= \boldsymbol{R}^{-1} \boldsymbol{R}_\varphi \frac{\partial \boldsymbol{R}_\varphi^{-1}}{\partial \varphi} \begin{bmatrix} X-X_S \\ Y-Y_S \\ Z-Z_S \end{bmatrix} \tag{3-51}$$

由于

$$\boldsymbol{R}_\varphi^{-1} = \boldsymbol{R}_\varphi^{\mathrm{T}} = \begin{bmatrix} \cos\varphi & 0 & \sin\varphi \\ 0 & 1 & 0 \\ -\sin\varphi & 0 & \cos\varphi \end{bmatrix} \tag{3-52}$$

则

$$\boldsymbol{R}_\varphi \frac{\partial \boldsymbol{R}_\varphi^{-1}}{\partial \varphi} = \begin{bmatrix} \cos\varphi & 0 & -\sin\varphi \\ 0 & 1 & 0 \\ \sin\varphi & 0 & \cos\varphi \end{bmatrix} \begin{bmatrix} -\sin\varphi & 0 & \cos\varphi \\ 0 & 0 & 0 \\ -\cos\varphi & 0 & -\sin\varphi \end{bmatrix} = \begin{bmatrix} 0 & 0 & 1 \\ 0 & 0 & 0 \\ -1 & 0 & 0 \end{bmatrix} \tag{3-53}$$

代入式(3-52)得

$$\frac{\partial \begin{bmatrix} \overline{X} \\ \overline{Y} \\ \overline{Z} \end{bmatrix}}{\partial \varphi} = \boldsymbol{R}^{-1} \begin{bmatrix} 0 & 0 & 1 \\ 0 & 0 & 0 \\ -1 & 0 & 0 \end{bmatrix} \begin{bmatrix} X-X_S \\ Y-Y_S \\ Z-Z_S \end{bmatrix} = \begin{bmatrix} a_1 & b_1 & c_1 \\ a_2 & b_2 & c_2 \\ a_3 & b_3 & c_3 \end{bmatrix} \begin{bmatrix} 0 & 0 & 1 \\ 0 & 0 & 0 \\ -1 & 0 & 0 \end{bmatrix} \begin{bmatrix} X-X_S \\ Y-Y_S \\ Z-Z_S \end{bmatrix}$$

$$= \begin{bmatrix} -c_1 & 0 & a_1 \\ -c_2 & 0 & a_2 \\ -c_3 & 0 & a_3 \end{bmatrix} \begin{bmatrix} X-X_S \\ Y-Y_S \\ Z-Z_S \end{bmatrix} = \begin{bmatrix} -c_1(X-X_S)+a_1(Z-Z_S) \\ -c_2(X-X_S)+a_2(Z-Z_S) \\ -c_3(X-X_S)+a_3(Z-Z_S) \end{bmatrix} \quad (3-54)$$

从而求得偏导数 a_{14} 的表达式为

$$a_{14}=\frac{\partial x}{\partial \varphi}=-\frac{f}{(\bar{Z})^2}\left(\frac{\partial \bar{X}}{\partial \varphi}\bar{Z}-\frac{\partial \bar{Z}}{\partial \varphi}\bar{X}\right)$$

$$=-\frac{f}{(\bar{Z})^2}\{[-c_1(X-X_S)+a_1(Z-Z_S)]\bar{Z}-[-c_3(X-X_S)+a_3(Z-Z_S)]\bar{X}\}$$

$$=-\frac{f}{(\bar{Z})}\{[-c_1(a_1\bar{X}+a_2\bar{Y}+a_3\bar{Z})+a_1(c_1\bar{X}+c_2\bar{Y}+c_3\bar{Z})]-\frac{\bar{X}}{(\bar{Z})}$$

$$[-c_3(a_1\bar{X}+a_2\bar{Y}+a_3\bar{Z})+a_3(c_1\bar{X}+c_2\bar{Y}+c_3\bar{Z})]\}$$

$$=-\frac{f}{(\bar{Z})}\{[\bar{Y}(a_1c_1-a_2c_1)+\bar{Z}(a_1c_3-a_3c_1)]-\frac{\bar{X}}{(\bar{Z})}[\bar{X}(a_3c_1-a_1c_3)+\bar{Y}(a_3c_2-a_2c_3)]\}$$

$$=-\frac{f}{(\bar{Z})}\left\{[-b_3\bar{Y}+b_2\bar{Z}]+\frac{\bar{X}}{(\bar{Z})}[b_2\bar{X}-b_1\bar{Y}]\right\}$$

$$=-f\left[-b_3\frac{\bar{Y}}{\bar{Z}}+b_2+b_2\left(\frac{\bar{X}}{\bar{Z}}\right)^2-b_1\frac{\overline{XY}}{(\bar{Z})^2}\right]$$

$$=-f\left[\sin\omega\frac{y}{-f}+\cos\omega\cos\kappa+\cos\omega\cos\kappa\left(\frac{x}{-f}\right)^2-\cos\omega\sin\kappa\frac{xy}{f^2}\right]$$

$$=y\sin\omega-\left[\frac{x}{f}(x\cos\kappa-y\sin\kappa)+f\cos\kappa\right]\cos\omega \quad (3-55)$$

根据类似的方法可得

$$\begin{cases} a_{15}=\dfrac{\partial x}{\partial \omega}=-f\sin\kappa-\dfrac{x}{f}(x\sin\kappa+y\cos\kappa) \\[2mm] a_{16}=\dfrac{\partial x}{\partial \kappa}=y \\[2mm] a_{24}=\dfrac{\partial y}{\partial \varphi}=-x\sin\omega-\left[\dfrac{y}{f}(x\cos\kappa-y\sin\kappa)-f\sin\kappa\right]\cos\omega \\[2mm] a_{25}=\dfrac{\partial y}{\partial \omega}=-f\cos\kappa-\dfrac{y}{f}(x\sin\kappa+y\cos\kappa) \\[2mm] a_{26}=\dfrac{\partial y}{\partial \kappa}=-x \end{cases} \quad (3-56)$$

对于竖直摄影而言，像片的角方位元素都是最小值，因而得各系数的近似值为：

$$\begin{cases} a_{11} \approx -\dfrac{f}{H} , \ a_{12} \approx 0, \ a_{13} \approx -\dfrac{x}{H} \\[2mm] a_{21} \approx 0, \ a_{22} \approx -\dfrac{f}{H}, \ a_{23} \approx -\dfrac{y}{H} \\[2mm] a_{14} \approx -f\left(1+\dfrac{x^2}{f^2}\right), \ a_{15} \approx -\dfrac{xy}{f}, \ a_{16} \approx y \\[2mm] a_{24} \approx -\dfrac{xy}{f}, \ a_{25} \approx -f\left(1+\dfrac{y^2}{f^2}\right), \ a_{26} \approx -x \end{cases} \quad (3\text{-}57)$$

代入式(3-45)得到在竖直摄影时用共线方程结算外方位元素的实用公式，即

$$\begin{cases} x = (x) - \dfrac{f}{H}dX_S - \dfrac{x}{H}dZ_S - f\left(1+\dfrac{x^2}{f^2}\right)d\varphi - \dfrac{xy}{f}d\omega + yd\kappa \\[2mm] y = (y) - \dfrac{f}{H}dY_S - \dfrac{y}{H}dZ_S - \dfrac{xy}{f}d\varphi - f\left(1+\dfrac{y^2}{f^2}\right)d\omega - xd\kappa \end{cases} \quad (3\text{-}58)$$

二、误差方程式和法方程式的建立

利用共线方程求解外方位元素时，为了提高精度和可靠性，通常需要量测 4 个或更多的地面控制点和对应的像点坐标，采用最小二乘平差方法解算。此时像点坐标(x , y)作为观测值，加入相应的偶然误差改正数 v_x，v_y，由式(3-58)可以列出每个点的误差方程式为：

$$\begin{cases} v_x = -\dfrac{f}{H}dX_S - \dfrac{x}{H}dZ_S - f\left(1+\dfrac{x^2}{f^2}\right)d\varphi - \dfrac{xy}{f}d\omega + yd\kappa - l_x \\[2mm] v_y = -\dfrac{f}{H}dY_S - \dfrac{y}{H}dZ_S - \dfrac{xy}{f}d\varphi - f\left(1+\dfrac{y^2}{f^2}\right)d\omega - xd\kappa - l_y \end{cases} \quad (3\text{-}59)$$

写成一般形式为：

$$\begin{cases} v_x = a_{11}dX_S + a_{12}dY_S + a_{13}dZ_S + a_{14}d\varphi + a_{15}d\omega + a_{16}d\kappa - l_x \\[2mm] v_y = a_{21}dX_S + a_{22}dY_S + a_{23}dZ_S + a_{24}d\varphi + a_{25}d\omega + a_{26}d\kappa - l_y \end{cases} \quad (3\text{-}60)$$

式中：l_x，l_y 为常数项。

由像点坐标的量测值与将未知数的近似值代入共线方程算得的像点坐标近似值相减得到下式：

$$\begin{cases} l_x = x - (x) = x + f\dfrac{a_1(X-X_S)+b_1(Y-Y_S)+c_1(Z-Z_S)}{a_3(X-X_S)+b_3(Y-Y_S)+c_3(Z-Z_S)} \\[3mm] l_y = y - (y) = y + f\dfrac{a_2(X-X_S)+b_2(Y-Y_S)+c_2(Z-Z_S)}{a_3(X-X_S)+b_3(Y-Y_S)+c_3(Z-Z_S)} \end{cases} \quad (3\text{-}61)$$

用矩阵形式表示误差方程式为

$$\boldsymbol{V}=\boldsymbol{A}\boldsymbol{X}-\boldsymbol{L} \quad (3\text{-}62)$$

其中

$$V = \begin{bmatrix} v_x, & v_y \end{bmatrix}^T$$

$$A = \begin{bmatrix} a_{11} & a_{12} & a_{13} & a_{14} & a_{15} & a_{16} \\ a_{21} & a_{22} & a_{23} & a_{24} & a_{25} & a_{26} \end{bmatrix}$$

$$X = \begin{bmatrix} dX_S & dY_S & dZ_S & d\varphi & d\omega & d\kappa \end{bmatrix}$$

$$L = \begin{bmatrix} l_x, & l_y \end{bmatrix}^T$$

根据最小二乘平差方法，由误差方程式可列出法方程式：

$$(A^T P A) X = A^T P L \tag{3-63}$$

式中：P 为观测值的权阵，对所有像点坐标的观测值，一般认为都是等精度量测，即 P 为单位矩阵。

由此得到法方程式的解为：

$$X = (A^T A)^{-1} A^T L \tag{3-64}$$

三、空间后方交会的计算过程

空间后方交会的计算过程如下：

①获取已知数据。从航摄资料中查取平均航高与摄影机主距；获取控制点的地面测量坐标并转换为地面摄测坐标。

②量测控制点的像点坐标并作系统误差改正。

③确定未知数的初始值。在竖直摄影且地面控制点大体对称分布的情况下，按如下方法确定初始值，即

$$X_S^0 = \frac{\sum X}{n}, \quad Y_S^0 = \frac{\sum Y}{n}, \quad Z_S^0 = mf + \frac{1}{n}\sum Z \tag{3-65}$$

$$\varphi^0 = \omega^0 = \kappa^0 = 0$$

式中：m 为摄影比例尺分母；n 为控制点个数。

④用 3 个角元素的初始值按式(3-19)，计算各方向余弦值，组成旋转矩阵 R。

⑤逐点计算像点坐标的近似值。利用未知数的近似值和控制点的地面坐标，代入共线方程式，逐点计算像点坐标的近似值 $[(x), (y)]$。

⑥逐点计算误差方程式的系数和常数项，组成误差方程式。

⑦计算法方程的系数矩阵 $A^T A$ 和常数 $A^T L$，组成法方程式。

⑧解法方程，求得外方位元素的改正数 dX_S，dY_S，dZ_S，$d\varphi$，$d\omega$，$d\kappa$。

⑨用前次迭代取得的近似值，加本次迭代的改正数，计算外方位元素的新值，即

$$X_S^K = X_S^{K-1} + dX_S^K, \quad Y_S^K = Y_S^{K-1} + dY_S^K, \quad Z_S^K = Z_S^{K-1} + dZ_S^K$$

$$\varphi^K = \varphi^{K-1} + d\varphi^K, \quad \omega^K = \omega^{K-1} + d\omega^K, \quad \kappa^K = \kappa^{K-1} + d\kappa^K$$

式中：K 为迭代次数。

⑩将求得的外方位元素改正数与规定的限差比较，若小于限差，则迭代结束。否则用新的近似值重复④~⑨，直到满足要求为止。

用共线方程进行空间后方交会的程序如图 3-27 所示。

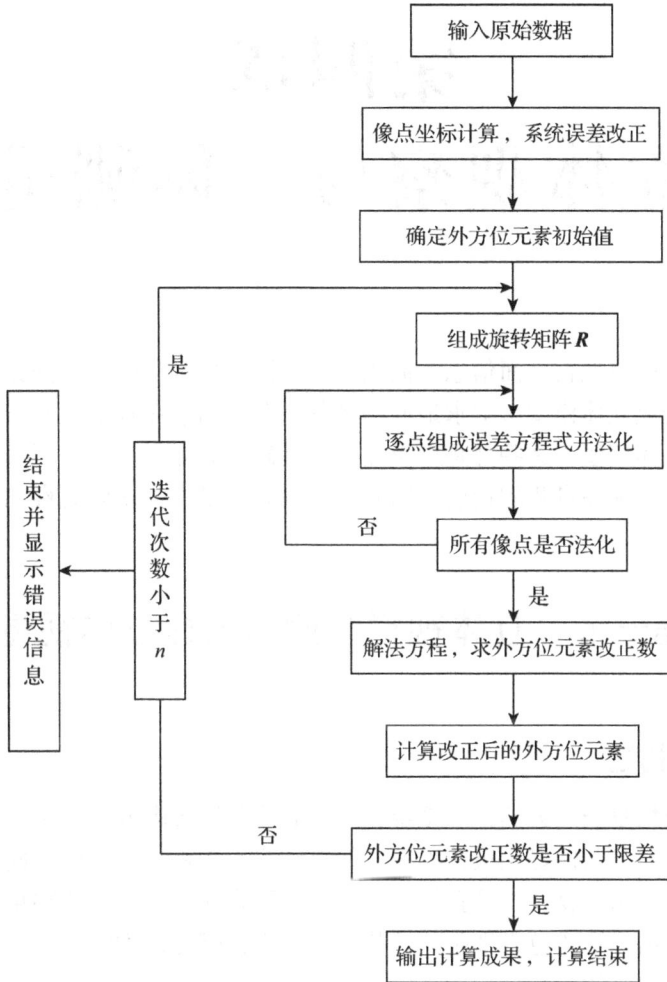

图 3-27 空间后方交会的程序

第四章
立体观察与立体测量

单张像片只能研究地物平面信息，而当具有对同一地区从两个不同方位摄取的重叠立体像对时，则可构成立体模型来解求地面物体的空间位置，在解求地面三维坐标时，首先要求观察和量测立体模型，这些都是摄影测量的基础。立体观测方法不仅能够增强分辨像点的能力，而且可以提高量测的精度。因此，在摄影测量中，立体观察和立体量测得到了广泛应用。

第一节　立体视觉原理与人造立体视觉

一、人眼的构造

人眼是一个结构复杂的天然光学系统，图 4-1 是人眼结构示意。它就像一架完善的能自动调节的摄影机。晶状体好比摄影物镜，能自动改变焦距，使观察不同远近物体时，在视网膜上都能得到清晰的物像。瞳孔如同光圈，视网膜就像底片，能够接收影像信息。视网膜上起感觉作用的是锥体色素细胞和柱状感光细胞，感光最敏锐的地方称为黄斑。黄斑在视网膜的中央，大小约为 0.9 mm×0.6 mm，其中感光力最强的部分称为网膜窝。通过网膜窝中心和晶状体结点的直线称为眼睛的视轴。它与晶状体的光轴很相近，但并不一致。

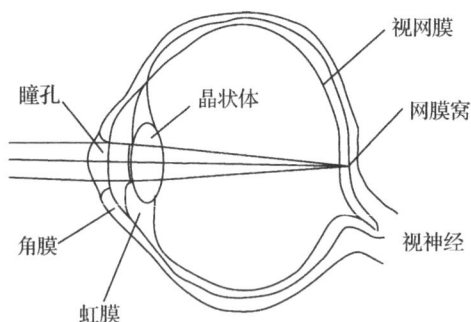

图 4-1　人眼的结构

二、立体视觉

单眼观察物体时，我们所感觉到的仅是物体的透视像，好像观看一张像片一样。单眼观察不能够确定物体的远近，只能凭经验间接地判断。只有用双眼观察景物，才能判断景物的远近，得到景物的立体效应，这种现象称为人眼的立体视觉。摄影测量中，正是根据这一原理，才需对同一地区要在两个不同摄站点上拍摄两张具有一定重叠度的像片，构成一个立体像对，进行立体观察与量测。

当人的双眼注视于某物点 A 时（图 4-2），两眼的视轴本能地交会于该点，此时，两视轴相交的角度 γ 叫作交会角。在两眼交会的同时，晶状体自动调节焦距，得到最清晰的影像。交会和调节焦距这两项动作，是本能地同时进行的，人眼的这种本能称为凝视。两眼凝视于一点时的交会角大小与物体离眼睛的距离有关，一定的交会角就代表一定的距离，人眼的功能可本能地反映交会角的差异，因而可以直接地判断物体的远近。

如图 4-2 所示，设两眼凝视于点 A，在两眼的网膜窝中央得到构像 a 和 a'；若 A 点附近有点 B 较 A 点为近，同样得到构像 b 和 b'。此时 b 相对 a 与 b' 相对于 a' 存在一些差异，即 $\sigma = ab - a'b'$，这种两物点在左右两眼网膜窝上构像的差别，称为生理视差，生理视差也反映为观察 A、B 两点时交会角的差别，就能区别物体的远近。但是，立体视觉还要受下列条件的限制：

①$|\sigma| \leqslant 0.4$ mm（相当于视网膜高直径）。

②物体在左右两眼内的两个构像应在同一眼基线平面内。

三、人造立体视觉的产生

如图 4-3 所示，当我们用两眼观察空间远近不同的两物点（A、B）时，便会在两眼内产生生理视差，得到立体视觉。此时，如在我们的眼前各放置一块玻璃片，如图中的 P 和 P'，通过玻璃片观看 A、B 两点。并把所看到的影像分别记在玻璃片上，如 a、b 和 a'、b'。然后移开实物 A、B，我们观看玻璃片上的影像 a、b 和 a'、b' 来代替实物，此时我们仍

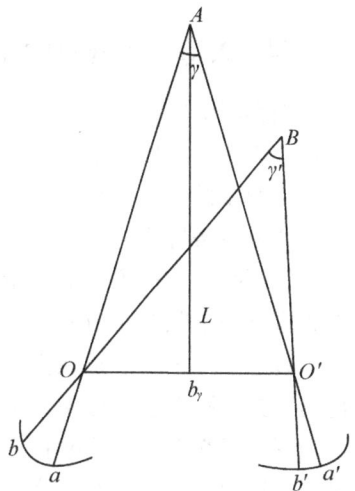

图 4-2　人眼立体视觉

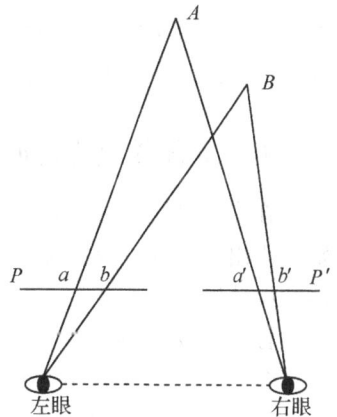

图 4-3　人造立体视觉

能看到与实物一样的空间物点 A、B，同时两影像也在两眼中产生与实物相同的生理相理差，能分辨物体的远近。同样，如果我们观看的是地面的景物，而 P 和 P' 是由左、右两个位置上摄取同一景物的两张像片，那么当移去景物，左、右眼各观看相应的像片时（左眼看左像片，右眼看右像片），我们也能看到和实物一样的地面景物的像，也就是看到了地面景物的立体影像，这样的立体感觉称为人造立体视觉。

按照立体视觉原理，我们只要在一条基线的两端用摄影机获取同一地物的一个立体像对，观察中就能重现物体的空间景像，测绘物体的三维坐标。这是摄影测量进行三维坐标测量的理论基础。人造立体视觉对于立体摄影测量有着重要的意义，不仅可在立体观察下进行各种量测，而且能提高量测的精度，还可以在有影像重叠的相邻像片上精确地判读同名像点。根据这一原理，航空摄影中规定像片的航向重叠要求达 60% 以上，就是为了构造立体像对进行立体量测。双眼观察立体像对所构成的立体模型，是一个不接触的虚像，称为视模型，也称光学立体模型。

四、人造立体视觉的条件

摄影测量中，人造立体观察不仅可以提高立体量测的精度，而且可以测求物体的空间位置，因此，应用非常广泛。不过要实现人造立体观察，必须符合下列条件：

①两张像片必须是在左、右两个位置对同一个物体进行摄影而获得的。

②分像条件应为一只眼睛只能观察像对中的一张像片，即左眼看左像，右眼看右像。

③两张像片放置时应尽量保证同名像点的连线与眼基线近似的平行，而且同名像点间距离应该小于眼基距（或小于扩大后的眼差距）来放置。

以上条件中第一条在摄影中应得到满足，第三条是人眼观察中生理方面的要求。不满足第一条，则左、右影像会上下错开，若错开太大形不成立体；同名像点间距离大于眼基距则形不成交会角。这些在进行观察时通过调整像片位置来达到要求。而第二条是在观察时要强迫两眼分别只看一张像片，得到立体视觉。这是与人们日常观察自然景观时眼的交会本能习惯不相适应的。另外，人造立体观察的是像片面，凝视条件要求不变，而交会时要求随模型点的远近而异，这也破坏了人眼观察时的调焦和交会相统一的凝视本能的习惯。因此，直接观察中要有一个训练过程。为了便于观察，人们常采用某种措施来帮助完成人造立体应具备的条件，以改善眼睛的视觉能力。

五、立体效应的转换

在完全满足上述条件的情况下，立体像对的两张像片可以有3种不同的放置方式，分别产生出正立体、反立体与零立体3种立体效应，这种立体效应的转换在观察中可根据具体情况分别选用。

1. 正立体效应

我们把左方摄影站摄得的像片 P_1 放在左方，用左眼观察；右方摄影站摄得的像片 P_2 放在右方，用右眼观察，就获得与观察实物相似的立体感觉，称为正立体效应，如图 4-4（a）所示，这是由于人眼观察像片所得到的生理视差，与人眼看实物的生理视差符号相同，故所看到的立体模型的远近与实物的远近是相同的。这是应用最多的一种方式。

2. 反立体效应

与正立体效应相反，左像片 P_1 放在右边，右像片 P_2 放在左边，如图 4-4（b）所示，或者在已建立正立体效应的基础上，将左右像片各旋转180°，如图 4-4（c）所示，然后进行立体观察，此时，由于像片上的左右视差较改变了符号，使观察到的立体影像在前后远近方面恰与正立体相反，称为反立体效应。

在量测中，用正、反两种立体效应交替地进行立体观察，可以检核和提高立体量测的精度。

3. 零立体效应

假若把正立体情况下的两张像片在各自平面内按同一方向旋转90°，这时，像对上原有的左右视差较旋转后转变为上下视差，而原有的上下视差则转变为左右视差较。对于理想像对来说，原来的上下视差为零，旋转90°后，就变成左右视差较为零，也就是说，失

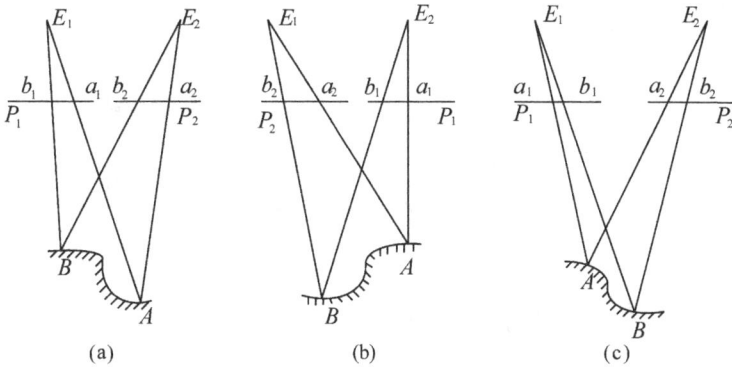

图 4-4　立体效应

去立体感觉而只有平面的图像的感觉。因为人眼对于量测左右视差较的精度高于上下视差，所以采用零立体效应方法，可以提高量测上下视差的精度。

第二节　立体观察与立体量测

一、像对的立体观察

建立人造立体视觉时，要求观察立体像对的双眼分别只能观察其中的一张像片，俗称分像。为了达到分像，通常有两种途径：一种是借助立体镜或其他工具来帮助人眼顺利地达到分像，使两眼分别只观察一张像片，构成立体视觉，这种立体观察形式称为"立体镜式"；另一种是通过光学投影，将两张像片的影像重叠投影在   起，此时需通过其他的措施使两眼只能分别看到重叠影像中的一个，称为"叠影式"。以下分别介绍这两种立体观察方式。

1. 立体镜和立体镜观察

立体镜的主要作用是使一只眼睛能清晰地只看一张像片的影像。它克服了肉眼观察立体时强制调焦与交会所引起的人眼疲劳，所以得到广泛应用。最简单的立体镜是桥式立体镜，它是在一个桥架上安装一对低倍率的简单透镜，透镜的光轴平行，其间距 b 约为人眼的眼基线距离，桥架的高度 h 等于透镜焦距(图 4-5)。观察时，像片对放在透镜的焦面上，这时像片上的物点光线，通过透镜后为一组平行光，使观察者感到物体在较远的距离，达到人眼的调焦与交会本能基本统一，便可使人感到较为自然而不致太疲劳。从理论上说，像片到透镜的距离要略大于焦距，这样有助于人眼调焦与交会的统一，观察者会感到更自然一些。

航摄像片像幅较大，桥式立体镜不便于观察。为了对大像幅的像片进行立体观察，改用较长焦距的透镜，并在左、右光路中各加入一对反光镜起扩大眼基距的作用，便于置放大像幅的航摄像片，这一类型的立体镜称为反光立体镜，如图 4-6 所示。

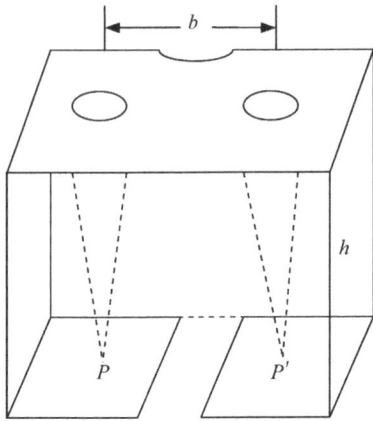

图 4-5 桥式立体镜　　　　　　　　图 4-6 反光立体镜

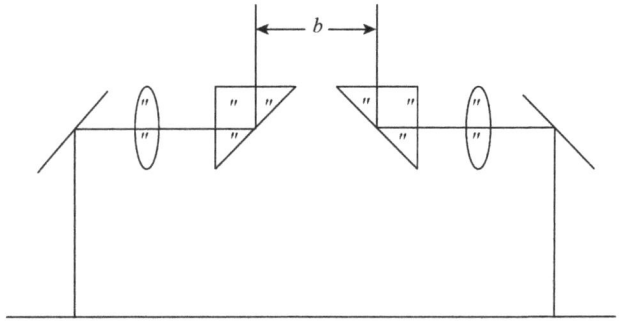

用立体镜观察立体模型时，看到的立体模型与实物是有所不同的，主要表现为在竖直方向夸大了，地面起伏变大，这种变形有利于高程的量测。下面说明产生这种变形的原因：

产生这种现象的原因是航摄像片的主距与观察时像片所在位置距观察者眼睛的距高不相等。两者之比称为夸大系数 Δ，并且有：

$$\Delta = \frac{f_c}{f} \tag{4-1}$$

式中：f_c 为观察立体时像片距人眼的距离；f 为航摄像片的主距。

在设计立体镜时，f_c 取它等于人眼的明视距离，即 $f = 250\ mm$，这样对于不同航摄主距的像片，则有不同的夸大系数。对于 $f = 70\ mm$ 的航摄像片，其 $\Delta = 3.6$；$f = 100\ mm$ 的航摄像片，其 $\Delta = 2.5$；$f = 210\ mm$ 的航摄像片，其 $\Delta \approx 1$。这种夸大有利于对高程差的判识，有助于提高量测高程差的精度，而对量测结果毫无影响，因为量测的是像点坐标，用它来计算高差，观察中虽然高差被夸大，但量测像点坐标没有变化，所以对计算的高差没有影响。

2. 叠影式观察立体

当一个立体像对的两张像片在恢复了摄影时的相对位置后，用灯光照射到像片上，其光线通过像片投射至承影面上，两张像片的重叠影像就会相互重叠。如何满足一只眼睛只看到一张像片的投影影像来观察立体影像呢？这就要用到"分像"的方法。常用的"分像"方法有互补色法、光闸法(液晶闪闭法)和偏振光法。

(1)互补色法

互补色法是利用互补色的特性达到分像的目的来进行立体观察。光谱中如果两种色光混合在一起成为白光，则这两种色光称为互补色光。常用的互补色是品红与绿色(习惯简称为红色与绿色)。在暗室中，如图 4-7 所示，在左方投影器中插入红色滤光片，投影在承影面上的影像为红色影像；右方投影器中插入绿色滤光片，在承影面上得到影像是绿色的。当观察者戴上左红右绿的眼镜进行观察时，由于红色镜片只能透过红光而绿光被吸收，所以通过红色镜片只能看到左边的红影像，看不到右边的绿色影像。同样，绿色镜片只能透过绿光，也只能看到右边的绿色影像，而看不到左边的红色影像。从而达到一只眼睛只看到一张影像的"分像"的目的，而观察到白底、灰色的地面立体模型（视模型）。

两个投影器投射的所有的同名光线交点的综合就是光学的立体模型。从几何关系来说，这个立体模型与地面完全相似，称为几何模型。几何模型是我们量测的依据。然而，如图4-7所示，人眼观察到的地面的立体模型并不是几何模型，而是有变形的视模型，原因在于人的双眼不可能位于投影器的物镜上。人们观察立体时，只是根据投影在承影面上的两个影像反映至人眼，而它们间的左右视差较也会转变为生理视差。图中，两投影器的投影光线交点 A 为几何模型点，而两眼视线观察交点 A' 为视模型点，它随人眼观察位置的不同而改变。承影面上有一升降的测绘台时，当测绘台升到 E_0 面上，如图4-7所示，此时观察到

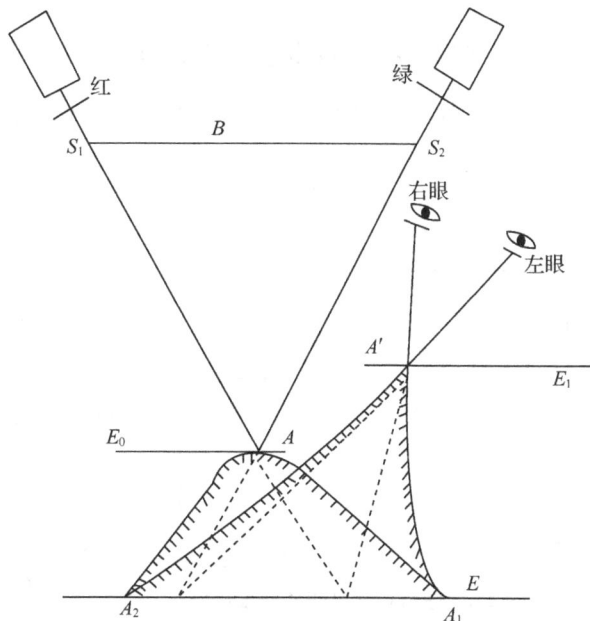

图4-7　互补色法

的 A 点即为几何模型上的位置，从而达到视模型点与几何模型点两者的统一。所以在量测时，通过测绘台的升降可使观察到的视模型点与几何模型的相应点重合，虽然根据视模型量测，但是它所得出的结果也是按几何模型所量测的，以保持模型点量测不受影响。

（2）光闸法

光闸法是在投影的光线路径中安装光闸进行立体观察。两个投影器的光闸相互错开，即一个打开，另一个闭上。人眼观察时，要戴上与投影器中光闸同步的光闸眼镜，这样人眼就能实现一只眼睛只看到一张影像。由于影像在人眼中的构像能保持 0.15 s 的视觉暂留，这样光闸启闭的频率只要大于 10 次/s，人眼中的影像就会连续，构成立体视觉。光闸法的优点是投影光线的亮度很少损失，缺点是振动与噪声不利于工作。

（3）偏振光法

偏振光法立体观察是利用偏振光的性质。光线通过偏振器分解出的偏振光，只在偏振平面上进行。当投射光线通过第一个偏振镜使产生了偏振光，其光强为 I_1；当偏振光 I_1 再通过第二个偏振器后其光强为 I_2，则 I_2 随两偏振器的偏振平面的夹角 α 而改变，即 $I_2 = I_1\cos^2\alpha$。当两偏振平面相互平行时，即 $\cos\alpha = 1$，此时偏振光光强最大即 $I_2 = I_1$。当两偏振平面相互垂直时（$\alpha = 90°$），即 $\cos\alpha = 0$，则光强 $I_2 = 0$，表示偏振光不能通过第二个偏振器。利用这一特性，在两张影像的投影光路中放置两个偏振平面相互垂直的偏振器，在承影面上就能得到光波波动方向相互垂直的两组偏振光影像。观察者戴上检偏眼镜，两眼检偏镜

片的偏振平面也相互垂直，左、右分别与投影的左右偏振平面平行。这样，就保证每只眼睛只看到一个投影器的投射影像，而达到"分像"观察立体的效果。偏振光可用于彩色影像的立体观察，获得彩色的立体模型。

二、像对立体量测的基本原理

把同名像点在两张像片中以像片基线为横轴，以像主点为坐标原点的坐标系中的坐标之差定义为视差；把任意两个地物点影像的视差之差定义为视差较。

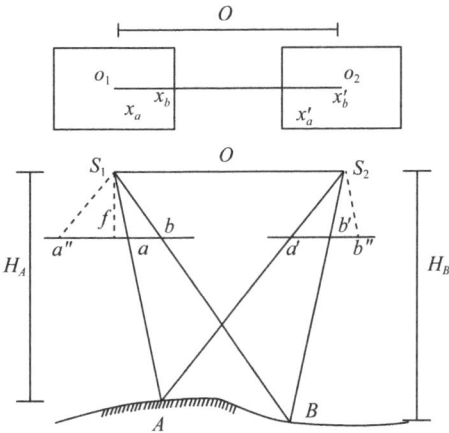

图 4-8　像对立体量测的基本原理

$$\begin{cases} x_a - x_{a'} = p，像片的左右视差 \\ y_a - y_{a'} = q，像片的上下视差 \end{cases}$$

以像片基线 $o_1 o_2$ 作为 X 轴，以两个像主点 o_1 和 o_2 分别作两张像片坐标系的坐标原点。地物点 A 与 B 分别在两张像片上构有两对同名像点，a 与 a'，b 与 b'，它们在上述坐标系中分别有着横坐标：x_a，$x_{a'}$ 及 x_b，$x_{b'}$。过 S_1 和 S_2 分别作 $S_2 A$ 及 $S_1 A$ 的平行线 $S_1 a''$ 及 $S_2 b''$。

三角形 $S_1 S_2 A$ 与三角形 $A a a'$ 相似，则

$$\frac{aa'}{O} = \frac{AS_1 - aS_1}{AS_1}$$

$$aa' = O\left(1 - \frac{aS_1}{AS_1}\right)$$

从图 4-8 中可以看出 $\frac{aS_1}{AS_1} = \frac{f}{H_A}$，所以

$$aa' = O\left(1 - \frac{f}{H_A}\right) \tag{4-2}$$

式 (4-2) 中 O 为像主点之间的距离，f 是相机焦距，H_A 为 A 点的绝对航高。由该公式可知，对于 H_A 相同的地物点，也就是说在同一立体像对重叠区的各地物点来说，只要它们的高程相同，它们在像平面的影像间的距离都相等。所以高程不同的地物点，aa' 所映射的相应影像点间的距离也有所差异。

$$aa' = O\left(1 - \frac{f}{H_A - h}\right) \tag{4-3}$$

因此，同名像点在左右航片上影像间距离的变化是各点高程变化的函数，也就是地物点高差 h 的函数。

三角形 $S_1 a'' a$ 相似于三角形 $A S_1 S_2$，则

$$P_a = x_a - x_{a''}$$

$$P_b = x_{b''} - x_{b'}$$

定义 P 为像点视差，等于同名像点横坐标之差，也称为 X 视差。可以分析出：

$$\frac{P_a}{O}=\frac{f}{H_A}, \quad P_a=\frac{f}{H_A}O$$

同理

$$P_b=\frac{f}{H_B}O$$

令 $\Delta P=P_a-P_b=fO\left(\frac{1}{H_A}-\frac{1}{H_B}\right)=fO\frac{H_B-H_A}{H_AH_B}=P_A\frac{h}{H_B}$

则

$$h=\frac{\Delta PH_B}{P_A} \tag{4-4}$$

通过分析，把地物之间的高差与视差、视差较、地物点航高建立了关系式。这样就可以在立体像对范围内，根据控制点的航高和视差，以及量测任意点视差，来获得任意点与控制点的高差，进而可以获得任意点高程。这一解求方案是模拟与解析摄影测量中测定地物点高程的主要技术路线。在这一技术方案中，所使用的技术平台必须具有对立体像对进行精确定向和精确测定同名像点和异名像点 X 坐标的能力，进而获得视差和视差较。

三、像点坐标量测

立体观察时所看到的地面立体模型，对于地貌形态和各种地形特征的反映特别清晰。所以，从地形测量来说，利用立体模型量测地形点以及勾绘等高线比平板仪测量在野外实地测定桩点和勾绘曲线要有利得多。利用所看到的立体模型进行量测与测图，是摄影测量的一项基本工作。摄影测量中，用一个可以在立体表面游动的测标来进行量测，用测标切准立体模型表面，这样的测标称为浮游测标，它的作用如同经纬仪目镜中的"十"字丝，其形状各异，大多为点状或线状。因此，像点坐标量测采用像对立体观察方法，以浮游测标切准视模型点作为手段，其中为建立瞄准用的浮游测标有双测标和单测标两种类型。

1. 双测标量测法

双测标量测法是用两个刻有量测标记的测标放在两张像片上，或放置在左右像片的观察光路中，当立体观测像片对时，左、右 2 个测标构成一个空间测标。当左、右测标分别在左、右像片的同名影像点上时，就构成测标与该地物点相切。此时，移动像片或观测系统的手轮可直接读出该点量测坐标系中的坐标 (x_1, y_1) 与 (x_2, y_2)。或者以测标切到某一高程，用左、右手轮运动，保证测标沿立体模型表面紧贴移动，即可带动测图设备绘出等高线。

量测的测标形状与大小有多种，如黑点光点、"T"字形、叹号等。测标在像片上可做 x 或 y 方向的共同移动和相对移动，借助这种移动达到与地物立体相切进行量测。

图 4-9 所示为已满足人造立体观察的一个像对。当我们移动左边测标，用眼睛观察到左测标与左像片上某一点 a'，对准后，再借助于右方测标单独移动（即相对地做 x、y 方向移动），在立体观察中使右方测标也对准右像片上同名像点 a'' 时，则在立体观测时，就会观察到"T"字形测标的下端与立体模型上的 A 点相切。此时，如果右测标在 x 方向相对右

像片做移动，当其离开同名像点 a'' 时，则可看到空间测标相对于立体模型的表面做升降运动，使测标浮于地面点 A 之上，或沉于 A 点之下。只有相切为 A 点时才是该点的像片坐标正确值，或为该点的正确高程值。至于具体量测方法，将在坐标量测仪器中介绍。

2. 单测标量测法

单测标法是用一个真实测标去量测立体模型。当把立体像对的左右两张像片分别装于左右两个投影器中，且恢复了空间相对位置和方位时，就构成了立体模型。用测绘台进行模型点的量测，测绘台的水平小承影面 Q 中央有一小光点测标，Q 可做上下移动，而整个测绘台可在承影面 E 上做水平方向移动，当光点测标与某一地面点 A 相切时，如图 4-10 所示，这时测标的位置代表量测点的空间位置 (x, y, z)。当 Q 做上下升降时，则可看到光点测标相对立体模型做上下移动，如升到 Q' 位置时，就会感到光点测标浮于立体模型 A 点之上。当测绘台 Q 安置某一高度时，使光点测标与立体模型某处相切，按此高度沿着立体模型表面保持相切地移动测绘台，则测绘台下端的绘图笔随即绘出运动轨迹，此轨迹就是该高程的等高线。

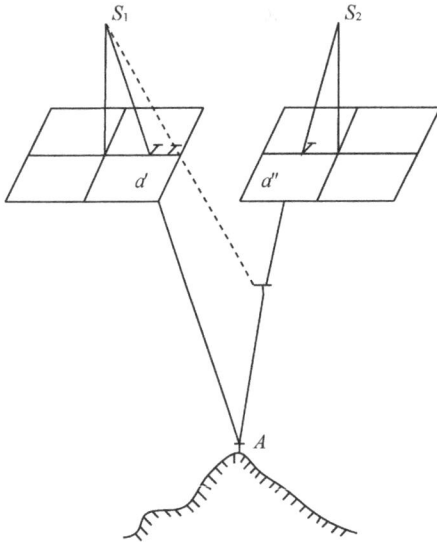

图 4-9 双侧标坐标量测   图 4-10 单侧标坐标量测

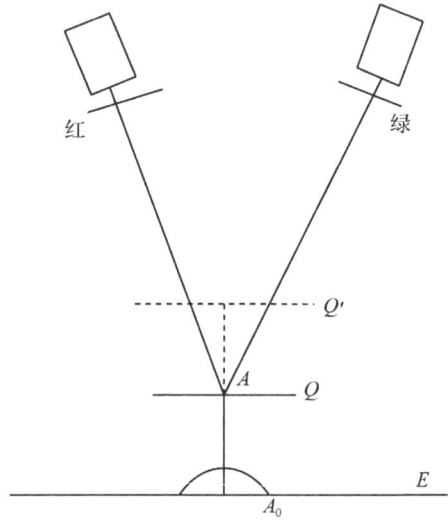

第五章
双像解析摄影测量

双像解析摄影测量是根据立体像对中的物像几何关系，用数学计算方法解求被摄目标空间坐标的理论方法。常用的理论方法有：单像空间后方交会+双像空间前方交会、解析相对定向+解析绝对定向光束法空中三角测量。

第一节　双像解析摄影测量的基本概念

共线条件方程式是通过像片的外方位元素建立像点平面坐标和地面点空间坐标之间的数学关系。用共线方程可以通过像点和对应地面点坐标求解像片的外方位元素，但是只有单张像片无法用共线方程求解地面点的三维坐标。要完成地面点空间定位的工作，必须利用具有足够重叠度的两张像片，采用一定的数学模型来实现。双像解析摄影测量的目的是研究立体像对内 2 张像片之间以及立体像对与被摄物体之间的数学关系，并以数学计算的方式确定地面点的三维坐标。

一、立体像对的特别点、线、面

在航空摄影时，同一条航线相邻摄站拍摄的 2 张像片具有 60% 左右的重叠度时，这 2 张像片称为立体像对，它是立体摄影测量的基本单元，只有重叠范围内的影像才能用于测定地面点的三维坐标。

与单张航摄像片类似，立体像对也有特殊的点、线、面。如图 5-1 所示，S_1、S_2 为同一航线的 2 个相邻摄影中心，P_1、P_2 即为立体像对。地面上某物点 A 在两张像片上的构像 a_1、a_2 称为同名像点，同名像点的构像光线 AS_1a_1 和 AS_2a_2 称为同名光线，两摄站 S_1、S_2 的连线 B 称为摄影基线。摄影瞬间某物点的 2 条同名光线和摄影基线位于同一平面内，这一平面称为核面。核面有无数个，其中过像主点的核面称为主核面，过像底点的核面称为垂核面。一个立体像对有左、右 2 个主核面，而垂核面只有一个。核面与像平面的交线称为核线，同一核面与左、右两像片相交的 2 条核线（图中 l_1、l_2）称为同名核线。同名像点必然在同名核线上。摄影基线的延长线与像片面的交点称为核点，核点有 2 个。一般情况下，核线是相互不平行的，像面上所有的核线都汇聚于核点，只有当像片平行于摄影基线时，像片与摄影基线相交在无穷远处，即所有核线相互平行。核线及同名核线的概念在传统的模拟和解析摄影测量中并无实际意义，但在数字摄影测量中却十分重要。

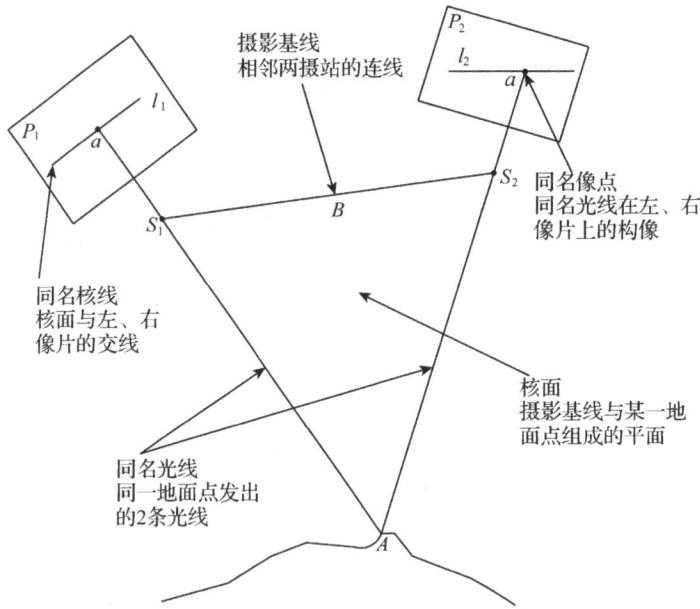

图 5-1　立体像对的重要点、线、面

下面介绍与立体模型解析有关的一些基本概念：

①光束与主光线　一个立体像对具有 2 个摄影中心，从一个摄影中心发出的无数个投影光线为光束，其中有主光线，即像面主点的投影光线。

②同名像点　任意地物点(如 A 点)在立体像对上的 2 张像片的构像(如在像面上的 a_1 与 a_2 影像点)为同名像点。

③同名光线　产生同名像点的投影光线为同名光线。

④摄影基线　2 个摄影中心的直线距离称为摄影基线，如 $S_1S_2=B$。

⑤核面与主核面　通过摄影基线与地面任意点所作的平面为核面。通过像主点的核面为主核面(左右两个主核面)，通过像底点的核面为垂核面(只有一个)。

⑥核线与主核线　核面与左右像平面的交线为核线，通过像主点的核线为主核线。

二、双像解析摄影测量的基本思想

在测量学中常用前方交会方法，它是根据 2 个已知测站的平面坐标和 2 条已知方向线的水平角，求解待定点的平面坐标，如图 5-2(a)所示。双像解析摄影测量，可以理解为测量学前方交会的推广。它是根据 2 个摄影中心的三维空间坐标和两条待定物点的构像光线，确定该物点的三维坐标，即空间前方交会，如图 5-2(b)所示，此时构像光线的方向是由像片的角方位元素和像点坐标确定。

根据像片方位元素确定方式的不同，双像解析摄影测量可分为空间后方交会—前方交会法、相对定向—绝对定向法和光束法 3 种。

①空间后方交会—前方交会法　这种方法先分别以单张像片为单位进行空间后方交会，分别求出 2 张像片的外方位元素，再根据待定点的一对像点坐标，用空间前方交会方

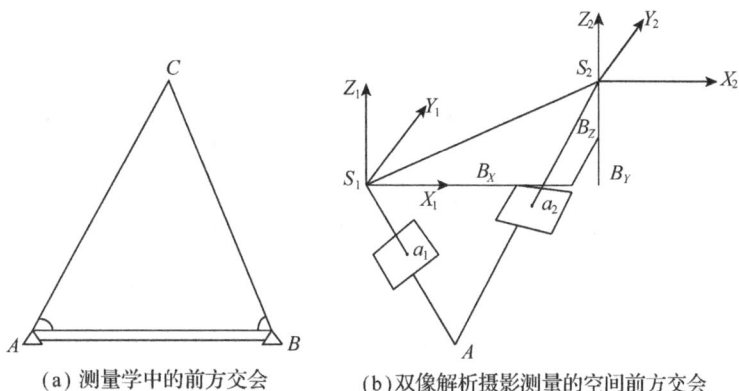

(a) 测量学中的前方交会   (b) 双像解析摄影测量的空间前方交会

图5-2 前方交会与空间前方交会

法解求待定点的地面坐标。

②相对定向—绝对定向法 这种方法不会直接求出两张像片相对于地面摄影测量坐标系的外方位元素，而是先进行相对定向，确定两张像片相对于以左摄站为原点的像空间辅助坐标系的方位元素—相对定向元素，然后用前方交会方法计算出模型点坐标，建立与地面相似的立体模型。最后进行绝对定向，将立体模型作三维的平移、旋转和缩放，使模型点坐标变换为地面摄影测量坐标。

③光束法 这种方法是根据共线条件方程式同时解算 2 张像片的 12 个外方位元素和待定点的地面坐标，又称一步定向法。

第二节　空间后方交会—前方交会算法

一、立体像对的空间前方交会公式

利用立体像对中两张像片的内、外方位元素和像点坐标来计算对应地面点的三维坐标的方法，称为立体像对的空间前方交会。如图 5-3 所示，航摄机在两相邻摄站 S_1、S_2 分别拍摄一张像片，两张像片构成立体像对。地面上任意一点 A 在左、右像片上的构像分别为 a_1 和 a_2。为了确定像点与地面点的数学关系，建立地面摄影测量坐标系 $D-X_{tP}Y_{tP}Z_{tP}$，其中 Z_{tP} 轴与航向基本一致。过左摄站 S_1 建立与地面摄影测量坐标系 $D-X_{tP}Y_{tP}Z_{tP}$ 平行的像空间辅助坐标系 $S_1-X_1Y_1Z_1$，再过右摄站 S_2 建立与地面摄影测量坐标系 $D-X_{tP}Y_{tP}Z_{tP}$ 平行的像空间辅助坐标系 $S_2-X_2Y_2Z_2$。

设地面点 A 在地面摄影测量坐标系 $D-X_{tP}Y_{tP}Z_{tP}$ 中的坐标为 (X_A, Y_A, Z_A)，对应像点 a_1、a_2 在各自的像空间坐标系中的坐标为 $(x_1, y_1, -f)$ 和 $(x_2, y_2, -f)$，在像空间辅助坐标系 $S_1-X_1Y_1Z_1$ 和 $S_2-X_2Y_2Z_2$ 中的坐标分别为 (X_1, Y_1, Z_1) 和 (X_2, Y_2, Z_2)。若已知 2 张像片的外方位元素，就可以由像点的像空间坐标计算出该点的像空间辅助坐标，即

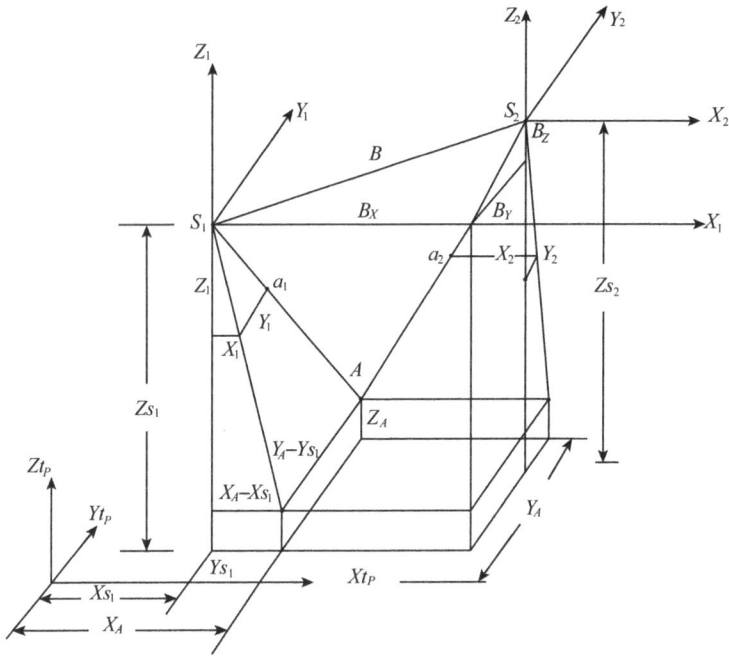

图 5-3　空间前方交会

$$\begin{bmatrix} X_1 \\ Y_1 \\ Z_1 \end{bmatrix} = \boldsymbol{R}_1 \begin{bmatrix} x_1 \\ y_1 \\ -f \end{bmatrix}, \quad \begin{bmatrix} X_2 \\ Y_2 \\ Z_2 \end{bmatrix} = \boldsymbol{R}_2 \begin{bmatrix} x_2 \\ y_2 \\ -f \end{bmatrix} \tag{5-1}$$

式中：$\boldsymbol{R}_1$、$\boldsymbol{R}_2$ 为由已知的外方位角元素算得的左、右像片的旋转矩阵。

右摄站 S_2 在 $S_1\text{-}X_1Y_1Z_1$ 中的坐标，即摄影基线 B 的 3 个分量 B_X、B_Y、B_Z 可由外方位直线元素算得

$$\begin{cases} B_X = X_{S_2} - X_{S_1} \\ B_Y = Y_{S_2} - Y_{S_1} \\ B_Z = Z_{S_2} - Z_{S_1} \end{cases} \tag{5-2}$$

由于左、右像空间辅助坐标系与地面摄影测量坐标系相互平行，且摄站点、像点、地面点 3 点共线，由图 5-3 可得

$$\begin{cases} \dfrac{S_1A}{S_1a_1} = \dfrac{X_A - X_{S_1}}{X_1} = \dfrac{Y_A - Y_{S_1}}{Y_1} = \dfrac{Z_A - Z_{S_1}}{Z_1} = N_1 \\[3mm] \dfrac{S_2A}{S_2a_2} = \dfrac{X_A - X_{S_2}}{X_2} = \dfrac{Y_A - Y_{S_2}}{Y_2} = \dfrac{Z_A - Z_{S_2}}{Z_2} = N_2 \end{cases} \tag{5-3}$$

式中：N_1、N_2 为左、右像点的点投影系数。

一般情况下，不同的点有不同的点投影系数值。根据式(5-3)可以得到由前方交会法计算地面点坐标的公式，即

$$\begin{bmatrix} X_A \\ Y_A \\ Z_A \end{bmatrix} = \begin{bmatrix} X_{S_1} \\ Y_{S_1} \\ Z_{S_1} \end{bmatrix} + \begin{bmatrix} N_1 X_1 \\ N_1 Y_1 \\ N_1 Z_1 \end{bmatrix} = \begin{bmatrix} X_{S_2} \\ Y_{S_2} \\ Z_{S_2} \end{bmatrix} + \begin{bmatrix} N_2 X_2 \\ N_2 Y_2 \\ N_2 Z_2 \end{bmatrix} \tag{5-4}$$

式(5-4)中 N_1、N_2 仍为未知，为此，结合式(5-2)有

$$\begin{cases} B_X = N_1 X_1 - N_2 X_2 & \text{①} \\ B_Y = N_1 Y_1 - N_2 Y_2 & \text{②} \\ B_Z = N_1 Z_1 - N_2 Z_2 & \text{③} \end{cases} \tag{5-5}$$

由式(5-5)中的①③联立求解得

$$\begin{cases} N_1 = \dfrac{B_X Z_2 - B_Z X_2}{X_1 Z_2 - X_2 Z_1} \\ N_2 = \dfrac{B_X Z_1 - B_Z X_1}{X_1 Z_2 - X_2 Z_1} \end{cases} \tag{5-6}$$

式(5-4)和式(5-6)就是利用立体像对在已知像片外方位元素的前提下，由像点坐标计算对应地面点空间坐标的前方交会公式。

综上，空间前方交会计算地面点坐标的步骤为：

①由已知的外方位角元素与像点在像空间坐标系下的坐标，计算像点的像空间辅坐标系下的坐标。

②由外方位线元素，计算摄影基线分量 B_X，B_Y，B_Z。

③由摄影基线分量，计算投影系数 N_1，N_2。

④由下式计算地面点坐标。

$$\begin{cases} X_A = X_{S_1} + N_1 X_1 = X_{S_2} + N_2 X_2 \\ Y_A = Y_{S_1} + N_1 Y_1 = Y_{S_2} + N_2 Y_2 \\ Z_A = Z_{S_1} + N_1 Z_1 = Z_{S_2} + N_2 Z_2 \end{cases}$$

二、空间后方交会—前方交会法的计算步骤

结合本教材第三章的空间后方交会法，可以得到完整的利用空间后方交会—前方交会法计算地面点空间坐标的方法，具体步骤如下：

1. 像片控制点测量

以立体像对为基本计算单元解求地面点坐标必须已知 4 个(或 4 个以上)地面控制点的三维坐标，这些点称为像片控制点(图 5-4)。

像片控制点一般应均匀分布于像对重叠范围的 4 个角上，而且应容易精确辨认，即所谓的明显地物点。在野外确定这些明显地物点后，建立地面标志，再在像片上用针准确刺出像点位置并作必要的注记。然后在野外用普通测量方法测定

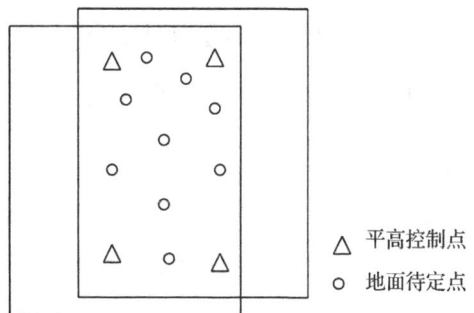

△ 平高控制点
o 地面待定点

图 5-4　控制点和待定点

69

这些像片控制点的地面坐标。

2. 像点坐标量测

用像点坐标量测仪器测出各个控制点和待定点在左、右像片上的像点坐标$(X_1，Y_1)$和$(X_2，Y_2)$。

3. 空间后方交会计算像片的外方位元素

根据上述方法得到的野外控制点坐标和在室内量测的对应的像点坐标，用空间后方交会法，分别计算出左、右 2 张像片的外方位元素$(X_{S_1}，Y_{S_1}，Z_{S_1}，\varphi_1，\omega_1，\kappa_1)$和$(X_{S_2}，Y_{S_2}，Z_{S_2}，\varphi_2，\omega_2，\kappa_2)$。

4. 空间前方交会计算待定点的地面坐标

先用算得的两张像片的外方位角元素，按式(3-18)分别计算左、右像片的方向余弦值，组成左、右像片各自的旋转矩阵$\boldsymbol{R}_1$和$\boldsymbol{R}_2$；然后用左、右像片的外方位直线元素，按式(5-2)计算摄影基线分量B_X、B_Y、B_Z；再按式(5-1)逐点计算各像点的像空间辅助坐标$(X_1，Y_1，Z_1)$和$(X_2，Y_2，Z_2)$；最后按式(5-6)和式(5-4)逐点计算名像点的点投影系数和地面点坐标。

第三节　立体像对的方位元素

第二节的空间后方交会—前方交会法需要确定 2 张像片的 12 个外方位元素，也就是恢复摄影瞬间两张像片在地面摄影测量坐标系中的绝对位置和姿态，重建被摄地面的绝对立体模型，从而解求任一待定点的地面坐标。

事实上，被摄地面绝对立体模型的重建也可以通过另一途径来完成。首先暂不考虑像片的绝对位置和姿态，只根据立体像对内在的几何关系恢复 2 张像片之间的相对位置和姿态，建立与实际地面几何相似的相对立体模型，这一立体模型的比例尺和方位都是任意的；在此基础上，利用地面控制点将相对立体模型作为一个整体进行旋转、平移和缩放，以达到绝对位置，最终重建被摄地面的绝对立体模型。这种方法称为相对定向—绝对定向法。

这里，把确定立体像对内 2 张像片之间以及立体像对与地面之间关系的参数称为立体像对的方位元素，它分为相对定向元素和绝对定向元素。

一、立体像对的相对定向元素

1. 连续像对的相对定向元素

连续像对的相对定向系统，是以左片为基准，求出右片相对于左片的相对方位元素。以左摄站为原点，建立与左片的像空间坐标系一致的像空间辅助坐标系S_1-$X_1Y_1Z_1$，右片的像空间辅助坐标系S_2-$X_2Y_2Z_2$与S_1-$X_1Y_1Z_1$平行，如图 5-5 所示。

在S_1-$X_1Y_1Z_1$坐标系中，2 张像片的 12 个方位元素为

左像片：
$$X_{S_1}=Y_{S_1}=Z_{S_1}=0$$
$$\varphi_1=\omega_1=\kappa_1=0$$

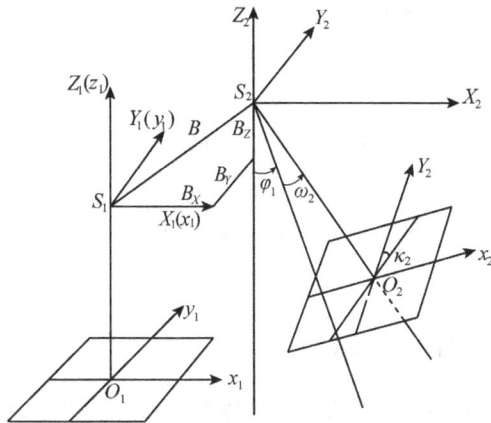

图 5-5　连续像对的相对定向元素

右像片：
$$X_{S_2}=B_X, \quad Y_{S_2}=B_Y, \quad Z_{S_2}=B_Z$$
$$\varphi_2, \quad \omega_2, \quad \kappa_2$$

上述元素中，φ_2，ω_2，κ_2 为右片相对于左片（或像空间辅助坐标系）的角方位元素；B_X 为摄影基线的 X 方向分量，由于 X 轴接近于摄影基线，B_X 远大于 B_Y 和 B_Z，因而可以认为 B_X 只决定模型的比例尺，与 2 张像片的相对关系无关。这样，除 B_X 之外的 5 个非零元素 B_Y，B_Z，φ_2，ω_2，κ_2 可确定 2 张像片的相对关系，作为连续像对的相对定向元素。

连续像对的相对定向系统的特点是以左片为参照，通过解算右片相对于左片的 5 个方位元素来确定 2 张像片之间的相对关系，建立立体模型。当一条航线的第一张和第二张像片建立立体模型后，第二张和第三张像片也可以用同样的方法建立模型，而不改变已建好的前一模型，而且由于不同模型的像空间辅助坐标相互平行，很容易调整后一模型，使 2 个模型连接为一个整体。这样，一条航带的各个模型就可以拼接成一个整体，建立整条航带的立体模型，故此方法称为连续像对法。

2. 单独像对的相对定向元素

单独像对的相对定向系统以左摄站 S_1 为原点，摄影基线 B 为 X 轴，在左主核面内过 S_1 且垂直于 X 轴的直线为 Z 轴，建立像空间辅助坐标系，如图 5-6 所示。

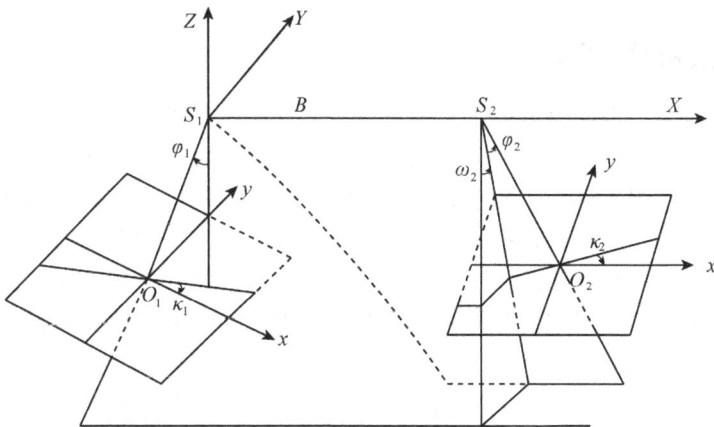

图 5-6　单独像对的相对定向元素

这时两像片的 12 个方位元素可表示为

左像片：
$$X_{S_1} = Y_{S_1} = Z_{S_1} = 0$$
$$\varphi_1,\ \kappa_1,\ \omega_1 = 0$$

右像片：
$$X_{S_2} = B,\ Y_{S_2} = Z_{S_2} = 0$$
$$\varphi_2,\ \kappa_2,\ \omega_2$$

同样，除 B 之外的 5 个非零元素 φ_1、κ_1、φ_2、ω_2、κ_2 可以确定两像片之间的相对关系，称为单独像对的相对定向元素。

二、立体模型的绝对定向元素

无论是连续像对的相对定向元素还是单独像对的相对定向元素，都只有 5 个，只能确定两张像片之间的相对关系，而两张像片共有 12 个外方位元素。要恢复像对的绝对位置，还须解求另外 7 个方位元素。

在描述连续像对的相对定向元素时，所定义的 5 个相对定向元素是右片相对于左片像空间辅助坐标系的方位元素，而左片像空间辅助坐标系与地面摄影测量坐标系之间仍存在三维的旋转和平移关系，即左片相对于地面摄影测量坐标系仍有 6 个非零的外方位元素 X_{S_1}、Y_{S_1}、Z_{S_1}、φ_1、ω_1、κ_1，加上确定模型比例尺的基线 B，共有 7 个方位元素，这 7 个元素可用来确定立体模型在地面摄影测量坐标系中的位置、姿态和比例尺，称为绝对定向元素。

第四节　解析法相对定向

空间后方—前方交会法的实质是通过恢复立体像对中 2 张像片的外方位元素（即恢复其绝对位置和姿态），重建被摄地面的绝对立体模型。从而获得地面点的空间坐标。

相对定向—绝对定向法的思路是暂不考虑像片的绝对位置和姿态，只恢复 2 张像片之间的相对位置和姿态，建立相对立体模型，其比例尺和方位均是任意的；在此基础上，将两张像片作为一个整体进行缩放、平移和旋转，以达到绝对位置。

立体像对中两张像片之间的相对关系一定与它们的绝对位置和姿态有关吗？

一、解析法相对定向原理

从 2 个摄站对同一地面摄取一个立体像对时，立体像对中任一物点的 2 条同名光线都相交于该物点，即存在同名光线对对相交的现象。若保持两张像片之间相对位置和姿态关系不变，将 2 张像片整体移动、旋转和改变基线的长度，同名光线对对相交的特性并不发生变化。解析法相对定向就是根据同名光线对对相交这一立体像对内在的几何关系，通过量测的像点坐标，用解析计算的方法解求相对定向元素，建立与地面相似的立体模型，确定模型点的三维坐标。相对定向与像片的绝对位置无关，不需要地面控制点。

1. 相对定向的共面条件

在图 5-7 中，S_1a_1 和 S_2a_2 为一对同名光线，这对同名光线与摄影基线 B 位于同一核面内，即 S_1a_1、S_2a_2 和 B 3 条直线共面。由空间解析几何知识可知，如果 3 条直线共面，则

它们对应矢量的混合积为零，即

$$B(S_1a_1 \times S_2a_2) = 0 \qquad (5-7)$$

3 个矢量在像空间辅助坐标系中的坐标分别为 $(B_X, B_Y, B_Z)(X_1, Y_1, Z_1)$ 和 (X_2, Y_2, Z_2)，则共面条件方程可以用坐标表示为

$$F = \begin{vmatrix} B_X & B_Y & B_Z \\ X_1 & Y_1 & Z_1 \\ X_2 & Y_2 & Z_2 \end{vmatrix} \qquad (5-8)$$

共面条件方程是否成立是完成相对定向的标准。解析相对定向就是根据共面条件方程解求相对定向元素。

2. 连续像对的相对定向

连续像对法相对定向是以左像片为基准，求出右像片相对于左像片的 5 个定向元素 B_Y、B_Z、φ_2、ω_2、κ_2。在相对定向解析计算时，通常把摄影基线 B 改写为 b，b 称为投影基线。这里

$$B = mb \qquad (5-9)$$

式中：m 为摄影比例尺分母；b_X，b_Y 和 b_Z 为投影基线对应的分量。

为了统一单位，把 b_Y，b_Z 两个基线元素改为角度形式表示，如图 5-7 所示。

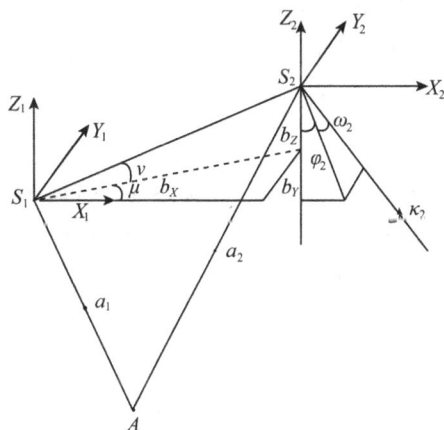

图 5-7　连续像对法相对定向

由图可知，有

$$\begin{cases} b_Y = b_X\tan\mu \approx b_X\mu \\ b_Z = \dfrac{b_X}{\cos\mu}\tan\nu \approx b_X\nu \end{cases} \qquad (5-10)$$

式中：μ 和 ν 为基线的偏角。

将式（5-10）代入共面条件方程式（摄影基线改为投影基线）得

$$F = \begin{vmatrix} b_X & b_X\mu & b_X\nu \\ X_1 & Y_1 & Z_1 \\ X_2 & Y_2 & Z_2 \end{vmatrix} = b_X \begin{vmatrix} 1 & \mu & \nu \\ X_1 & Y_1 & Z_1 \\ X_2 & Y_2 & Z_2 \end{vmatrix} = 0 \qquad (5-11)$$

式(5-11)中含有5个相对定向元素，其中φ_2、ω_2、κ_2隐含在(X_2, Y_2, Z_2)中，该式是一个非线性函数。为了平差计算，将式(5-11)按多元函数泰勒级数展开，取小值一次项，得共面方程的线性公式为

$$F = F_0 + \frac{\partial F}{\partial \mu}d\mu + \frac{\partial F}{\partial \nu}d\nu + \frac{\partial F}{\partial \varphi}d\varphi + \frac{\partial F}{\partial \omega}d\omega + \frac{\partial F}{\partial \kappa}d\kappa = 0 \qquad (5-12)$$

式中：F_0为函数F的近似值，同时为了书写方便去除了角元素的下标。式中的偏导数计算为

$$\frac{\partial F}{\partial \mu} = b_X \begin{vmatrix} 0 & 1 & 0 \\ X_1 & Y_1 & Z_1 \\ X_2 & Y_2 & Z_2 \end{vmatrix} = b_X(Z_1X_2 - Z_2X_1)$$

$$\frac{\partial F}{\partial \nu} = b_X \begin{vmatrix} 0 & 0 & 1 \\ X_1 & Y_1 & Z_1 \\ X_2 & Y_2 & Z_2 \end{vmatrix} = b_X(X_1Y_2 - X_2Y_1)$$

$$\frac{\partial F}{\partial \varphi} = b_X \begin{vmatrix} 1 & \mu & \nu \\ X_1 & Y_1 & Z_1 \\ \frac{\partial X_2}{\partial \varphi} & \frac{\partial Y_2}{\partial \varphi} & \frac{\partial Z_2}{\partial \varphi} \end{vmatrix} = \frac{\partial X_2}{\partial \varphi}b_X \begin{vmatrix} \mu & \nu \\ Y_1 & Z_1 \end{vmatrix} -$$

$$\frac{\partial Y_2}{\partial \varphi}b_X \begin{vmatrix} 1 & \nu \\ X_1 & Z_1 \end{vmatrix} + \frac{\partial Z_2}{\partial \varphi}b_X \begin{vmatrix} 1 & \mu \\ X_1 & Y_1 \end{vmatrix}$$

由于

$$\begin{bmatrix} X_2 \\ Y_2 \\ Z_2 \end{bmatrix} = R^2 \begin{bmatrix} x_2 \\ y_2 \\ -f \end{bmatrix} = \begin{bmatrix} \cos\varphi\cos\kappa - \sin\varphi\sin\omega\sin\kappa & -\cos\varphi\sin\kappa - \sin\varphi\sin\omega\cos\kappa & -\sin\varphi\cos\omega \\ \cos\omega\sin\kappa & \cos\omega\cos\kappa & -\sin\omega \\ \sin\varphi\cos\kappa + \cos\varphi\sin\omega\sin\kappa & -\sin\varphi\sin\kappa + \cos\varphi\sin\omega\cos\kappa & \cos\varphi\cos\omega \end{bmatrix} \begin{bmatrix} x_2 \\ y_2 \\ -f \end{bmatrix}$$

将上式对φ求偏导，则有

$$\frac{\partial \begin{bmatrix} X_2 \\ Y_2 \\ Z_2 \end{bmatrix}}{\partial \varphi} = \begin{bmatrix} -\sin\varphi\cos\kappa - \cos\varphi\sin\omega\sin\kappa & \sin\varphi\sin\kappa - \cos\varphi\sin\omega\cos\kappa & -\cos\varphi\cos\omega \\ 0 & 0 & 0 \\ \cos\varphi\cos\kappa - \sin\varphi\sin\omega\sin\kappa & -\cos\varphi\sin\kappa - \sin\varphi\sin\omega\cos\kappa & -\sin\varphi\cos\omega \end{bmatrix} \begin{bmatrix} x_2 \\ y_2 \\ -f \end{bmatrix}$$

$$= \begin{bmatrix} -c_1 & -c_2 & -c_3 \\ 0 & 0 & 0 \\ a_1 & a_2 & a_3 \end{bmatrix} \begin{bmatrix} x_2 \\ y_2 \\ -f \end{bmatrix}$$

展开得

$$\frac{\partial X_2}{\partial \varphi} = -c_1x_2 - c_2y_2 + c_3f = -Z_2$$

$$\frac{\partial Y_2}{\partial \varphi} = 0$$

$$\frac{\partial Z_2}{\partial \varphi} = a_1 x_2 + a_2 y_2 - a_3 f = X_2$$

因而可得函数对 φ 的偏导数

$$\frac{\partial F}{\partial \varphi} = (-Z_2) b_X (\mu Z_1 - \nu Y_1) + X_2 b_X (Y_1 - \mu X_1)$$

$$= b_X Y_1 X_2 - b_X X_1 X_2 \mu - b_X Z_1 Z_2 \mu + b_X Z_2 Y_1 \nu$$

同理可得

$$\frac{\partial X_2}{\partial \omega} = -Y_2 \sin \varphi$$

$$\frac{\partial Y_2}{\partial \omega} = X_2 \sin \varphi - Z_2 \cos \varphi$$

$$\frac{\partial Z_2}{\partial \omega} = Y_2 \cos \varphi$$

以及

$$\frac{\partial F}{\partial \omega} = \frac{\partial X_2}{\partial \omega} b_X \begin{bmatrix} \mu & \nu \\ Y_1 & Z_1 \end{bmatrix} - \frac{\partial Y_2}{\partial \omega} b_X \begin{bmatrix} 1 & \nu \\ X_1 & Z_1 \end{bmatrix} + \frac{\partial Z_2}{\partial \omega} b_X \begin{bmatrix} 1 & \mu \\ X_1 & Y_1 \end{bmatrix}$$

$$\approx Y_1 Y_2 b_X - X_1 Y_2 b_X \mu + Z_1 Z_2 b_X - X_1 Z_2 b_X \nu$$

类似得

$$\frac{\partial F}{\partial \kappa} = \frac{\partial X_2}{\partial \kappa} b_X \begin{bmatrix} \mu & \nu \\ Y_1 & Z_1 \end{bmatrix} - \frac{\partial Y_2}{\partial \kappa} b_X \begin{bmatrix} 1 & \nu \\ X_1 & Z_1 \end{bmatrix} + \frac{\partial Z_2}{\partial \kappa} b_X \begin{bmatrix} 1 & \mu \\ X_1 & Y_1 \end{bmatrix}$$

$$\approx -X_2 Z_1 b_X - Z_1 Y_2 b_X \mu + X_1 X_2 b_X \nu + Y_1 Y_2 b_X \nu$$

将各偏导数代入式(5-12)，舍去含有 μ 和 ν 的二次小项，只保留一次小项，同时等式两边同除以 b_X 得

$$(Z_1 X_2 - X_1 Z_2) \mathrm{d}\mu + (X_1 Y_2 - X_2 Y_1) \mathrm{d}\nu + Y_1 X_2 \mathrm{d}\varphi + (Y_1 Y_2 + Z_1 Z_2) \mathrm{d}\omega - X_2 Z_1 \mathrm{d}\kappa + \frac{F_0}{b_X} = 0 \quad (5\text{-}13)$$

顾及点投影系数式(5-6)得

$$Z_1 X_2 - Z_2 X_1 = -\frac{b_X Z_1 - b_Z X_1}{N_2} = \frac{-b_X}{N_2} \left(Z_1 - \frac{b_Z}{b_X} X_1 \right) \approx \frac{b_X}{N_2} Z_1$$

$$X_1 Y_2 - X_2 Y_1 = \frac{b_X Y_1 - b_Y X_1}{N_2} = \frac{b_X}{N_2} \left(Y_1 - \frac{b_Y}{b_X} X_1 \right) \approx \frac{b_X}{N_2} Y_1$$

代入式(5-13)，等式两边同乘以 $-\dfrac{N_2}{Z_2}$，并近似地取 $Y_1 = Y_2$，$Z_1 = Z_2$，则式(5-12)可简化为

$$b_X \mathrm{d}\mu - \frac{Y_2}{Z_2} b_X \mathrm{d}\nu - \frac{X_2 Y_2}{Z_2} N_2 \mathrm{d}\varphi - \left(Z_2 + \frac{Y_2^2}{Z_2} \right) N_2 \mathrm{d}\omega + X_2 N_2 \mathrm{d}\kappa - \frac{F_0 N_2}{b_X Z_2} = 0$$

令

$$Q = \frac{F_0 N_2}{b_X Z_2}$$

最后得

$$Q=b_X\mathrm{d}\mu-\frac{Y_2}{Z_2}b_X\mathrm{d}\nu-\frac{X_2Y_2}{Z_2}N_2\mathrm{d}\varphi-\left(Z_2+\frac{Y_2^2}{Z_2}\right)N_2\mathrm{d}\omega+X_2N_2\mathrm{d}\kappa \tag{5-14}$$

式(5-13)即为连续法相对定向的解析计算公式。同时有

$$Q=\frac{F_0N_2}{b_XZ_2}=\frac{F_0}{X_1Z_2-X_2Z_1}=\frac{\begin{vmatrix}b_X & b_Y & b_Z \\ X_1 & Y_1 & Z_1 \\ X_2 & Y_2 & Z_2\end{vmatrix}}{\begin{vmatrix}X_1 & Z_1 \\ X_2 & Z_2\end{vmatrix}}$$

$$=-b_Y\frac{\begin{vmatrix}X_1 & Z_1 \\ X_2 & Z_2\end{vmatrix}}{\begin{vmatrix}X_1 & Z_1 \\ X_2 & Z_2\end{vmatrix}}+Y_1\frac{\begin{vmatrix}b_X & b_Z \\ X_2 & Z_2\end{vmatrix}}{\begin{vmatrix}X_1 & Z_1 \\ X_2 & Z_2\end{vmatrix}}-Y_2\frac{\begin{vmatrix}b_X & b_Z \\ X_1 & Z_1\end{vmatrix}}{\begin{vmatrix}X_1 & Z_1 \\ X_2 & Z_2\end{vmatrix}}$$

$$=N_1Y_1-N_2Y_2-b_Y \tag{5-15}$$

式中：N_1Y_1 为左片投影点在以左摄站为原点的像空间辅助坐标系中的坐标；N_2Y_2 为右片投影点在以右摄站为原点的像空间辅助坐标系中的坐标；b_Y 为两摄站的 Y 坐标之差。Q 的几何意义是模型中同名点的 Y 坐标之差，称为上下视差，如图5-8所示。

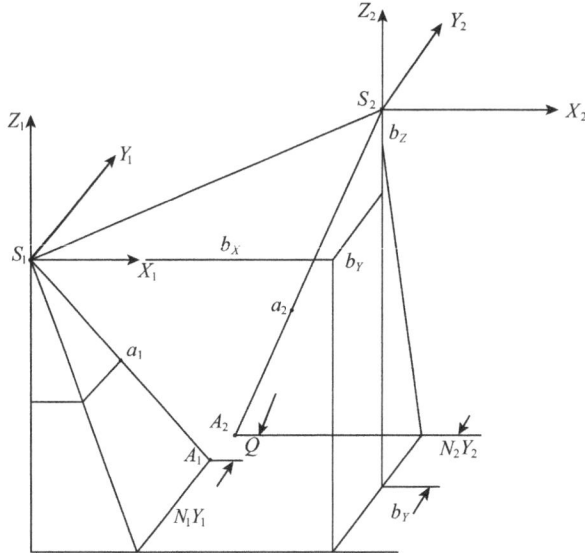

图5-8 上下视差的几何意义

由前方交会公式可知，若同名光线相交于模型点，则 $b_Y=N_1Y_1-N_2Y_2$，即 $Q=0$。也就是说，当一个像对完成了相对定向，则 $Q=0$；反之，若没有完成相对定向，则 $Q\neq0$。事实上，在解析相对定向迭代解算过程中，每个定向点上的 Q 值是否为零或小于某一限值，是判断相对定向是否完成的一个标准。

3. 单独像对的相对定向

单独像对相对定向时，基线 b 作为像空间辅助坐标的 X 轴，$b_X = b$，$b_Y = b_Z = 0$，相对定向元素为 φ_1、κ_1、φ_2、ω_2、κ_2。此时共面条件方程可写为

$$F = \begin{vmatrix} b & 0 & 0 \\ X_1 & Y_1 & Z_1 \\ X_2 & Y_2 & Z_2 \end{vmatrix} = b \begin{vmatrix} Y_1 & Z_1 \\ Y_2 & Z_2 \end{vmatrix} = 0$$

按泰勒级数展开，用类似于连续法相对定向偏导数的解算方法，得到线性化公式，即

$$F = F_0 + b[-X_1 Y_2 \mathrm{d}\varphi_1 + X_1 Z_2 \mathrm{d}\kappa_1 + X_2 Y_1 \mathrm{d}\varphi_2 + (Z_1 Z_2 + Y_1 Y_2)\mathrm{d}\omega_2 - X_2 Z_1 \mathrm{d}\kappa_2] = 0$$

等式两边同乘以 $\dfrac{f}{bZ_1 Z_2}$，并近似取 $Z_1 = Z_2 = -f$，则得

$$Q = \frac{X_1 Y_2}{Z_1}\mathrm{d}\varphi_1 - X_1 \mathrm{d}\kappa_1 - \frac{X_2 Y_1}{Z_2}\mathrm{d}\varphi_2 - \left(Z_2 + \frac{Y_1 Y_2}{Z_2}\mathrm{d}\omega_2 + X_2 \mathrm{d}\kappa_2\right) \tag{5-16}$$

式(5-16)即为单独法相对定向的解析计算公式。

$$Q = -\frac{fF_0}{Z_1 Z_2} = -\frac{f}{Z_1 Z_2}(Y_1 Z_2 - Y_2 Z_1) = \frac{-f}{Z_1}Y_1 - \frac{-f}{Z_2}Y_2 = y_{t1} - y_{t2} \tag{5-17}$$

式中：y_{t1}，y_{t2} 相当于在像空间辅助坐标系中，一对理想水平像片上同名点的像点坐标。显然，相对定向完成则 $Q = 0$。

二、相对定向元素的解算

以连续像对的相对定向为例，在相对定向公式(5-13)中，有 5 个未知数 $\mathrm{d}\mu$、$\mathrm{d}\nu$、$\mathrm{d}\varphi$、$\mathrm{d}\omega$、$\mathrm{d}\kappa$。因此，至少需要量测 5 对同名像点，列出 5 个方程式，才能解求相对定向元素。在摄影测量中，相对定向元素通常采用 6 个标准点位方式求解，标准点位位置如图 5-9 所示。

图 5-9 中，点 1 位于左像片的像主点 O_1(左像片的像平面直角坐标系原点)附近，点 2 位于右像片的像主点 O_2 附近，两点距边界的距离应大于 1.5cm，点 3、5 在左像片坐标系的 Y 轴附近，点 4、6 在右像片坐标系的 Y 轴附近。点 1、3、5 和点 2、4、6 尽量位于与 $O_1 O_2$ 连线垂直的直线上。

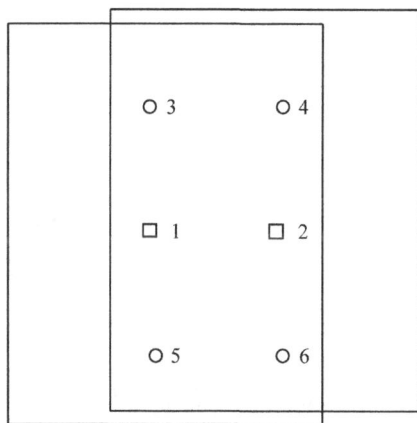

图 5-9 相对定向标准点位位置

由于存在多余观测，根据最小二乘平差原理，将上下视差 Q 作为观测值，可以写出误差方程式，即

$$\nu_Q = b_X \mathrm{d}\mu - \frac{Y_2}{Z_2}b_X \mathrm{d}\nu - \frac{X_2 Y_2}{Z_2}N_2 \mathrm{d}\varphi - \left(Z_2 + \frac{Y_2^2}{Z_2}\right)N_2 \mathrm{d}\omega + X_2 N_2 \mathrm{d}\kappa - Q \tag{5-18}$$

用一般符号表示误差方程式为

$$\nu = a\mathrm{d}\mu + b\mathrm{d}\nu + c\mathrm{d}\varphi + d\mathrm{d}\varphi + e\mathrm{d}\kappa - l \tag{5-19}$$

式中

$$a=b_X, \quad b=-\frac{Y_2}{Z_2}b_X, \quad c=-\frac{X_2Y_2}{Z_2}N_2$$

$$d=-\left(Z_2+\frac{Y_2^2}{Z_2}\right)N_2, \quad e=X_2N_2$$

用矩阵表示误差方程式为

$$v=\begin{bmatrix} a & b & c & d & e \end{bmatrix}\begin{bmatrix} \mathrm{d}\mu \\ \mathrm{d}\nu \\ \mathrm{d}\varphi \\ \mathrm{d}\omega \\ \mathrm{d}\kappa \end{bmatrix}-l$$

如在一个像对中量测了 n 对像点，则可以列出 n 个误差方程式

$$\begin{bmatrix} v_1 \\ v_2 \\ \vdots \\ v_n \end{bmatrix}=\begin{bmatrix} a_1 & b_1 & c_1 & d_1 & e_1 \\ a_2 & b_2 & c_2 & d_2 & e_2 \\ \vdots & \vdots & \vdots & \vdots & \vdots \\ a_n & b_n & c_n & d_n & e_n \end{bmatrix}\begin{bmatrix} \mathrm{d}\mu \\ \mathrm{d}\nu \\ \mathrm{d}\varphi \\ \mathrm{d}\omega \\ \mathrm{d}\kappa \end{bmatrix}-\begin{bmatrix} l_1 \\ l_2 \\ \vdots \\ l_n \end{bmatrix}$$

写成一般形式为

$$V=AX-L \tag{5-20}$$

式中

$$V=\begin{bmatrix} v_1 & v_2 & \cdots & v_n \end{bmatrix}^{\mathrm{T}}$$

$$A=\begin{bmatrix} a_1 & b_1 & c_1 & d_1 & e_1 \\ \vdots & \vdots & \vdots & \vdots & \vdots \\ a_n & b_n & c_n & d_n & e_n \end{bmatrix}$$

$$X=\begin{bmatrix} \mathrm{d}\mu & \mathrm{d}\nu & \mathrm{d}\varphi & \mathrm{d}\omega & \mathrm{d}\kappa \end{bmatrix}^{\mathrm{T}}$$

$$L=\begin{bmatrix} l_1 & l_2 & \cdots & l_n \end{bmatrix}^{\mathrm{T}}$$

相应的法方程式为

$$A^{\mathrm{T}}PAX-A^{\mathrm{T}}PL=0$$

一般情况下像点坐标为等权观测，矩阵 P 是单位矩阵，法方程式可简化为

$$A^{\mathrm{T}}AX-A^{\mathrm{T}}L=0$$

法方程式的解为

$$X=(A^{\mathrm{T}}A)^{-1}A^{\mathrm{T}}L$$

X 即为相对定向元素近似值的改正数。由于误差方程式是根据泰勒级数展开的一次项近似公式，因此定向元素要用迭代方法解求，具体计算过程如下，程序框图如图 5-10 所示。

①原始数据的输入及像点坐标的预处理。把在像点坐标量测仪器上量测出的各定向点的坐标换算成以像主点为原点的像点坐标并作系统误差改正。

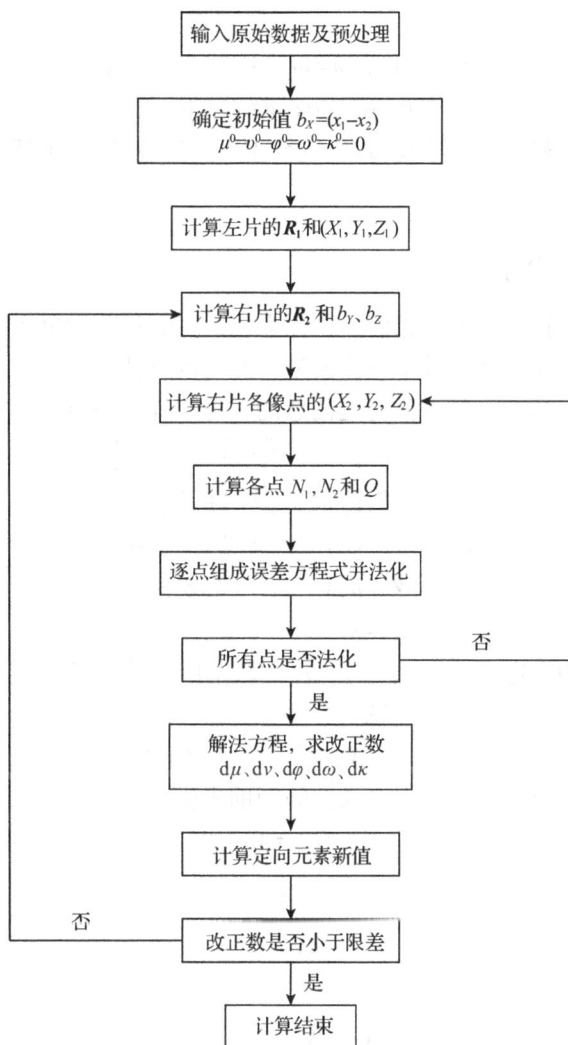

图 5-10　相对定向程序框图

　　②确定相对定向元素的初始值。对于连续像对法进行相对定向，如果是航线的第一个像对，则左像片的角元素为零；若是后续像对，则由前一像对的相对定向算得本像对左像片的角元素。右片的 3 个角元素的初始值取零，基线分量 b_Y、b_Z 也取零，即 $\mu^0 = \nu^0 = \varphi^0 = \omega^0 = \kappa^0 = 0$，$b_X$ 取标准点位第一点的左右视差，即 $b_X = (x_1 - x_2)$。

　　③计算左片的方向余弦值，组成旋转矩阵 $\mathbf{R}_1$，计算左片各像点的像空间辅助坐标 (X_1, Y_1, Z_1)。

　　④计算右片的方向余弦值，组成旋转矩阵 $\mathbf{R}_2$，计算基线分量 b_Y 和 b_Z。

　　⑤计算右片各像点的像空间辅助坐标 (X_2, Y_2, Z_2)，计算各像点的点投影系数 N_1、N_2 和上下视差 Q。

　　⑥逐点组成误差方程式并法化，完成法方程式系数矩阵和常数项矩阵的计算。

　　⑦解法方程式，求出相对定向元素的改正数。

⑧计算相对定向元素的新值：
$$\varphi=\varphi^0+\mathrm{d}\varphi；\quad \omega=\omega^0+\mathrm{d}\omega；\quad \kappa=\kappa^0+\mathrm{d}\kappa$$
$$\mu=\mu^0+\mathrm{d}\mu；\quad \nu=\nu^0+\mathrm{d}\nu$$

⑨检查所有的改正数是否小于限差值 $0.3\times10^{-4}\mathrm{rad}$，如满足条件，则结束相对定向计算。否则重复步骤④至步骤⑨。

三、模型点坐标的计算

当完成相对定向，正确解求出相对定向元素以后，就可用空间前方交会公式计算出模型点的坐标，建立与地面相似的数字立体模型。此时的立体模型是以左摄站为原点的像空间辅助坐标系为参照，其大小和方位均是任意的。对于任一模型点，有

$$\begin{bmatrix} X_1 \\ Y_1 \\ Z_1 \end{bmatrix}=\boldsymbol{R}_1\begin{bmatrix} x_1 \\ y_1 \\ -f \end{bmatrix},\quad \begin{bmatrix} X_2 \\ Y_2 \\ Z_2 \end{bmatrix}=\boldsymbol{R}_2\begin{bmatrix} x_2 \\ y_2 \\ -f \end{bmatrix}$$

$$N_1=\frac{b_X Z_2-b_Z X_2}{X_1 Z_2-X_2 Z_1},\quad N_2=\frac{b_X Z_1-b_Z X_1}{X_1 Z_2-X_2 Z_1}$$

对于单独像对的相对定向，有 $b_Y=b_Z=0$，相应的点投影系数为

$$N_1=\frac{bZ_2}{X_1 Z_2-X_2 Z_1},\quad N_2=\frac{bZ_1}{X_1 Z_2-X_2 Z_1}$$

模型内左、右摄站及任一模型点在像空间辅助坐标系中均有对应坐标，左摄站坐标为

$$\begin{cases} X_{S_1}=0 \\ Y_{S_1}=0 \\ Z_{S_1}=0 \end{cases} \tag{5-21}$$

右摄站坐标为

$$\begin{cases} X_{S_2}=X_{S_1}+b_X=b_X \\ Y_{S_2}=Y_{S_1}+b_Y=b_Y \\ Z_{S_2}=Z_{S_1}+b_Z=b_Z \end{cases} \tag{5-22}$$

任一模型点坐标

$$\begin{cases} X_m=X_{S_1}+N_1 X_1=N_1 X_1 \\ Y_m=\dfrac{1}{2}\left[Y_{S_1}+N_1 Y_1+Y_{S_2}+N_2 Y_2\right] \\ \quad=Y_{S_1}+\dfrac{1}{2}(N_1 Y_1+N_2 Y_2+b_Y) \\ \quad=\dfrac{1}{2}(N_1 Y_1+N_2 Y_2+b_Y) \\ Z_m=Z_{S_1}+N_1 Z_1=N_1 Z_1 \end{cases} \tag{5-23}$$

上式中 Y 坐标取平均是为了消除残余上下视差的影响。以上坐标的原点是左摄站，比

例尺为像片比例尺。为了后续计算，应把上述坐标平移到摄影测量坐标系中，同时放大模型比例尺，使之接近实地大小。经平移和放大左摄站坐标为

$$\begin{cases} X_{PS_1}=0 \\ Y_{PS_1}=0 \\ Z_{PS_1}=mf \end{cases} \tag{5-24}$$

右摄站坐标为

$$\begin{cases} X_{SP_2}=X_{SP_1}+mb_X=mb_X \\ Y_{SP_2}=Y_{SP_1}+mb_Y=mb_Y \\ Z_{SP_2}=Z_{SP_1}+mb_Z=mf+mb_Z \end{cases} \tag{5-25}$$

任一模型点坐标

$$\begin{cases} X_P=X_{SP_1}+mN_1X_1=mN_1X_1 \\ Y_P=Y_{SP_1}+\dfrac{1}{2}(mN_1Y_1+mN_2Y_2+mb_Y) \\ \quad=\dfrac{1}{2}(N_1Y_1+N_2Y_2+b_Y)m \\ Z_P=Z_{SP_1}+mN_1X_1=mf+mN_1Z_1 \end{cases} \tag{5-26}$$

第五节　解析法绝对定向

摄影测量的主要任务是确定像点对应的地面点的大地坐标。经相对定向后建立了与地面相似的立体模型，可算得各模型点的摄影测量坐标。但是摄影测量坐标系在大地坐标系中的方位仍是未知的，模型的比例尺也只是近似的。要确定模型点的大地坐标，需要对立体模型作三维的旋转、平移和缩放，确定立体模型在大地坐标系中的方位和大小，这一过程称为模型的绝对定向。绝对定向的计算需要用到地面控制点。

一、空间相似变换公式

绝对定向时，为了计算方便，要求变换前后两坐标系的对应轴系的方向应大致相同。由于大地坐标系是左手系，它的 X_t、Y_t 轴与对应的摄影测量坐标系的 X_P、Y_P 的夹角不是小角度，不便于二者之间直接换算。因此，在绝对定向之前，应先将控制点的大地坐标换算为地面摄影测量坐标；然后利用这些控制点，在摄影测量坐标系和地面摄影测量坐标系之间进行绝对定向，计算出模型点的地面摄影测量坐标；最后，将模型点的地面摄影测量坐标换算为大地坐标。实际上，绝对定向的主要工作是把模型点的摄影测量坐标变换为地面摄影测量坐标。

一个立体像对有 12 个外方位元素，经相对定向求得 5 个定向元素后，要恢复像对的绝对方位，还要解求 7 个绝对定向元素，包括模型的旋转、平移和缩放。这种坐标变换，在数学上称为空间相似变换。空间相似变换前后图形的几何形状相似。设任一模型点的摄

影测量坐标为(X_P, Y_P, Z_P)，对应的地面摄影测量坐标为(X_{tP}, Y_{tP}, Z_{tP})，它们之间的空间相似变换可以用下式表示，即

$$\begin{bmatrix} X_{tP} \\ Y_{tP} \\ Z_{tP} \end{bmatrix} = \lambda \begin{bmatrix} a_1 & a_2 & a_3 \\ b_1 & b_2 & b_3 \\ c_1 & c_2 & c_3 \end{bmatrix} \begin{bmatrix} X_P \\ Y_P \\ Z_P \end{bmatrix} + \begin{bmatrix} \Delta X \\ \Delta Y \\ \Delta Z \end{bmatrix} \tag{5-27}$$

式中：λ 为缩放系数；a_i，b_i，c_i 为由角元素 Φ，Ω，K 的函数组成的方向余弦；ΔX，ΔY，ΔZ 为坐标原点的平移量。解析绝对定向就是根据控制点的地面摄影测量坐标和对应的模型坐标(摄影测量坐标)，解算出 Φ、Ω、K、ΔX、ΔY、ΔZ 和 λ 共 7 个绝对定向参数，再用算得的 7 个参数，把待定点的摄影测量坐标换算为地面摄影测量坐标。

二、解析绝对定向的基本公式

空间相似变换是一个非线性公式，为了平差计算，用多元函数的泰勒公式展开，取一次小项得

$$F = F_0 + \frac{\partial F}{\partial \lambda} \mathrm{d}\lambda + \frac{\partial F}{\partial \Phi} \mathrm{d}\Phi + \frac{\partial F}{\partial \Omega} \mathrm{d}\Omega +$$
$$\frac{\partial F}{\partial K} \mathrm{d}K + \frac{\partial F}{\partial \Delta X} \mathrm{d}\Delta X + \frac{\partial F}{\partial \Delta Y} \mathrm{d}\Delta Y + \frac{\partial F}{\partial \Delta Z} \mathrm{d}\Delta Z \tag{5-28}$$

由于 Φ、Ω、K 均为小角度，当取一次项时，参照式(3-26)，式(5-27)可表示为

$$\begin{bmatrix} X_{tP} \\ Y_{tP} \\ Z_{tP} \end{bmatrix} = \lambda \begin{bmatrix} 1 & -K & -\Phi \\ K & 1 & -\Omega \\ \Phi & \Omega & 1 \end{bmatrix} \begin{bmatrix} X_P \\ Y_P \\ Z_P \end{bmatrix} + \begin{bmatrix} \Delta X \\ \Delta Y \\ \Delta Z \end{bmatrix} \tag{5-29}$$

按泰勒级数展开，式(5-29)写为

$$\begin{bmatrix} X_{tP} \\ Y_{tP} \\ Z_{tP} \end{bmatrix} = \lambda_0 \boldsymbol{R}_0 \begin{bmatrix} X_P \\ Y_P \\ Z_P \end{bmatrix} + \begin{bmatrix} \Delta X_0 \\ \Delta Y_0 \\ \Delta Z_0 \end{bmatrix} + \begin{bmatrix} 1 & -K & -\Phi \\ K & 1 & -\Omega \\ \Phi & \Omega & 1 \end{bmatrix} \begin{bmatrix} X_P \\ Y_P \\ Z_P \end{bmatrix} \mathrm{d}\lambda + \lambda \begin{bmatrix} 0 & 0 & -1 \\ 0 & 0 & 0 \\ 1 & 0 & 0 \end{bmatrix} \begin{bmatrix} X_P \\ Y_P \\ Z_P \end{bmatrix} \mathrm{d}\Phi +$$

$$\lambda \begin{bmatrix} 0 & 0 & 0 \\ 0 & 0 & -1 \\ 0 & 1 & 0 \end{bmatrix} \begin{bmatrix} X_P \\ Y_P \\ Z_P \end{bmatrix} \mathrm{d}\Omega + \lambda \begin{bmatrix} 0 & -1 & 0 \\ 1 & 0 & 0 \\ 0 & 0 & 0 \end{bmatrix} \begin{bmatrix} X_P \\ Y_P \\ Z_P \end{bmatrix} \mathrm{d}K + \begin{bmatrix} 1 & 0 & 0 \\ 0 & 1 & 0 \\ 0 & 0 & 1 \end{bmatrix} \begin{bmatrix} \mathrm{d}\Delta X \\ \mathrm{d}\Delta Y \\ \mathrm{d}\Delta Z \end{bmatrix}$$

式中：λ_0，$\boldsymbol{R}_0$，ΔX_0，ΔY_0，ΔZ_0 为 λ，$\boldsymbol{R}$，ΔX，ΔY，ΔZ 的近似值。上式经整理得线性化的绝对定向基本公式，即

$$\begin{bmatrix} X_{tP} \\ Y_{tP} \\ Z_{tP} \end{bmatrix} = \lambda_0 \boldsymbol{R}_0 \begin{bmatrix} X_P \\ Y_P \\ Z_P \end{bmatrix} + \begin{bmatrix} \Delta X_0 \\ \Delta Y_0 \\ \Delta Z_0 \end{bmatrix} + \lambda_0 \begin{bmatrix} \mathrm{d}\lambda & -\mathrm{d}K & -\mathrm{d}\Phi \\ \mathrm{d}K & \mathrm{d}\lambda & -\mathrm{d}\Omega \\ \mathrm{d}\Phi & \mathrm{d}\Omega & \mathrm{d}\lambda \end{bmatrix} \begin{bmatrix} X_P \\ Y_P \\ Z_P \end{bmatrix} + \begin{bmatrix} \mathrm{d}\Delta X \\ \mathrm{d}\Delta Y \\ \mathrm{d}\Delta Z \end{bmatrix} \tag{5-30}$$

三、绝对定向元素的解求

用式(5-29)解求 7 个绝对定向元素，至少需要列 7 个方程。一个平高控制点可列出

3 个方程，因此至少需要 2 个平高控制点和一个高程控制点，且 3 个点不能在一条直线上。实际作业时一般在模型的四角布设 4 个平高控制点，用间接平差法解求绝对定向元素。在式(5-30)中，将摄影测量坐标 (X_P, Y_P, Z_P) 作为观测值，相应改正数为 (v_X, v_Y, v_Z)，则式(5-30)可改写为

$$-\lambda_0 R_0 \begin{bmatrix} v_X \\ v_Y \\ v_Z \end{bmatrix} = \lambda_0 \begin{bmatrix} d\lambda & -dK & -d\Phi \\ dK & d\lambda & -d\Omega \\ d\Phi & d\Omega & d\lambda \end{bmatrix} \begin{bmatrix} X_P \\ Y_P \\ Z_P \end{bmatrix} + \begin{bmatrix} d\Delta X \\ d\Delta Y \\ d\Delta Z \end{bmatrix} - \begin{bmatrix} X_{tP} \\ Y_{tP} \\ Z_{tP} \end{bmatrix} + \lambda_0 R_0 \begin{bmatrix} X_P \\ Y_P \\ Z_P \end{bmatrix} + \begin{bmatrix} \Delta X_0 \\ \Delta Y_0 \\ \Delta Z_0 \end{bmatrix}$$

由于 Φ、Ω、K 均为小角度且 $\lambda_0 \approx 1$，故将上式简写为

$$-\begin{bmatrix} v_X \\ v_Y \\ v_Z \end{bmatrix} = \begin{bmatrix} d\Delta\lambda & -dK & -d\Phi \\ dK & d\Delta\lambda & -d\Omega \\ d\Phi & d\Omega & d\Delta\lambda \end{bmatrix} \begin{bmatrix} X_P \\ Y_P \\ Z_P \end{bmatrix} + \begin{bmatrix} d\Delta X \\ d\Delta Y \\ d\Delta Z \end{bmatrix} - \begin{bmatrix} l_X \\ l_Y \\ l_Z \end{bmatrix} \qquad (5-31)$$

式中

$$\begin{bmatrix} l_X \\ l_Y \\ l_Z \end{bmatrix} = \begin{bmatrix} X_{tP} \\ Y_{tP} \\ Z_{tP} \end{bmatrix} - \lambda_0 R_0 \begin{bmatrix} X_P \\ Y_P \\ Z_P \end{bmatrix} - \begin{bmatrix} \Delta X_0 \\ \Delta Y_0 \\ \Delta Z_0 \end{bmatrix} \qquad (5-32)$$

该常数项是控制点的地面摄影测量坐标(外业坐标)和对应模型点经旋转、平移、缩放后的内业坐标之差，它是绝对定向解算的依据。将式(5-31)写成常见的误差方程式形式为

$$-\begin{bmatrix} v_X \\ v_Y \\ v_Z \end{bmatrix} = \begin{bmatrix} 1 & 0 & 0 & X_P & -Z_P & 0 & -Y_P \\ 0 & 1 & 0 & Y_P & 0 & -Z_P & X_P \\ 0 & 0 & 1 & Z_P & X_P & Y_P & 0 \end{bmatrix} \begin{bmatrix} d\Delta X \\ d\Delta Y \\ d\Delta Z \\ d\lambda \\ d\Phi \\ d\Omega \end{bmatrix} - \begin{bmatrix} l_X \\ l_Y \\ l_Z \end{bmatrix} \qquad (5-33)$$

或写成一般的矩阵形式，即

$$-V = AX - L \qquad (5-34)$$

相应的法方程式为

$$A^T PAX - A^T PL = 0 \qquad (5-35)$$

式中

$$A = \begin{bmatrix} 1 & 0 & 0 & X_P & -Z_P & 0 & -Y_P \\ 0 & 1 & 0 & Y_P & 0 & -Z_P & X_P \\ 0 & 0 & 1 & Z_P & X_P & Y_P & 0 \end{bmatrix}$$

$$X = \begin{bmatrix} d\Delta X & d\Delta Y & d\Delta Z & d\lambda & d\Phi & d\Omega & dK \end{bmatrix}^T$$

$$L = \begin{bmatrix} l_X & l_Y & l_Z \end{bmatrix}^T$$

解法方程式可得绝对定向元素的改正数

$$X = (A^T PA)^{-1} A^T PL \qquad (5-36)$$

由于绝对定向解算的误差方程式是一次项近似公式，因此绝对定向元素的解算需要迭

代进行。在迭代过程中,作为内、外业坐标之差的常数项的值应逐渐变小,直到小于某一限差值为止。

四、采用重心化坐标解求绝对定向元素

坐标的重心化是摄影测量中经常采用的一种数据预处理方法,用重心化坐标进行解算,可以减少坐标在计算过程中的有效位数,提高计算精度;也可使法方程式的系数简化,个别项的数值变为零,从而加快计算速度。所谓重心就是参加平差计算的摄影测量坐标或地面摄影测量坐标的几何中心(均值),以重心为原点的坐标称为重心化坐标。若有 n 个控制点参加计算,则地面摄影测量坐标重心为

$$X_{tP_g} = \frac{\sum X_{tP}}{n}, \quad Y_{tP_g} = \frac{\sum Y_{tP}}{n}, \quad Z_{tP_g} = \frac{\sum Z_{tP}}{n} \tag{5-37}$$

相应的摄影测量坐标重心为

$$X_{P_g} = \frac{\sum X_P}{n}, \quad Y_{P_g} = \frac{\sum Y_P}{n}, \quad Z_{P_g} = \frac{\sum Z_P}{n} \tag{5-38}$$

必须注意,两套参加重心计算的坐标点数必须相等,点号也要一致。将所有的摄影测量坐标和地面摄影测量坐标分别平移到以各自重心为原点的坐标系中,即可得到重心化坐标。

重心化的地面摄影测量坐标为

$$\begin{cases} \bar{X}_{tP} = X_{tP} - X_{tP_g} \\ \bar{Y}_{tP} = Y_{tP} - Y_{tP_g} \\ \bar{Z}_{tP} = Z_{tP} - Z_{tP_g} \end{cases} \tag{5-39}$$

重心化的摄影测量坐标为

$$\begin{cases} \bar{X}_P = X_P - X_{P_g} \\ \bar{Y}_P = Y_P - Y_{P_g} \\ \bar{Z}_P = Z_P - Z_{P_g} \end{cases} \tag{5-40}$$

将重心化坐标代入绝对定向的基本公式(5-27),得

$$\begin{bmatrix} \bar{X}_{tP} \\ \bar{Y}_{tP} \\ \bar{Z}_{tP} \end{bmatrix} = \lambda \boldsymbol{R} \begin{bmatrix} \bar{X}_P \\ \bar{Y}_P \\ \bar{Z}_P \end{bmatrix} + \begin{bmatrix} \Delta X \\ \Delta Y \\ \Delta Z \end{bmatrix} \tag{5-41}$$

相应的误差方程式为

$$-\begin{bmatrix} v_X \\ v_Y \\ v_Z \end{bmatrix} = \begin{bmatrix} 1 & 0 & 0 & \bar{X}_P & -\bar{Z}_P & 0 & -\bar{Y}_P \\ 0 & 1 & 0 & \bar{Y}_P & 0 & -\bar{Z}_P & \bar{X}_P \\ 0 & 0 & 1 & \bar{Z}_P & \bar{X}_P & \bar{Y}_P & 0 \end{bmatrix} \begin{bmatrix} \mathrm{d}\Delta X \\ \mathrm{d}\Delta Y \\ \mathrm{d}\Delta Z \\ \mathrm{d}\lambda \\ \mathrm{d}\Phi \\ \mathrm{d}\Omega \end{bmatrix} - \begin{bmatrix} l_X \\ l_Y \\ l_Z \end{bmatrix} \qquad (5\text{-}42)$$

$$\begin{bmatrix} l_X \\ l_Y \\ l_Z \end{bmatrix} = \begin{bmatrix} \bar{X}_{tP} \\ \bar{Y}_{tP} \\ \bar{Z}_{tP} \end{bmatrix} - \lambda_0 \boldsymbol{R}_0 \begin{bmatrix} \bar{X}_P \\ \bar{Y}_P \\ \bar{Z}_P \end{bmatrix} - \begin{bmatrix} \Delta X_0 \\ \Delta Y_0 \\ \Delta Z_0 \end{bmatrix} \qquad (5\text{-}43)$$

式中：ΔX_0，ΔY_0，ΔZ_0 为重心的平移值的近似值。若有 n 个控制点，当等权观测时，根据重心化的误差方程式(5-42)可得法方程式的系数矩阵为

$$\boldsymbol{A}^{\mathrm{T}}\boldsymbol{A} = \begin{bmatrix} n_X & 0 & 0 & \sum \bar{X}_P & -\sum \bar{Z}_P & 0 & -\sum \bar{Y}_P \\ 0 & n_Y & 0 & \sum \bar{Y}_P & 0 & -\sum \bar{Z}_P & \sum \bar{X}_P \\ 0 & 0 & n_Z & \sum \bar{Z}_P & \sum \bar{X}_P & \sum \bar{Y}_P & 0 \\ \sum \bar{X}_P & \sum \bar{Y}_P & \sum \bar{Z}_P & \sum(\bar{X}_P^2 + \bar{Y}_P^2 + \bar{Z}_P^2) & 0 & 0 & 0 \\ -\sum \bar{Z}_P & 0 & \sum \bar{X}_P & 0 & \sum(\bar{X}_P^2 + \bar{Z}_P^2) & \sum \bar{X}_P \bar{Y}_P & \sum \bar{Z}_P \bar{Y}_P \\ 0 & -\sum \bar{Z}_P & \sum \bar{Y}_P & 0 & \sum \bar{X}_P \bar{Y}_P & \sum(\bar{Y}_P^2 + \bar{Z}_P^2) & -\sum \bar{X}_P \bar{Z}_P \\ -\sum \bar{Y}_P & \sum \bar{X}_P & 0 & 0 & \sum \bar{Z}_P \bar{Y}_P & -\sum \bar{X}_P \bar{Z}_P & \sum(\bar{X}_P^2 + \bar{Y}_P^2) \end{bmatrix}$$

由于采用了重心化坐标，因而有 $\sum \bar{X}_P = \sum \bar{Y}_P = \sum \bar{Z}_P = 0$，于是系数矩阵变为

$$\boldsymbol{A}^{\mathrm{T}}\boldsymbol{A} = \begin{bmatrix} n_X & 0 & 0 & \sum \bar{X}_P & 0 & 0 & 0 \\ 0 & n_Y & 0 & \sum \bar{Y}_P & 0 & 0 & 0 \\ 0 & 0 & n_Z & \sum \bar{Z}_P & 0 & 0 & 0 \\ 0 & 0 & 0 & \sum(\bar{X}_P^2 + \bar{Y}_P^2 + \bar{Z}_P^2) & 0 & 0 & 0 \\ 0 & 0 & 0 & 0 & \sum(\bar{X}_P^2 + \bar{Z}_P^2) & \sum \bar{X}_P \bar{Y}_P & \sum \bar{Z}_P \bar{Y}_P \\ 0 & 0 & 0 & 0 & \sum \bar{X}_P \bar{Y}_P & \sum(\bar{Y}_P^2 + \bar{Z}_P^2) & -\sum \bar{X}_P \bar{Z}_P \\ 0 & 0 & 0 & 0 & \sum \bar{Z}_P \bar{Y}_P & -\sum \bar{X}_P \bar{Z}_P & \sum(\bar{X}_P^2 + \bar{Y}_P^2) \end{bmatrix} \qquad (5\text{-}44)$$

法方程式的常数项矩阵为

$$A^{\mathrm{T}}L = \begin{bmatrix} \sum l_X \\ \sum l_Y \\ \sum l_Z \\ \sum (\bar{X}_P l_X + \bar{Y}_P l_Y + \bar{Y}_P l_Y) \\ \sum (\bar{X}_P l_Z - \bar{Z}_P l_Y) \\ \sum (\bar{Y}_P l_Z - \bar{Z}_P l_Y) \\ \sum (\bar{X}_P l_Y - \bar{Y}_P l_X) \end{bmatrix} \tag{5-45}$$

当重心平移值的近似值(初始值)ΔX_0、ΔY_0、ΔZ_0 都取零时,有 $\sum l_X = \sum l_Y = \sum l_Z = 0$,结合式(5-41)可知,重心的平移值的改正数 $\mathrm{d}\Delta X = \mathrm{d}\Delta Y = \mathrm{d}\Delta Z = 0$。因而,用重心化坐标进行绝对定向时,实际只需解算 4 个参数。

绝对定向元素的解求仍然是一个逐渐趋近的过程。求出绝对定向元素后,将待定点的重心化摄影测量坐标代入式(5-39),求出重心化的地面摄影测量坐标,再用式(5-37)算出地面摄影测量坐标,最后将地面摄影测量坐标换算为大地坐标。绝对定向的具体步骤如下:

①将用于绝对定向的控制点地面测量坐标转换为地面摄影测量坐标,此时地面摄影测量坐标与摄影测量坐标系的夹角为小角,二者的比例尺也比较接近。

②确定 7 个绝对定向元素的初始值 $\Phi_0 = \Omega_0 = K_0 = 0$,$\lambda_0 = 1$,$\Delta X_0 = \Delta Y_0 = \Delta Z_0 = 0$。

③计算地面摄影测量坐标重心和重心化地面摄影测量坐标。

④计算摄影测量坐标重心和重心化摄影测量坐标。

⑤根据确定的初始值(或新的近似值),计算出误差方程式的常数项。

⑥逐点组成误差方程式,逐点法化。

⑦解求法方程式,得 7 个绝对定向元素的改正数。

⑧计算绝对定向元素新值。

⑨判断绝对定向元素的改正数是否小于限差值。当大于限差值时,重复步骤⑤至步骤⑨。

⑩根据求得的绝对定向元素,将所有模型点的摄影测量坐标转换为地面摄影测量坐标。

第六章
解析空中三角测量

解析空中三角测量是为了减少野外工作量，在野外只需测定少量必要的地面控制点，在室内即可利用像片之间内在的几何关系，用摄影测量方法求解出这些双像摄影测量所必需的控制点的地面坐标。本章主要介绍航带法解析空中三角测量和光束法解析空中三角测量的基本理论和方法。前者是空中三角测量的理论基础，后者是当前普遍采用的高精度空中三角测量的加密方法。

第一节　解析空中三角测量概述

根据航摄像片确定地面点的空间位置，无论是用第五章的双像解析摄影测量方法，还是用双像数字摄影测量方法或者传统的模拟测图方法，一般都需要 4 个（或 4 个以上）地面控制点。这些控制点的地面坐标虽然可以全部在野外实测得到，但工作量大、效率低，在某些地区甚至难以实现。摄影测量的任务就是要最大限度地减少外业工作，因此提出解析空中三角测量这一概念：即在一条航带几十个像对覆盖的区域或由几条航带几百个像对构成的区域内，仅仅由外业实测几个少量的控制点，按一定的数学模型，平差解算出（加密）摄影测量作业过程中所需的全部控制点（称待定点或加密点）及每张像片的外方位元素。这是空中三角测量与区域网平差的基本思想，称为解析空中三角测量或解析空中三角测量加密。通常，把野外实测的控制点称为像片控制点，根据加密方法算得的控制点称为加密点。

空中三角测量是双像摄影测量理论的扩展。双像解析摄影测量是以一个像对作为计算的范围，根据 2 张像片之间内在的几何关系，用一定数量的控制点解求待定点的地面坐标。对空中三角测量而言，仍然根据像片之间内在的几何关系，由控制点来解算待定点的坐标，只是计算范围扩展为一条航线或几条航线构成的一个区域。

空中三角测量按发展阶段，可分为模拟空中三角测量、解析空中三角测量和数字空中三角测量 3 类。早期的空中三角测量，由于受到计算工具的限制，一般采用图解法或光学机械法，在全能型立体测图仪上根据摄影过程的几何反转原理建立航带模型，实现控制点的加密，称为模拟空中三角测量；随着计算机技术的发展，摄影测量学进入解析摄影测量阶段，解析空中三角测量方法得到普遍应用，其是利用电子计算机，根据人工观测方法在坐标量测仪或解析测图仪上量测的像点坐标，采用一定的数学模型计算出待定点的地面坐标；数字空中三角测量又称自动空中三角测量，它不再需要模拟的或解析的坐标量测仪器，而是直接在计算机屏幕显示的数字影像上，自动或半自动地采集加密点的像点坐标，进而计算出待定点的地面坐标。当前，数字空中三角测量已成为主流的作业方式，但仍然沿用解析空中三角测量的数学模型。

空中三角测量按平差计算范围的大小，可分为单模型空中三角测量、单航带空中三角测量和区域网空中三角测量3类。双像解析摄影测量就是单模型空中三角测量；单航带空中三角测量是以一条航带为加密单元进行平差计算；区域网空中三角测量是以若干条航线作为加密区域，按最小二乘法进行整体平差运算，以取得加密点最优值的方法，此法不仅可以减少地面控制点的数量，还能提高加密点成果的精度和整体性。

空中三角测量按平差时所采用的数学模型的不同，可分为航带法空中三角测量、独立模型法空中三角测量和光束法空中三角测量3类。航带法空中三角测量是以一条航带作为平差的基本单元，将模型点的摄影测量坐标作为观测值，以地面控制点的摄影测量坐标和地面坐标应相等以及相邻航带公共点坐标应相等为条件，用平差方法解求航带网的非线性变形改正系数，从而求出各加密点地面坐标的方法；独立模型法空中三角测量是以单元模型为平差单元，以模型坐标为观测值，以地面控制点的摄影测量坐标和地面坐标应相等以及相邻模型公共点、公共摄站点的摄影测量坐标应相等为条件，确定每一个单元模型的旋转、平移和缩放参数，从而求出各加密点地面坐标的方法，而空间模型的相似变换是独立模型法空中三角测量的基本关系式；光束法空中三角测量区域网平差是以一张像片组成的一束光线作为平差的基本单元，以中心投影的共线方程作为平差的数学模型，以像点坐标为观测值，以相邻像片公共交会点坐标相等、控制点的加密坐标与地面坐标相等为条件，解求出每张像片的外方位元素和加密点地面坐标的方法。

上述3种采用不同数学模型的空中三角测量方法中，光束法理论最为严密，加密成果的精度高，但需解求的未知数多，计算量大，计算速度较慢；独立模型法理论较严密，精度较高，未知数、计算量和计算速度也介于光束法和航带法之间；航带法在理论上不如光束法和独立模型法严密，但所解求的未知数少，计算方便快速，主要用于为光束法提供初始值和低精度的坐标加密。

第二节　航带法解析空中三角测量

航带法单航带解析空中三角测量是航带法区域网平差的基础，而航带法区域网平差的成果则可为光束法区域网平差提供理想的近似值。航带法单航带解析空中三角测量，是利用连续法相对定向建立的各立体模型内在的几何关系，建立自由航带网模型；然后根据控制点条件，按最小二乘原理进行平差，计算航带模型的非线性变形改正系数；最后求得各加密点的地面坐标。

一、航带法单航带解析空中三角测量主要解算过程

1. 像点坐标的量测
量测得到像控点和加密点的以像主点为原点的像平面直角坐标(x, y)。

2. 单航带连续法相对定向建立立体模型

以航带第一张像片的像空间坐标系作为航带统一的像空间辅助坐标系，其他各像片的辅助空间坐标系都与此平行，如图6-1所示。

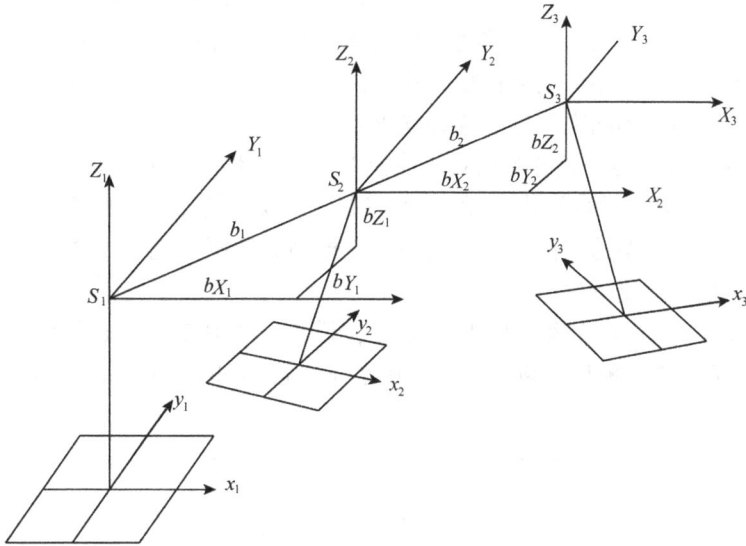

图6-1　连续法相对定向

像对自左向右编号，第一个像对的左片在像空间辅助坐标系中的角元素 $\varphi_1 = \omega_1 = \kappa_1 = 0$，经相对定向后算得右片的角元素 φ_2、ω_2 和 κ_2。这3个角度对第二个像对(由航带第二、第三两片构成)而言，成为左片的角方位元素，为已知值。当第二个像对进行相对定向时，只计算右片的角元素，而左片的角元素保持不变。以此类推，可完成各像对的相对定向，计算出各模型点在各自像对的像空间辅助坐标系中的坐标。这些模型点包括像控点和加密点。相对定向和模型点坐标计算公式同双像解析摄影测量，即

$$v_Q = b_x \mathrm{d}\mu - \frac{Y_2}{Z_2} b_x \mathrm{d}\nu - \frac{X_2 Y_2}{Z_2} N_2 \mathrm{d}\varphi - \left(Z_2 + \frac{Y_2^2}{Z_2} \right) N_2 \mathrm{d}\omega + X_2 N_2 \mathrm{d}\kappa - Q$$

$$Q = N_1 Y_1 - N_2 Y_2 - b_Y$$

$$\begin{bmatrix} X_1 \\ Y_1 \\ Z_1 \end{bmatrix} = \boldsymbol{R}_1 \begin{bmatrix} x_1 \\ y_1 \\ -f \end{bmatrix}, \quad \begin{bmatrix} X_2 \\ Y_2 \\ Z_2 \end{bmatrix} = \boldsymbol{R}_2 \begin{bmatrix} x_2 \\ y_2 \\ -f \end{bmatrix}$$

$$N_1 = \frac{b_X Z_2 - b_Z X_2}{X_1 Z_2 - X_2 Z_1}, \quad N_2 = \frac{b_X Z_1 - b_Z X_1}{X_1 Z_2 - X_2 Z_1}$$

各模型点坐标为

$$\begin{cases} X = N_1 X_1 \\ Y = \dfrac{1}{2}(N_1 Y_1 + N_2 Y_2 + b_Y) \\ Z = N_1 Z_1 \end{cases} \tag{6-1}$$

以上都是在以各自像对的左摄站为原点的像空间辅助坐标系中的模型坐标。

3. 模型连接和自由航带网的建立

(1) 模型连接

航带内各立体模型利用公共点进行连接，建立起统一的航带网模型。将单个模型连接成航带模型，首先要将各模型不同的比例尺归化为统一的比例尺，也就是将各个模型相对定向后形成的大小不一的相对立体模型归化为同一大小。那么为什么各个相邻像对形成的相对立体模型的大小会不同呢？这主要是在求相对定向元素时，摄影基线在 X 轴上的分量 b_x 是任意给定的，因此会造成各个相对立体模型的大小不同。以相邻的立体像对重叠范围内 3 个连接点(即 2 个模型的公共点)的高程应在 2 个模型的比例尺相等时相等为条件，从左至右顺次地将后一模型的比例尺归化到与前一模型的比例尺统一，建立统一的以第一个模型的比例尺为基准的航带模型。

如图 6-2 所示，(a)(b)表示模型的编号，模型(a)中 2、4、6 与模型(b)中 1、3、5 是同名点。如前后 2 个模型比例尺一致，则点 1 在模型(b)中的高程与点 2 在模型(a)中高程有以下关系：

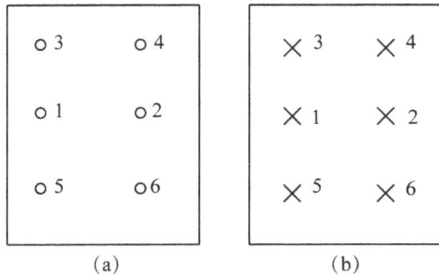

图 6-2 模型连接点

$$Z_1^b = Z_2^a - b_z^a \tag{6-2}$$

如果前后 2 个模型的比例尺不一致(图 6-3)，则：

$$Z_1^b \neq Z_2^a - b_z^a \tag{6-3}$$

其比例尺的归化系数为：

$$k_2 = \frac{Z_2^a - b_z^a}{Z_1^b} \tag{6-4}$$

式中：Z_1^b 为模型(b)中 1 点所对应的模型点高程；Z_2^a 为模型(a)中 2 点所对应的模型点高程；b_z^a 为模型(a)中求得的相对定向元素。

实际生产作业时，比例尺归化系数 k 是由 3 个公共点 2、4、6(指前一个模型而言)求得 3 个 k 值的平均值，即

$$\bar{k} = \frac{1}{3}(k_2 + k_4 + k_6) \tag{6-5}$$

为了使模型连接好，作业中常取前一个模型的 3 个点与后一个模型的 3 个点求出规化系数，取其平均值作为后一个模型的规化系数。再将后一个模型中各模型点坐标以及线分量都乘以规化系数，就得到与前一个模型比例尺相同的模型点坐标。

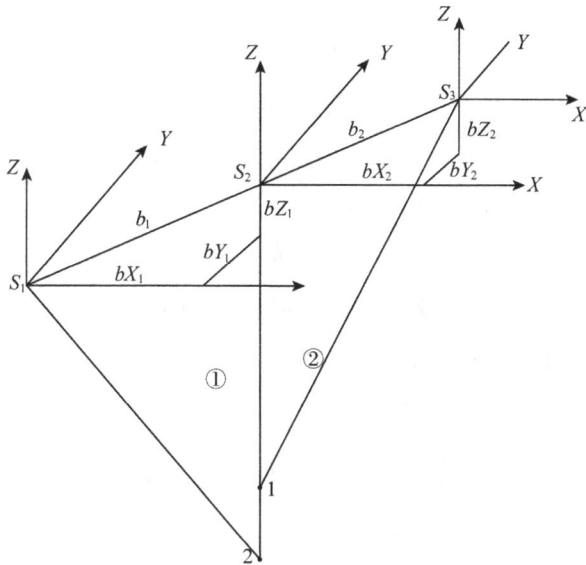

图 6-3　模型连接

（2）模型点摄影测量坐标的计算

完成模型连接之后，整条航带各模型的比例尺已经统一，但各模型的坐标原点仍在各自像对的左摄站上，尚未统一。为了将各个模型上模型点坐标变换为统一的摄影测量坐标系中的坐标，需作坐标原点的平移；同时应将坐标放大 m 倍，使之接近实地大小。摄影测量坐标系（$P\text{-}X_pY_pZ_p$）以航线第一张像片主光轴与地面的交点 P 为原点，坐标轴与像空间辅助坐标系对应轴系相互平行，如图 6-4 所示。

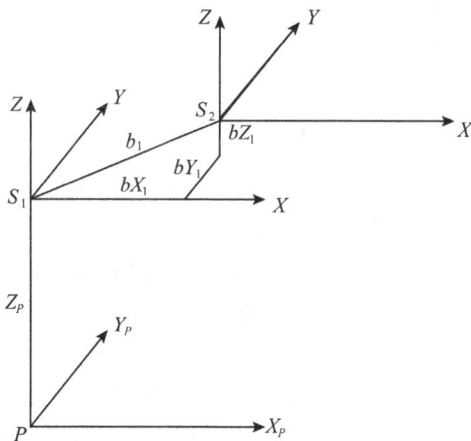

图 6-4　摄站在摄影测量坐标系中的坐标

航线第一张像片左摄站 S_1，在摄影测量坐标系中的坐标为

$$\begin{cases} X_{PS_1} = 0 \\ Y_{PS_1} = 0 \\ Z_{PS_1} = mf \end{cases} \tag{6-6}$$

第一个模型右摄站 S_2，即后一个模型左摄站的摄影测量坐标为

$$\begin{cases} X_{PS_2} = X_{PS_1} + mb_X = B_X \\ Y_{PS_2} = Y_{PS_1} + mb_Y = B_Y \\ Z_{PS_2} = Z_{PS_1} + mb_Z = B_Z + mf \end{cases} \tag{6-7}$$

第一个模型任一模型点的摄影测量坐标为

$$\begin{cases} X_P = mN_1 X_1 \\ Y_P = \dfrac{1}{2}(mN_1 Y_1 + mN_2 Y_2 + mb_Y) \\ Z_P = mf + mN_1 Z_1 \end{cases} \tag{6-8}$$

第 j 个模型右摄站的摄影测量坐标为

$$\begin{cases} X_{PS_{j+1}} = X_{PS_j} + k_j mb_{X_j} \\ Y_{PS_{j+1}} = Y_{PS_j} + k_j mb_{Y_j} \\ Z_{PS_{j+1}} = Z_{PS_j} + k_j mb_{Z_j} \end{cases} \tag{6-9}$$

式中：j 为模型编号，$j = 2$，3，4，$\cdots$，n；X_{PS_j}，Y_{PS_j}，Z_{PS_j} 为第 j 个模型左摄站的坐标；k_j 为第 j 个模型的归化系数；b_{X_j}，b_{Y_j}，b_{Z_j} 为第 j 个模型的基线分量。

第 j 个模型各模型点的摄影测量坐标为

$$\begin{cases} X_P = X_{PS_j} + k_j m N_{1j} X_{1j} \\ Y_P = \dfrac{1}{2}(Y_{PS_j} + k_j m N_{1j} Y_{1j} + Y_{PS_{j+1}} + k_j m N_{2j} Y_{2j}) \\ Z_P = Z_{PS_j} + k_j m N_{1j} Z_{1j} \end{cases} \tag{6-10}$$

式中：$N_{1j} X_{1j}$ 为第 j 个模型以左摄站为原点的像空间辅助坐标系中的模型点坐标；$N_{2j} Y_{2j}$ 为第 j 个模型以右摄站为原点的模型点坐标。

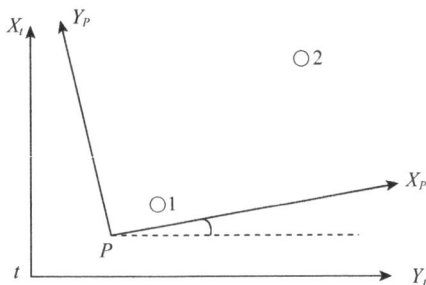

图 6-5　控制点的地面摄影测量坐标的计算

4. 航带模型的绝对定向

航带模型绝对定向的目的，是将摄影测量坐标系中的航带模型坐标转换到地面摄影测量坐标系中，得到像控点和加密点的地面摄影测量坐标。绝对定向的方法与单模型相同，具体操作过程如下。

（1）控制点的地面摄影测量坐标的计算

在航带网的两端，分别选定 1 和 2 两个控制点，根据这两点的地面测量坐标和摄影测量坐标，将测区内所有地面控制点的地面测量坐标和对应的摄影

测量坐标都换算为以点 1 为坐标原点的坐标。同时将自由航带网内所有加密点的摄影测量坐标也换算为以点 1 为坐标原点的坐标。

设 1、2 两点的大地坐标差为 ΔX_t，ΔY_t，对应的摄影测量坐标差为 ΔX_P，ΔY_P，如图 6-5 所示。

参考式(3-10)，并考虑到大地坐标系是左手系，则有

$$\begin{bmatrix} \Delta X_P \\ \Delta Y_P \end{bmatrix} = \lambda \begin{bmatrix} \sin\theta & \cos\theta \\ \cos\theta & -\sin\theta \end{bmatrix} \begin{bmatrix} \Delta X_t \\ \Delta Y_t \end{bmatrix} \tag{6-11}$$

式中：λ 为比例尺缩放系数；θ 为对应坐标横轴之间的夹角；$a = \lambda\cos\theta$，$b = \lambda\sin\theta$，$\lambda = \sqrt{a^2 + b^2}$。由式(6-7)解得

$$\begin{cases} a = \dfrac{\Delta X_P \Delta Y_t + \Delta Y_P \Delta X_t}{\Delta X_t^2 + \Delta Y_t^2} \\[4mm] b = \dfrac{\Delta X_P \Delta X_t - \Delta Y_P \Delta Y_t}{\Delta X_t^2 + \Delta Y_t^2} \end{cases} \tag{6-12}$$

求得 a、b 和 λ 之后，将所有地面控制点的大地坐标按下式变换为地面摄影测量坐标。

$$\begin{bmatrix} X_{tP} \\ Y_{tP} \end{bmatrix} = \begin{bmatrix} b & a \\ a & -b \end{bmatrix} \begin{bmatrix} X_{ti} - X_{t1} \\ Y_{ti} - Y_{t1} \end{bmatrix}$$
$$Z_{tP_i} = \lambda(Z_{ti} - Z_{t1}) \tag{6-13}$$

式中：(X_{t1}, Y_{t1}) 为点 1 的大地坐标，算得地面摄影测量坐标也是以点 1 为坐标原点。经如此变换后，地面摄影测量坐标系与摄影测量坐标系的夹角为小角，坐标原点一致，比例尺也近似相等。

(2)坐标重心化

将以点 1 为原点的地面摄影测量坐标与摄影测量坐标作重心化处理。地面摄影测量坐标重心为

$$X_{tP_g} = \frac{\sum X_{tP}}{n}, \quad Y_{tP_g} = \frac{\sum Y_{tP}}{n}, \quad Z_{tP_g} = \frac{\sum Z_{tP}}{n} \tag{6-14}$$

摄影测量坐标中心为

$$X_{P_g} = \frac{\sum X_P}{n}, \quad Y_{P_g} = \frac{\sum Y_P}{n}, \quad Z_{P_g} = \frac{\sum Z_P}{n} \tag{6-15}$$

重心化的地面摄影测量坐标为

$$\begin{cases} \bar{X}_{tP} = X_{tP} - X_{tP_g} \\[2mm] \bar{Y}_{tP} = Y_{tP} - Y_{tP_g} \\[2mm] \bar{Z}_{tP} = Z_{tP} - Z_{tP_g} \end{cases} \tag{6-16}$$

重心化的摄影测量坐标为

$$
\begin{cases}
\overline{X}_P = X_P - X_{P_g} \\[2mm]
\overline{Y}_P = Y_P - Y_{P_g} \\[2mm]
\overline{Z}_P = Z_P - Z_{P_g}
\end{cases}
\tag{6-17}
$$

与单模型绝对定向相同，计算重心坐标时，地面控制点与模型点的个数和点号需对应且一致。

（3）航带模型的概略定向

类似于单模型的绝对定向，把航带模型作为一个整体，作空间相似变换，计算模型点的地面摄影测量坐标概值。公式同单模型绝对定向，即

$$
\begin{bmatrix}
\overline{X}_{tP} \\
\overline{Y}_{tP} \\
\overline{Z}_{tP}
\end{bmatrix}
= \lambda \boldsymbol{R}
\begin{bmatrix}
\overline{X}_P \\
\overline{Y}_P \\
\overline{Z}_P
\end{bmatrix}
+
\begin{bmatrix}
\Delta X \\
\Delta Y \\
\Delta Z
\end{bmatrix}
\tag{6-18}
$$

相应的误差方程式为

$$
-\begin{bmatrix}
v_X \\
v_Y \\
v_Z
\end{bmatrix}
=
\begin{bmatrix}
1 & 0 & 0 & \overline{X}_P & -\overline{Z}_P & 0 & -\overline{Y}_P \\
0 & 1 & 0 & \overline{Y}_P & 0 & -\overline{Z}_P & \overline{X}_P \\
0 & 0 & 1 & \overline{Z}_P & \overline{X}_P & \overline{Y}_P & 0
\end{bmatrix}
\begin{bmatrix}
\mathrm{d}\Delta X \\
\mathrm{d}\Delta Y \\
\mathrm{d}\Delta Z \\
\mathrm{d}\lambda \\
\mathrm{d}\Phi \\
\mathrm{d}\Omega \\
\mathrm{d}K
\end{bmatrix}
-
\begin{bmatrix}
l_X \\
l_Y \\
l_Z
\end{bmatrix}
\tag{6-19}
$$

$$
\begin{bmatrix}
l_X \\
l_Y \\
l_Z
\end{bmatrix}
=
\begin{bmatrix}
\overline{X}_{tP} \\
\overline{Y}_{tP} \\
\overline{Z}_{tP}
\end{bmatrix}
- \lambda_0 \boldsymbol{R}_0
\begin{bmatrix}
\overline{X}_P \\
\overline{Y}_P \\
\overline{Z}_P
\end{bmatrix}
-
\begin{bmatrix}
\Delta X_0 \\
\Delta Y_0 \\
\Delta Z_0
\end{bmatrix}
\tag{6-20}
$$

航带模型经绝对定向后，还要作非线性变形改正，所以绝对定向无须反复迭代，只作一次趋近，称为概略定向。绝对定向后，即可算得模型点的地面摄影测量坐标概值。

5. 航带模型的非线性变形改正

航带网在构建过程中，由于在量测像点坐标时存在偶然误差以及像点坐标存在各种残余的系统误差，这两类不同性质的误差会独立或非独立地进行累积，致使航带网产生非线性变形。这种变形相当复杂，很难用简单的数学模型精确描述。通常采用一个多项式曲面来代替复杂的变形曲面，要求曲面经过航带模型已知控制点时，所求得的坐标变形值与实际变形值的差值的平方和为最小，此曲面即为航带网的非线性变形曲面。

常用的多项式有 2 种类型：一种是对 x，y 和 z 分别采用一般多项式作非线性变形改

正；另一种是平面 x，y 坐标采用正形变换多项式作非线性变形改正，高程仍采用一般多项式作非线性变形改正。下面讲述一般多项式非线性变形改正方法。

三次多项式非线性变形改正公式为如把后两项去除，即为二次多项式公式。

$$\begin{cases} S_X = a_0 + a_1\bar{X} + a_2\bar{Y} + a_3\bar{X}^2 + a_4\bar{X}\bar{Y} + a_5\bar{X}^3 + a_6\bar{X}^2\bar{Y} \\ S_Y = b_0 + b_1\bar{X} + b_2\bar{Y} + b_3\bar{X}^2 + b_4\bar{X}\bar{Y} + b_5\bar{X}^3 + b_6\bar{X}^2\bar{Y} \\ S_Z = c_0 + c_1\bar{X} + c_2\bar{Y} + c_3\bar{X}^2 + c_4\bar{X}\bar{Y} + c_5\bar{X}^3 + c_6\bar{X}^2\bar{Y} \end{cases} \tag{6-21}$$

式中：S_X、S_Y、S_Z 为航带模型经概略绝对定向后模型点的非线性变形改正值；$\bar{X}$，$\bar{Y}$，$\bar{Z}$ 为航带模型经概略定向后模型点重心化概略坐标；a_i，b_i，c_i 为非线性变形改正多项式的系数。

任一模型点的重心化概略坐标经非线性变形改正后应等于重心化地面摄影测量坐标，即

$$\begin{cases} \bar{X}_{tP} = \bar{X} + S_X \\ \bar{Y}_{tP} = \bar{Y} + S_Y \\ \bar{Z}_{tP} = \bar{Z} + S_Z \end{cases} \tag{6-22}$$

结合式(6-21)有

$$\begin{cases} \bar{X}_{tP} = \bar{X} + a_0 + a_1\bar{X} + a_2\bar{Y} + a_3\bar{X}^2 + a_4\bar{X}\bar{Y} + a_5\bar{X}^3 + a_6\bar{X}^2\bar{Y} \\ \bar{Y}_{tP} = \bar{Y} + b_0 + b_1\bar{X} + b_2\bar{Y} + b_3\bar{X}^2 + b_4\bar{X}\bar{Y} + b_5\bar{X}^3 + b_6\bar{X}^2\bar{Y} \\ \bar{Z}_{tP} = \bar{Z} + c_0 + c_1\bar{X} + c_2\bar{Y} + c_3\bar{X}^2 + c_4\bar{X}\bar{Y} + c_5\bar{X}^3 + c_6\bar{X}^2\bar{Y} \end{cases} \tag{6-23}$$

从式(6-23)可以看出，对于三次多项式，共有 21 个参数，至少需要 7 个控制点；若用二次多项式，共有 15 个控制点，至少需要 5 个控制点。实际上，不管用哪一种多项式，都要有多余的控制点，用最小二乘法解求多项式参数。列误差方程式时，将重心化概略坐标 $\bar{X}$，$\bar{Y}$，$\bar{Z}$ 作为观测值。式(6-23)中 $\bar{X}$，$\bar{Y}$，$\bar{Z}$ 三式中的参数相互独立，因此可以分别解求，现以 $\bar{X}$ 坐标和二次多项式为例，列出误差方程，得

$$-v_X = a_0 + a_1\bar{X} + a_2\bar{Y} + a_3\bar{X}^2 + a_4\bar{X}\bar{Y} - l_X \tag{6-24}$$

其中

$$l_X = \bar{X}_{tP} - \bar{X}$$

如果航带有 n 个控制点，则误差方程式的矩阵形式为

$$-\begin{bmatrix} v_{X_1} \\ v_{x_2} \\ \vdots \\ v_{X_n} \end{bmatrix} = \begin{bmatrix} 1 & \bar{X}_1 & \bar{Y}_1 & \bar{X}_1{}^2 & \bar{X}_1\bar{Y}_1 \\ 1 & \bar{X}_2 & \bar{Y}_2 & \bar{X}_2{}^2 & \bar{X}_2\bar{Y}_2 \\ \vdots & \vdots & \vdots & \vdots & \vdots \\ 1 & \bar{X}_n & \bar{Y}_n & \bar{X}_n{}^2 & \bar{X}_n\bar{Y}_n \end{bmatrix}\begin{bmatrix} a_0 \\ a_1 \\ a_2 \\ a_3 \\ a_4 \end{bmatrix} - \begin{bmatrix} l_{X_1} \\ l_{x_2} \\ \vdots \\ l_{X_n} \end{bmatrix} \tag{6-25}$$

写成一般形式为

$$V = BX - L \tag{6-26}$$

当等权观测时，相应的法方程式为

$$B^{\mathrm{T}}BX - B^{\mathrm{T}}L = 0 \tag{6-27}$$

解法方程式得非线性变形改正系数 a_0、a_1、a_2、a_3 和 a_4，同理可得 b_i 和 c_i。

6. 计算各加密点的地面坐标

求得非线性变形改正系数 a_i，b_i，c_i 后，可用式(6-12)算得加密点的重心化地面摄影测量坐标，再加上地面摄影测量坐标重心，即得以航带网点 1 为原点的地面摄影测量坐标。即

$$\begin{cases} X_{tP} = X_{tP_g} + \bar{X} + a_0 + a_1\bar{X} + a_2\bar{Y} + a_3\bar{X}^2 + a_4\bar{X}\bar{Y} + a_5\bar{X}^3 + a_6\bar{X}^2\bar{Y} \\ Y_{tP} = Y_{tP_g} + \bar{Y} + b_0 + b_1\bar{X} + b_2\bar{Y} + b_3\bar{X}^2 + b_4\bar{X}\bar{Y} + b_5\bar{X}^3 + b_6\bar{X}^2\bar{Y} \\ Z_{tP} = Z_{tP_g} + \bar{Z} + c_0 + c_1\bar{X} + c_2\bar{Y} + c_3\bar{X}^2 + c_4\bar{X}\bar{Y} + c_5\bar{X}^3 + c_6\bar{X}^2\bar{Y} \end{cases} \tag{6-28}$$

最后，参照式(6-7)，将地面摄影测量坐标进行坐标逆变换，得到加密点的大地坐标，即

$$\begin{bmatrix} X_t \\ Y_t \\ Z_t \end{bmatrix}_j = \frac{1}{\lambda^2}\begin{bmatrix} b & a & 0 \\ a & -b & 0 \\ 0 & 0 & \lambda \end{bmatrix}\begin{bmatrix} X_{tP} \\ Y_{tP} \\ Z_{tP} \end{bmatrix}_j + \begin{bmatrix} X_{t1} \\ Y_{t1} \\ Z_{t1} \end{bmatrix} \tag{6-29}$$

二、航带法区域网空中三角测量

航带法单航带空中三角测量是以一条航带作为独立的解算单元，求出待定点的大地坐标。航带法区域网空中三角测量(或称区域网平差)是以单航带空中三角测量为基础，以几条航带作为整体解算的一个区域，同时求出整个区域内全部待定点的大地坐标。这种方法可使整个测区内加密点的精度一致，航带与航带之间无须人工接边，既能减少野外实测地面控制点的数量，又提高了作业效率。

航带法区域网平差的基本思想是：首先，按单航带加密方法，每条航带构成自由航带网；其次，以本航带的控制点及上一条航带的公共点为依据，进行概略定向，将整个区域内各航带都纳入统一的摄影测量坐标系中；最后，利用已知控制点的内业加密坐标应与外业实测坐标相等、相邻航带间公共连接点上的加密坐标应相等为平差条件，在全区域范围内把航带网模型坐标视为观测值，用最小二乘法整体解算各航带网的非线性变形改正系

数，从而计算出各加密点的地面坐标

1. 区域网的概算

区域网的概算是为了将全区域中各航带网纳入比例尺统一的坐标系统中，并确定每一航带网在区域中的概略位置，拼成一个松散的区域网。

(1)建立自由比例尺的单航带网

同单航带法完全一样，各条航带分别用连续法相对定向建立单个几何模型，然后进行模型连接，建立全区域各航带的自由航带网。

(2)航带网的绝对定向拼成区域网

为了将区域中相互独立的各条自由航带网纳入统一坐标中，需将各航带逐条进行概略绝对定向，统一比例尺和坐标系，构成整体松散的区域网。

绝对定向前，根据区域两端的 2 个控制点(如图 6-6 中的 A，F 两点)先将全区所有已知控制点的大地坐标，都变换为以第一个控制点 A 为原点的地面摄影测量坐标。绝对定向时，对第一条航带，利用本航带内的已知外业控制点，作航带网概略绝对定向，求出第一条航带中各模型点在地面摄影测量坐标系中的坐标概值；对第二条及以后各条航带，利用本航带内已知控制点和前一航带与本航带的公共连接点作为已知控制点，作概略绝对定向。绝对定向后，各公共连接点坐标都不取平均，保持各航带网的相对独立性。这样，全区各航带网完成概略绝对定向后，就构成了松散的区域网。

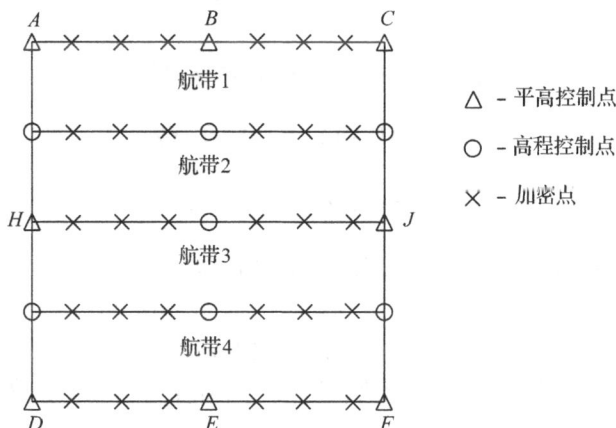

图 6-6　航带法区域网加密

2. 区域网整体平差

全区域各航带网完成概略绝对定向后，各航带的模型点坐标都被纳入统一的地面摄影测量坐标系中，得到模型点的地面摄测坐标概值。区域网的整体平差是为了求解全区域各航带的非线性变形改正系数，将地面摄影测量坐标概值作非线性变形改正。区域网的整体平差条件有两类：即控制点内、外业坐标应相等；相邻航带公共连接点坐标应相等。

(1)各航带重心和重心化坐标的计算

整体平差前，同样要作坐标重心化处理，各航带建立相对独立的重心，分别计算各航带重心化坐标。为了计算方便，各航带网重心坐标用下式计算。

模型点重心坐标(概略坐标)为

$$\begin{cases} X_{g_j} = \dfrac{1}{2}(X_A + X_F) \\ Y_{g_j} = Y_A - \dfrac{1}{2}(2j-1)\left(\dfrac{Y_A - Y_F}{N}\right) \\ Z_{g_j} = \dfrac{1}{2}(Z_A + Z_F) \end{cases} \tag{6-30}$$

控制点地面摄影测量坐标重心为

$$\begin{cases} X_{tP_{g_j}} = \dfrac{1}{2}(X_{tPA} + X_{tPF}) \\ Y_{tP_{g_j}} = Y_{tPA} - \dfrac{1}{2}(2j-1)\left(\dfrac{Y_{tPA} - Y_{tPF}}{N}\right) \\ Z_{tP_{g_j}} = \dfrac{1}{2}(Z_{tPA} + Z_{tPF}) \end{cases} \tag{6-31}$$

式中：j 为航带编号；N 为全区域航带数。

算得各航带的重心坐标后，计算重心化坐标。

(2)误差方程式的建立

若用二次多项式进行各航带的非线性变形改正，即

$$\begin{cases} S_X = a_0 + a_1\overline{X} + a_2\overline{Y} + a_3\overline{X}^2 + a_4\overline{X}\,\overline{Y} \\ S_Y = b_0 + b_1\overline{X} + b_2\overline{Y} + b_3\overline{X}^2 + b_4\overline{X}\,\overline{Y} \\ S_Z = c_0 + c_1\overline{X} + c_2\overline{Y} + c_3\overline{X}^2 + c_4\overline{X}\,\overline{Y} \end{cases}$$

式中：$\overline{X}$，$\overline{Y}$ 为本航带任一点的重心化坐标概值；a_i，b_i，c_i 为本航带的非线性变形改正的 15 个待定系数。

针对两类平差条件，可列出两类不同形式的误差方程式。对控制点，按二次不完整多项式，以 X 坐标为例，根据非线性变形改正后内、外业坐标应相等的条件，可得

$$\overline{X}_{tP} = \overline{X} + S_X$$

将坐标概值 x 作为观测值，可列出误差方程式，即

$$-v_c = a_0 + a_1\overline{X} + a_2\overline{Y} + a_3\overline{X}^2 + a_4\overline{X}\,\overline{Y} - (\overline{X}_{tP} - \overline{X}) \tag{6-32}$$

以下标 c 表示控制点。写成矩阵形式为

$$-\boldsymbol{V}_{jc} = \boldsymbol{B}_{jc}\boldsymbol{X}_j - \boldsymbol{L}_{jc} \tag{6-33}$$

式中：j 为航带编号；$\boldsymbol{X}_j$ 为待定的第 j 航带非线性变形改正参数；$\boldsymbol{B}_{jc}$ 为第 j 航带非线性变形改正系数矩阵。其中

$$\boldsymbol{B}_{jc} = \begin{bmatrix} 1 & \overline{X} & \overline{Y} & \overline{X}^2 & \overline{X}\,\overline{Y} \end{bmatrix}$$

$$\boldsymbol{X}_{jc} = \begin{bmatrix} a_{0j} & a_{1j} & a_{2j} & a_{3j} & a_{4j} \end{bmatrix}^{\mathrm{T}}$$

$$L_{jc} = \overline{X}_{tP} - \overline{X}$$

以图 6-6 为例，第一条航线有 3 个控制点，可列出 3 条误差方程式，其矩阵形式为

$$-V_{1c} = B_{1c}X_1 - L_{1c}$$

对于 2 条航带之间的公共连接点，各自经非线性变形改正后，它们的坐标应相等。对某一公共点有

$$\overline{X}_j + X_{g_j} + vx_j + S_{X_j} = \overline{X}_{j+1} + X_{g_{j+1}} + v_{x_{j+1}} + S_{X_{j+1}} \qquad (6-34)$$

式中：$\overline{X}_j$，$\overline{X}_{j+1}$ 为两相邻航带任一公共点的重心化坐标；X_{g_j}，$X_{g_{j+1}}$ 为两航带各自的重心坐标；S_{X_j}，$S_{X_{j+1}}$ 分别为两航带的非线性变形改正值。将 S_{X_j}，$S_{X_{j+1}}$ 的表达式代入，得

$$-(V_j - V_{j+1}) = a_{0_j} + a_{1_j}\overline{X}_j + a_{2_j}\overline{Y}_j + a_{3_j}\overline{X}_j^2 + a_{4_j}\overline{X}_j\overline{Y}_j -$$
$$(a_{0_{j+1}} + a_{1_{j+1}}\overline{X}_{j+1} + a_{2_{j+1}}\overline{Y}_{j+1} + a_{3_{j+1}}\overline{X}_{j+1}^2 + a_{4_{j+1}}\overline{X}_{j+1}\overline{Y}_{j+1}) -$$
$$(\overline{X}_{j+1} + X_{g+1}) + (\overline{X}_j + X_g) \qquad (6-35)$$

写成矩阵形式为

$$-V_{j,j+1} = [B_{j\text{下}} \quad -B_{j+1\text{上}}]\begin{bmatrix} X_j \\ X_{j+1} \end{bmatrix} - L_{j,j+1} \qquad (6-36)$$

式中：$B_{j\text{下}}$ 为第 j 条航带下排点的误差方程式系数；$B_{j+1\text{上}}$ 为第 $j+1$ 条航带上排点的误差方程式系数。图 6-6 中，航带 1 和航带 2 之间 9 个连接点，可列 9 条误差方程式，其矩阵形式为

$$-V_{1,2} = [B_{1\text{下}} \quad -B_{2\text{上}}]\begin{bmatrix} X_1 \\ X_2 \end{bmatrix} - L_{1,2} \qquad (6-37)$$

根据图 6-6 的布点方案，可列出整个区域的误差方程式，即

$$-\begin{bmatrix} V_{1c} \\ V_{1,2} \\ V_{2c} \\ V_{2,3} \\ V_{3c} \\ V_{3,4} \\ V_{4c} \end{bmatrix} = \begin{bmatrix} B_{1c} & & & \\ B_{1\text{下}} & -B_{2\text{上}} & & \\ & B_{2c} & & \\ & B_{2\text{下}} & -B_{3\text{上}} & \\ & & B_{3c} & \\ & & B_{3\text{下}} & -B_{4\text{上}} \\ & & & B_{4c} \end{bmatrix}\begin{bmatrix} X_1 \\ X_2 \\ X_3 \\ X_4 \end{bmatrix} - \begin{bmatrix} L_{1c} \\ L_{1,2} \\ L_{2c} \\ L_{2,3} \\ L_{3c} \\ L_{3,4} \\ L_{4c} \end{bmatrix} \qquad (6-38)$$

对于控制点和公共连接点，应取不同的权。如控制点的权取 1，则公共连接点的权取 $\dfrac{1}{2}$。相应的权阵为

$$P = 7\begin{array}{c}3\\9\\2\\7\\2\\9\\3\end{array}\begin{bmatrix}\overset{3}{1} & \overset{9}{0} & \overset{2}{0} & \overset{7}{0} & \overset{2}{0} & \overset{9}{0} & \overset{3}{0}\\0 & \dfrac{1}{2} & 0 & 0 & 0 & 0 & 0\\0 & 0 & 1 & 0 & 0 & 0 & 0\\0 & 0 & 0 & \dfrac{1}{2} & 0 & 0 & 0\\0 & 0 & 0 & 0 & 1 & 0 & 0\\0 & 0 & 0 & 0 & 0 & \dfrac{1}{2} & 0\\0 & 0 & 0 & 0 & 0 & 0 & 1\end{bmatrix}\qquad(6\text{-}39)$$

式中，矩阵中的每一个数字代表一个矩阵块，左边和上边的数字代表对应矩阵块的行列数。

（3）法方程式的建立及其特点

由误差方程式，可得相应的法方程式，即

$$B^{\mathrm{T}}PBX - B^{\mathrm{T}}PL = 0$$

法方程式的系数矩阵为一个 4×4 的矩阵块，每一子块为 5×5 的方阵。内容为

$$B^{\mathrm{T}}PB = \begin{bmatrix} \begin{array}{l}B^{\mathrm{T}}_{1c}B_{1c}\\[2pt]+\dfrac{1}{2}B^{\mathrm{T}}_{1\text{下}}B_{1\text{下}}\end{array} & -\dfrac{1}{2}B^{\mathrm{T}}_{1\text{下}}B_{2\text{上}} & 0 & \\[12pt] -\dfrac{1}{2}B^{\mathrm{T}}_{2\text{上}}B_{1\text{下}} & \begin{array}{l}B^{\mathrm{T}}_{2c}B_{2c}\\[2pt]+\dfrac{1}{2}B^{\mathrm{T}}_{2\text{上}}B_{2\text{上}}\\[2pt]+\dfrac{1}{2}B^{\mathrm{T}}_{2\text{下}}B_{2\text{下}}\end{array} & -\dfrac{1}{2}B^{\mathrm{T}}_{2\text{下}}B_{3\text{下}} & 0 \\[16pt] & -\dfrac{1}{2}B^{\mathrm{T}}_{3\text{上}}B_{2\text{下}} & \begin{array}{l}B^{\mathrm{T}}_{3c}B_{3c}\\[2pt]+\dfrac{1}{2}B^{\mathrm{T}}_{3\text{上}}B_{3\text{上}}\\[2pt]+\dfrac{1}{2}B^{\mathrm{T}}_{3\text{下}}B_{3\text{下}}\end{array} & -\dfrac{1}{2}B^{\mathrm{T}}_{3\text{下}}B_{4\text{上}} \\[16pt] & & -\dfrac{1}{2}B^{\mathrm{T}}_{4\text{上}}B_{3\text{下}} & \begin{array}{l}B^{\mathrm{T}}_{4c}B_{4c}\\[2pt]+\dfrac{1}{2}B^{\mathrm{T}}_{4\text{上}}B_{4\text{上}}\end{array} \end{bmatrix}\qquad(6\text{-}40)$$

从上式可以看出，系数矩阵有如下结构特点：

①主对角线上的各矩阵块为相应各航带自身法化之和，即为本航带内控制点、上排公共连接点和下排公共连接点各自系数矩阵转置与自身系数矩阵乘积的总和。其中控制点的权取 1，上排和下排公共连接点的权均取 $-\dfrac{1}{2}$。

②主对角线以外的各矩阵块为相邻上下航带相互法化的内容，即为相邻航带的公共连接点，按所属航带的系数矩阵转置乘以相邻航带系数矩阵的和，再乘以$-\frac{1}{2}$。

法方程式常数项是一个一列4块的列矩阵，每一子块为5×1的子列矩阵，其内容如式(6-41)所示。

$$B^{\mathrm{T}}PL=\begin{bmatrix} B^{\mathrm{T}}{}_{1c}L_{1c}+\frac{1}{2}B^{\mathrm{T}}{}_{1\text{下}}L_{1,2} \\ B^{\mathrm{T}}{}_{2c}L_{2c}-\frac{1}{2}B^{\mathrm{T}}{}_{2\text{上}}L_{1,2}+\frac{1}{2}B^{\mathrm{T}}{}_{2\text{下}}L_{2,3} \\ B^{\mathrm{T}}{}_{3c}L_{3c}-\frac{1}{2}B^{\mathrm{T}}{}_{3\text{上}}L_{2,3}+\frac{1}{2}B^{\mathrm{T}}{}_{3\text{下}}L_{3,4} \\ B^{\mathrm{T}}{}_{4c}L_{4c}-\frac{1}{2}B^{\mathrm{T}}{}_{4\text{上}}L_{3,4} \end{bmatrix} \quad (6\text{-}41)$$

常数项矩阵的特点是，本航带内控制点的系数矩阵转置乘以该点的常数项，加上本航带公共连接点系数矩阵转置乘以该连接点的常数项之和，控制点的权取1，公共连接点的权取$\frac{1}{2}$，当连接点为上排点时取负号，下排点时取正号。

按照上述法方程式的特点，可直接列出全区域网的总体法方程式，不必组成总体误差方程式，以便节省计算单元，减少计算步骤。

上述法方程式可用简化符号表示为式(6-42)

$$\begin{bmatrix} N_{11} & N_{12} & 0 & 0 \\ N^{\mathrm{T}}_{12} & N_{22} & N_{23} & 0 \\ 0 & N^{\mathrm{T}}_{23} & N_{33} & N_{34} \\ 0 & 0 & N^{\mathrm{T}}_{34} & N_{44} \end{bmatrix}\begin{bmatrix} X_1 \\ X_2 \\ X_3 \\ X_4 \end{bmatrix}-\begin{bmatrix} L_1 \\ L_2 \\ L_3 \\ L_4 \end{bmatrix} \quad (6\text{-}42)$$

(4) 法方程式的结算

式(6-27)的法方程式为一个带状矩阵，可采用高斯约化法求解。计算时逐个消去未知数，只保留第一式，逐步约化使系数矩阵变为一个上三角形矩阵，其相应常数项进行同样约化，然后解求最后一组未知数，再自下而上回代，解求出全部未知数。具体步骤如下：

①第一行元素不变。

②第二行减去第一行左乘$N^{\mathrm{T}}_{12}N^{-1}_{11}$得

$$0 \quad N_{22}-N^{\mathrm{T}}_{12}N^{-1}_{11}N_{12} \quad N_{23} \quad 0 \quad L_2-N^{\mathrm{T}}_{12}N^{-1}_{11}L_1$$

用新的符号表示变化后的第二行得

$$0 \quad N'_{22} \quad N_{23} \quad 0 \quad L'_{22}$$

③第三行减去第二行左乘$N^{\mathrm{T}}_{23}N'^{-1}_{22}$得

$$0 \quad 0 \quad N_{33}-N^{\mathrm{T}}_{23}N'^{-1}_{22}N_{23} \quad N_{34} \quad L_3-N^{\mathrm{T}}_{23}N'^{-1}_{22}L'_2$$

用新的符号表示变化后的第三行得

$$0 \quad 0 \quad N'_{33} \quad N_{34} \quad L'_3$$

④第四行减去第三行左乘$N_{34}^{\mathrm{T}} N_{33}'^{-1}$得

$$0 \quad 0 \quad 0 \quad N_{44}-N_{34}^{\mathrm{T}}N_{33}'^{-1}N_{34} \quad L_4-N_{23}^{\mathrm{T}}N_{34}^{\mathrm{T}}N_{33}'^{-1}L'_3$$

用新的符号表示变化后的第四行得

$$0 \quad 0 \quad 0 \quad N'_{44} \quad L'_4$$

经上述约化后的法方程式变为

$$\begin{bmatrix} N_{11} & N_{12} & 0 & 0 \\ 0 & N'_{22} & N_{23} & 0 \\ 0 & 0 & N'_{33} & N_{34} \\ 0 & 0 & 0 & N'_{44} \end{bmatrix}\begin{bmatrix} X_1 \\ X_2 \\ X_3 \\ X_4 \end{bmatrix} = \begin{bmatrix} L'_1 \\ L'_2 \\ L'_3 \\ L'_4 \end{bmatrix} \tag{6-43}$$

式（6-43）为上三角矩阵，可先求出X_4，再自下而上回代，求得各航带的待定系数

$$\begin{cases} X_4 = N_{44}'^{-1}L'_4 \\ X_3 = N_{33}'^{-1}L'_3 - N_{33}'^{-1}N_{34}X_4 \\ X_2 = N_{22}'^{-1}L'_2 - N_{22}'^{-1}N_{23}X_3 \\ X_1 = N_{11}^{-1}L'_1 - N_{11}^{-1}N_{12}X_2 \end{cases} \tag{6-44}$$

以上算得的是x坐标的非线性变形改正系数，同理可求得y坐标和z坐标的非线性变形改正系数。

（5）加密点坐标的计算

解求出各航带网的非线性变形改正系数后，按下式计算各航带网中加密点的地面摄影测量坐标，即

$$\begin{cases} X_{tP} = X_{tP_{g_j}} + \overline{X} + a_{0j} + a_{1j}\overline{X} + a_{2j}\overline{Y} + a_{3j}\overline{X}^2 + a_4\overline{X}\overline{Y} \\ Y_{tP} = X_{tP_{g_j}} + \overline{Y} + b_{0j} + b_{1j}\overline{X} + b_{2j}\overline{Y} + b_{3j}\overline{X}^2 + b_4\overline{X}\overline{Y} \\ Z_{tP} = X_{tP_{g_j}} + \overline{Z} + c_{0j} + c_{1j}\overline{X} + c_{2j}\overline{Y} + c_{3j}\overline{X}^2 + c_4\overline{X}\overline{Y} \end{cases} \tag{6-45}$$

最后将全区域所有加密点的地面摄影测量坐标变换为大地坐标，即

$$\begin{bmatrix} X_t \\ Y_t \\ Z_t \end{bmatrix} = \frac{1}{\lambda^2}\begin{bmatrix} b & a & 0 \\ a & -b & 0 \\ 0 & 0 & \lambda \end{bmatrix}\begin{bmatrix} X_{tP} \\ Y_{tP} \\ Z_{tP} \end{bmatrix} + \begin{bmatrix} X_{t1} \\ Y_{t1} \\ Z_{t1} \end{bmatrix} \tag{6-46}$$

对于相邻航带公共连接点，应取两条航带计算出的坐标的均值作为最后结果。

第三节 光束法空中三角测量

一、光束法区域网平差的基本思想

光束法区域网平差是以一张像片组成的一束光线作为平差的基本单元，以中心投影的共线方程作为平差的数学模型，以相邻相片公共交会点坐标相等、控制点内业坐标与已知的外业坐标相等为条件，列出控制点和加密点的误差方程式，进行全区域的统一平差计算，解求出每张像片的外方位元素和加密点的地面坐标，如图6-7所示。

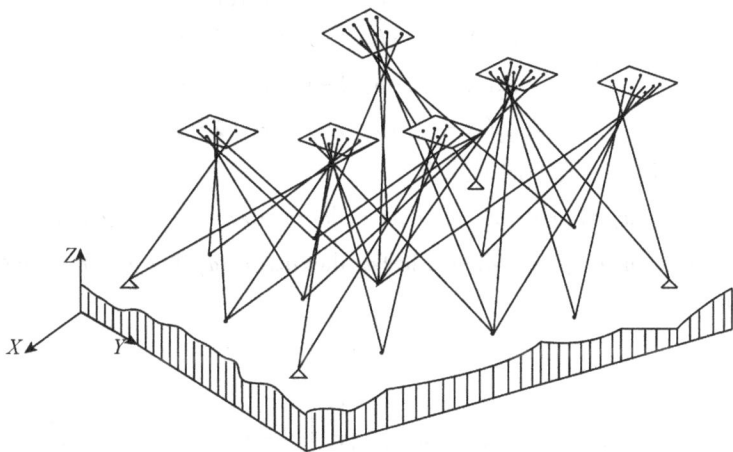

图6-7 光束法区域网平差

光束法区域网平差主要过程如下：

①像片外方位元素和地面点坐标近似值的确定。

②逐点建立误差方程式和改化法方程式。

③利用边法化边消元循环分块法解求改化法方程式。

④求出每张像片的外方位元素。

⑤空间前方交会求得待定点的地面坐标，对于像片公共连接点取其均值作为最后结果。

光束法区域网平差以像点坐标作为观测值，理论严密，但对原始数据的系统误差十分敏感，只有在较好地预先消除像点坐标的系统误差后，才能得到理想的加密成果。

二、光束法区域网平差的概算

区域网概算的目的是提供每张像片的外方位元素和加密点地面坐标的近似值，通常用航带法加密成果作为光束法区域网平差的概值。具体过程如下：

①第一条航带建立自由航带网，用该航带内已知的地面控制点作概略绝对定向，获得加密点概略地面坐标。

②之后各条航带，用上条相邻航带的公共点和本航带的控制点作概略定向。

③各相邻航带公共点坐标取均值作为地面坐标的近似值。

④用每张像片的近似地面坐标，通过空间后方交会方法求得各像片的外方位元素的近似值。

三、误差方程式和法方程式的建立

经区域网概算，获得每张像片的外方位元素和加密点地面坐标的近似值后，就可以用共线条件方程式，列出每张像片上控制点和加密点的误差方程式。对每个像点可列出下列两条关系式，即

$$\begin{cases} x=-f\dfrac{a_1(X-X_S)+b_1(Y-Y_S)+c_1(Z-Z_S)}{a_3(X-X_S)+b_3(Y-Y_S)+c_3(Z-Z_S)} \\ y=-f\dfrac{a_2(X-X_S)+b_2(Y-Y_S)+c_2(Z-Z_S)}{a_3(X-X_S)+b_3(Y-Y_S)+c_3(Z-Z_S)} \end{cases}$$

将共线方程线性化并写成一般形式得

$$\begin{cases} v_X=a_{11}\mathrm{d}X_S+a_{12}\mathrm{d}Y_S+a_{13}\mathrm{d}Z_S+a_{14}\mathrm{d}\varphi+a_{15}\mathrm{d}\omega+a_{16}\mathrm{d}\kappa-a_{11}\mathrm{d}X-a_{12}\mathrm{d}Y-a_{13}\mathrm{d}Z-l_X \\ v_Y=a_{21}\mathrm{d}X_S+a_{22}\mathrm{d}Y_S+a_{23}\mathrm{d}Z_S+a_{24}\mathrm{d}\varphi+a_{25}\mathrm{d}\omega+a_{26}\mathrm{d}\kappa-a_{21}\mathrm{d}X-a_{22}\mathrm{d}Y-a_{23}\mathrm{d}Z-l_Y \end{cases} \tag{6-47}$$

写成矩阵形式为

$$\begin{bmatrix} v_Y \\ v_X \end{bmatrix}=\begin{bmatrix} a_{11} & a_{12} & a_{13} & a_{14} & a_{15} & a_{16} \\ a_{21} & a_{22} & a_{23} & a_{24} & a_{25} & a_{26} \end{bmatrix}\begin{bmatrix} \mathrm{d}X_S \\ \mathrm{d}Y_S \\ \mathrm{d}Z_S \\ \mathrm{d}\varphi \\ \mathrm{d}\omega \\ \mathrm{d}\kappa \end{bmatrix}+\begin{bmatrix} -a_{11} & -a_{12} & -a_{13} \\ -a_{21} & -a_{22} & -a_{23} \end{bmatrix}\begin{bmatrix} \mathrm{d}X \\ \mathrm{d}Y \\ \mathrm{d}Z \end{bmatrix}-\begin{bmatrix} l_X \\ l_Y \end{bmatrix}$$

写成一般形式为

$$V=\begin{bmatrix} A & B \end{bmatrix}\begin{bmatrix} X \\ t \end{bmatrix}-L \tag{6-48}$$

式中

$$V=\begin{bmatrix} V_X & V_Y \end{bmatrix}^{\mathrm{T}}$$

$$A=\begin{bmatrix} a_{11} & a_{12} & a_{13} & a_{14} & a_{15} & a_{16} \\ a_{21} & a_{22} & a_{23} & a_{24} & a_{25} & a_{26} \end{bmatrix}$$

$$B=\begin{bmatrix} -a_{11} & -a_{12} & -a_{13} \\ -a_{21} & -a_{22} & -a_{23} \end{bmatrix}$$

$$X=\begin{bmatrix} \mathrm{d}X_S & \mathrm{d}Y_S & \mathrm{d}Z_S & \mathrm{d}\varphi & \mathrm{d}\omega & \mathrm{d}\kappa \end{bmatrix}$$

$$t=\begin{bmatrix} \mathrm{d}X & \mathrm{d}Y & \mathrm{d}Z \end{bmatrix}^{\mathrm{T}}$$

$$L=\begin{bmatrix} l_X & l_Y \end{bmatrix}^{\mathrm{T}}$$

对于外业控制点，如不考虑它的误差，则控制点的坐标改正数 $\mathrm{d}X=\mathrm{d}Y=\mathrm{d}Z=0$。当像

点坐标为等权观测时，误差方程式对应的法方程式为

$$\begin{bmatrix} A^{\mathrm{T}}A & A^{\mathrm{T}}B \\ B^{\mathrm{T}}A & B^{\mathrm{T}}B \end{bmatrix}\begin{bmatrix} X \\ t \end{bmatrix}-\begin{bmatrix} A^{\mathrm{T}}L \\ B^{\mathrm{T}}L \end{bmatrix}=0 \tag{6-49}$$

式(6-49)含有像片外方位元素改正数 X 和待定点地面坐标改正数 f 两类未知数。对于一个区域来说，通常会有几条、十几条甚至几十条航带，像片数将有几十、几百甚至几千张。每张像片有 6 个未知数，一个待定点有 3 个未知数。若全区有 N 条航带，每条航带有 n 张像片，全区有 m 个待定点，则该区域的未知数个数为 $6n \times N + 3m$ 个。由此组成的法方程式将十分庞大。为了计算方便，通常消去一类未知数，保留另一类未知数，形成改化法方程式。如把式(6-49)中的系数矩阵和常数项用新的符号代替，写成

$$\begin{bmatrix} N_{11} & N_{12} \\ N_{12}^{\mathrm{T}} & N_{22} \end{bmatrix}\begin{bmatrix} X \\ t \end{bmatrix}-\begin{bmatrix} l_1 \\ l_2 \end{bmatrix} \tag{6-50}$$

用消元法消去待定点地面坐标改正数得改化法方程式，即

$$[N_{11}-N_{12}N_{22}^{-1}N_{12}^{\mathrm{T}}]X=L_1-N_{12}N_{22}^{-1}L_2 \tag{6-51}$$

式(6-51)的改化法方程式的系数矩阵是大规模的带状矩阵。为了计算方便，通常采用循环分块解法解求未知数。

求得每张像片的外方位元素后，可利用双像空间前方交会或多像空间前方交会方法解求全部加密点的地面坐标。双像空间前方交会算法，可参照本教材第五章的式(5-1)、式(5-2)、式(5-4)、式(5-6)来计算待定点的坐标。对于像对之间的公共点，可取它们的平均值作为最终的结果；多像前方交会是根据共线条件方程，由待定点在不同像片上的所有像点列误差方程式进行解算。下式为共线条件方程经线性化后的误差方程式，即

$$\begin{cases} v_X = a_{11}\mathrm{d}X_S + a_{12}\mathrm{d}Y_S + a_{13}\mathrm{d}Z_S + a_{14}\mathrm{d}\varphi + a_{15}\mathrm{d}\omega + a_{16}\mathrm{d}\kappa - a_{11}\mathrm{d}X - a_{12}\mathrm{d}Y - a_{13}\mathrm{d}Z - l_X \\ v_Y = a_{21}\mathrm{d}X_S + a_{22}\mathrm{d}Y_S + a_{23}\mathrm{d}Z_S + a_{24}\mathrm{d}\varphi + a_{25}\mathrm{d}\omega + a_{26}\mathrm{d}\kappa - a_{21}\mathrm{d}X - a_{22}\mathrm{d}Y - a_{23}\mathrm{d}Z - l_Y \end{cases} \tag{6-52}$$

每张像片的外方位元素已经求得，因此，可列出每个待定点的前方交会误差方程式，即

$$\begin{cases} v_X = -a_{11}\mathrm{d}X_S - a_{12}\mathrm{d}Y_S - a_{13}\mathrm{d}Z_S - l_X \\ v_Y = -a_{21}\mathrm{d}X_S - a_{22}\mathrm{d}Y_S - a_{23}\mathrm{d}Z_S - l_Y \end{cases} \tag{6-53}$$

如果某待定点在 n 张像片上都有构像，则可列出 $2n$ 条误差方程式，解出该点的地面坐标改正数，再加上其近似值即得待定点的地面坐标。

第七章
数字摄影测量

本章主要介绍数字摄影测量的基础知识和数字摄影测量的处理方法，并简要介绍数字摄影测量系统。

第一节　数字摄影测量概述

一、数字摄影测量的定义

数字摄影测量就是基于数字影像与摄影测量的基本原理，应用计算机和数字图像处理等技术，从影像中提取几何信息和物理信息。摄影测量的基本任务是从影像中提取几何信息和物理信息。传统的模拟摄影测量和解析摄影测量方法，都是人工作业完成信息获取。在模拟立体测图仪或解析测图仪上进行相对定向、绝对定向、测绘地物与地貌，都需要作业员在双眼立体观察的情况下完成。而数字摄影测量是利用影像相关技术来代替人眼的目视观测、自动识别同名点，实现几何信息的自动提取。目前，对于物理信息的自动提取，还处于研究阶段，在实际工作中，仍然沿用传统的目视判读方法。

数字摄影测量是基于数字影像与摄影测量的基本原理，应用计算机技术、数字影像处理、影像匹配、模式识别等多学科的理论与方法，提取所摄对象用数字方式表达的几何与物理信息的摄影测量学的分支学科。其在美国等国家被称为软拷贝摄影测量（Softcopy - Photogrammetry），中国著名摄影测量学者王之卓教授称其为全数字摄影测量（All digital Photogrammetry）。在数字摄影测量中，不仅其产品是数字的，而且其中间数据的记录以及处理的原始资料均是数字的，所处理的原始资料也是数字影像。

二、数字摄影测量的特色

1. 辐射信息

在解析摄影测量中，像片上像点的信息是二维的，即$(X, Y)^\mathrm{T}$，而在全数字摄影测量中。像片上一个像点向量变为三维，即$(X, Y, D)^\mathrm{T}$，其中D是该点的辐射量（像元的密度或灰度值），在数字摄影测量中一张像片的集合$\{D\}$就构成了数字影像。现在我们可以使用各种传感器准确、直接地获取数字图像；图像数字化仪还可用于数字化照片上的图像(透明的正片或负片)，以获得数字图像。直接用于数字摄影测量的原始资料是数字图像，因此，硬件系统只是一台计算机。

2. 数据量

一张长宽均为 23 cm 的影像数据量根据其扫描分辨率的大小确定，直接由传感器获得的遥感影像的数据量更大。

3. 速度与精度

数字摄影测量的速度和精度都远超人们的想象。例如，使用现有计算机，同名点对应的匹配速度一般可以达到 500~1000 点/s，使用全数字摄影测量自动立体量体 DEM 的速度可以达到 100~200 点/s 甚至更高，这是手动测量无法相比的。

4. 影像匹配

摄影测量中，对双像(立体像对)的同名像点的量测是提取物体三维信息的基础。在数字摄影测量的情况下，影像匹配代替传统的手动观测，来实现自动确定具有相同名称的图像点目的。本质上，应该在两个或多个图像之间识别具有相同名称的点。影像匹配的理论与实践是实现自动立体测量的关键，也是数字摄影测量的一个重要研究课题。

5. 影像解译

数字摄影测量综合利用数字影像的几何特征和物理特征，可以对居民地、道路和河流等形状规则的地面目标进行自动识别和提取，这在模拟、解析摄影测量中是无法完成的。

第二节　数字影像

一、光学影像与数字影像

传统的摄像机用光学影像记录景物的几何与物理信息，景物的辐射强度(亮度)在光学影像上反映为影像的黑白程度，称为影像的灰度或光学密度。在透明相片(正片或负片)上灰度变现为影像的透明程度，即透光的能力。设投射在透明相片上的光通量为 F_0，而透过透明相片后的光通量为 F，则透过率 T 与不透过率 O 分别定义为

$$\begin{cases} T = \dfrac{F}{F_0} \\ O = \dfrac{F_0}{F} \end{cases} \qquad (7-1)$$

因此，图像越暗，透射光的通量越低，不透过率越大。虽然透过率与不透过率都可以解释图像的黑白程度，但人眼对明暗度的感知是以对数关系变化的。为了适应人类的视觉，分析图像的表现时通常不直接用透过率或不透过率表示其黑白程度，而用不透过率的对数值表示，即

$$D = \lg O = \lg \dfrac{1}{T} \qquad (7-2)$$

D 即为影像的灰度值，当光线全部透过时，即透过率等于 1，其影像的灰度值等于 0；

当光通量仅透过 1/100，即不透过率是 100 时，其影像灰度是 2。实际上，航空负片的灰度一般在 0.3~1.8。

光学影像在像幅的几何空间和灰度空间上都是连续的。数字摄影测量系统处理的原始资料，一幅数字影像或数字化影像，它是一个灰度矩阵 g，即

$$\begin{bmatrix} g_{0,0} & g_{0,1} & \cdots & g_{0,n-1} \\ g_{1,0} & g_{1,1} & \cdots & g_{1,n-1} \\ \vdots & \vdots & \vdots & \vdots \\ g_{m-1,0} & g_{m-1,1} & \cdots & g_{m-1,n-1} \end{bmatrix} \tag{7-3}$$

矩阵中的每个元素对应于被摄物体或光学影像的一个微小区域，称为像元或像素（Pixel），它是数字影像的最小基本单元。各像素的值 $g_{i,j}$ 就是数字影像的灰度值，它反映了对应物体的辐射强度或光学影像的黑白程度。$g_{i,j}$ 一般是 0~255 的某个整数。矩阵的每一行对应于一个扫描行，像素的点位坐标用行列号表示，称为扫描坐标。通常以 Δx 与 Δy 表示沿 x，y 方向的采样间隔，一般取 $\Delta x = \Delta y = \Delta$，则灰度值 $g_{i,j}$ 所对应的像素点屏幕坐标 x，y 为

$$x = x_0 + i\Delta x \quad (i = 0, 1, \cdots, n-1)$$

$$y = y_0 + j\Delta y \quad (j = 0, 1, \cdots, m-1) \tag{7-4}$$

二、数字影像的获取

数字影像可以直接从空间飞行器中的扫描式传感器产生，也可以利用影像数字化器对摄取的像片通过影像数字化过程获得。将像片（正片或负片）放在影像数字化器上，像片上像点灰度值被用数字形式记录下来，此过程称为影像数字化。这里就会出现 2 个问题：

（1）透明像片上的像点是连续分布的，但在影像数字化过程中不可能将每一个连续的像点的灰度值全部记录下来，而只能每隔一个间隔（Δ）读一个点的灰度值，这一过程称为采样。Δ 称为采样间隔。采样是对影像几何空间（像平面）的离散化，取得像元点位。采样的数字图像是一个不连续的间隔序列。采样过程将导致图像的灰度误差。例如，两个相邻点的图像丢失就会造成图像的细节丢失。为了减少损失，采样间隔越小越好。但是，采样范围越小，数据量越大，计算工作量也越大，提高了对设备的要求。如何确定采样间隔应基于图像的精度和影响分解力的要求。此外，还应考虑存储设备的数据量和容量。

（2）采样后的每个像点的灰度值不是整数，不方便计算，为此，应将各点的灰度值取为整数，这一过程称为影像灰度的量化。具体化是对影像灰度空间的离散化，取得各像元的灰度值。具体方法是将照片中可能出现的最大灰度变化范围平均分割。等分的数量称为"灰度等级"，然后将每个点的灰度值利用四舍五入取整到相应的灰度范围内。计算机中数字均用二进制表示，因此灰度等级一般都取为 2^m（m 是正整数）。当 $m=1$ 时，灰度只有黑白两级，当 $m=8$ 时，则得 256 个灰度级，0 为黑，255 为白，每个像元素的灰度值占 8bit，即一个字节。

三、数字影像的内定向

数字摄影测量的主要任务是从数字影像中提取几何信息。前面提到的双像解析摄影测量中，常通过一系列数学关系来建立像点与地面点的坐标关系，如相对定向、绝对定向、共线条件方程等，这些关系式在数字摄影测量中也适用。像片扫描的数字化过程中，像片的扫描坐标系与像平面坐标系一般是不平行的，且坐标原点也不同，因此当要考虑数字影像上的像点与物点关系时，常需要进行2个坐标系的换算，这一过程称为数字影像的内定向，即求扫描坐标系与像平面坐标之间的关系。

对于由数字相机摄取的数字影像来说，内定向参数是个常数，经相机鉴定即可获得。一般认为同一像点的像平面坐标 x、y 与其扫描坐标 $\bar{x}$、$\bar{y}$ 存在仿射变换，即

$$\begin{cases} x = h_0 + h_1\bar{x} + h_2\bar{y} \\ y = k_0 + k_1\bar{x} + k_2\bar{y} \end{cases} \tag{7-5}$$

式中：h_0，h_1，h_2，k_0，k_1，k_2 称为内定向参数，其数值由像片上4个框标的扫描坐标及相应的像平面坐标(视为理论值)组成误差方程式，用平差方法求得。解求出内定向参数以后，就可以将像点的坐标在2个坐标系之间任意的转换。

内定向也可以用双线性公式或线性正形变换公式进行计算。双线性公式为

$$\begin{cases} x = a_0 + a_1\bar{x} + a_2\bar{y} + a_3\overline{xy} \\ y = b_0 + b_1\bar{x} + b_2\bar{y} + b_3\overline{xy} \end{cases} \tag{7-6}$$

正形变换公式为

$$\begin{cases} x = a_0 + a_1\bar{x} - a_2\bar{y} \\ y = b_0 + a_2\bar{x} - a_1\bar{y} \end{cases} \tag{7-7}$$

数字摄影测量系统中进行内定向通常有2种方法：人工内定向和自动内定向。人工内定向就是由作业员用目视方式识别和定位影像框标；自动内定向是由计算机根据框标点的特征自动识别和定位框标。自动内定向效率较高，但当影像质量不佳时难以保证内定向精度。内定向的成果包括：框标的像素坐标、内定向参数和内定向精度报告。

四、数字影像重采样

在数字影像内定向中存在一个问题：在求出内定向参数后，将像点的像平面坐标转换为扫描坐标时，像点在扫描坐标系中的位置很可能不落在数字影像化时采样点的位置。那么要获得该像点的灰度值，就要在原采样的基础上再一次采样，即重采样。若待定点不在原采样点位置，我们往往是利用待定点周围的像元的灰度值用一定的重采样方法求出待定点的灰度值。常用的重采样方法有双线性插值法、三次立方卷积法和最邻近像元法。

1. 双线性插值法

双线性插值法的卷积核为

$$W_{(x)} = 1 - |x|, \ 0 \leqslant |x| \leqslant 1 \tag{7-8}$$

这种重采样方法需要待重采样点 P 附近的 4 个原始影像灰度值参与计算。如图 7-1 所示，11、12、21、22 为相邻像元中心，像元间隔为 1 个单位，它们的灰度值分别为 I_{11}、I_{12}、I_{21}、I_{22}，P 为待重采样点位置。

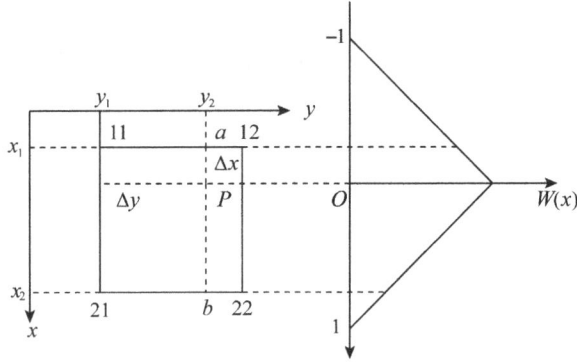

图 7-1 双线性内插值法

计算可沿 x 方向和 y 方向分别进行。先沿 y 方向分别对点 a、b 的灰度值进行重采样，再利用这两点沿 x 方向对 P 点重采样。在任一方向做重采样计算时，可使卷积核的零点与 P 点对齐，以读取各原始像元处的相应函数值。实际上，将上述运算过程经整理归纳后，2 个方向的计算可以合并成一个，直接计算出 4 个原始点对点 P 所做贡献的权值，以构成一个 2×2 的二维卷积核 W，把它与 4 个原始像元灰度值构成的 2×2 灰度矩阵 I 做哈达玛积运算得出一个新的矩阵，然后把这些新的矩阵元素累加，即可得到重采样点 P 的灰度值 I_p，有

$$I_p = \sum_{i=1}^{2} \sum_{j=1}^{2} I(i, j) W(i, j) = I_{11} W_{11} + I_{12} W_{12} + I_{21} W_{21} + I_{22} W_{22} \tag{7-9}$$

式中

$$I = \begin{bmatrix} I_{11} & I_{12} \\ I_{21} & I_{22} \end{bmatrix}$$

$$W = \begin{bmatrix} W_{11} & W_{12} \\ W_{21} & W_{22} \end{bmatrix}$$

$$W_{11} = W(x_1) W(y_1), \ W_{12} = W(x_1) W(y_2)$$

$$W_{21} = W(x_2) W(y_1), \ W_{22} = W(x_2) W(y_2)$$

式中：$I(i, j)$，$W(i, j)$ 分别为 2 个矩阵的哈达玛积，它的定义是这 2 个矩阵中各对应元素的乘积所构成的矩阵。

根据图 7-1 和式 (7-8) 有

$$W(x_1) = 1 - \Delta x, \ W(x_2) = \Delta x$$

$$W(y_1) = 1 - \Delta y, \ W(y_2) = \Delta y$$

$$\Delta x = x - \text{int}(x)$$

$$\Delta y = y - \text{int}(y)$$

代入式(7-9)得 P 点重采样灰度值 I_P 为

$$I_p = (1-\Delta x)(1-\Delta y)I_{11} + (1-\Delta x)\Delta yI_{12} + \Delta x(1-\Delta y)I_{21} + \Delta x\Delta yI_{22} \tag{7-10}$$

2. 三次立方卷积法

三次立方卷积法是以三次样条函数作为卷积核，其函数表达式为

$$\begin{cases} W_1(x) = 1-2x^2+|x|^2, & 0 \leqslant |x| \leqslant 1 \\ W_2(x) = 4-8|x|+5x^2-|x|^3, & 1 \leqslant |x| \leqslant 2 \\ W_3(x) = 0, & 2 \leqslant |x| \end{cases} \tag{7-11}$$

用式(7-11)作为权函数对任一点重采样时，需该点周围 16 个原始像元参加计算。与双线性插值法相同，重采样可沿 x 方向和 y 方向分别进行运算，如图 7-2 所示。

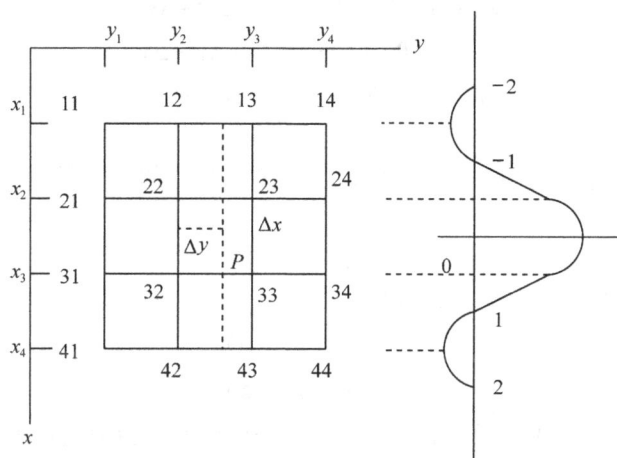

图 7-2 双三次卷积法

图中右侧表示式(7-11)的卷积核图形在沿 x 方向进行重采样时所在的位置。重采样也可以用 16 个临近像元灰度矩阵与对应权阵的哈达玛积来计算。此时重采样点 P 的灰度值 I_p 为

$$I_p = \sum_{i=1}^{4}\sum_{j=1}^{4}I(i,j)W(i,j) \tag{7-12}$$

式中

$$I = \begin{bmatrix} I_{11} & I_{12} & I_{13} & I_{14} \\ I_{21} & I_{21} & I_{23} & I_{24} \\ I_{31} & I_{32} & I_{33} & I_{34} \\ I_{41} & I_{42} & I_{43} & I_{44} \end{bmatrix}$$

$$W = \begin{bmatrix} W_{11} & W_{12} & W_{13} & W_{14} \\ W_{21} & W_{21} & W_{23} & W_{24} \\ W_{31} & W_{32} & W_{33} & W_{34} \\ W_{41} & W_{42} & W_{43} & W_{44} \end{bmatrix}$$

$$W_{11} = W(x_1)W(y_1) , \quad W_{12} = W(x_1)W(y_2)$$
$$\vdots$$
$$W_{ij} = W(x_i)W(y_i)$$

根据图 7-2 和式(7-11)有

$$W(x_1) = W(-1-\Delta x) = -\Delta x + 2\Delta x^2 - \Delta x^3$$
$$W(x_2) = W(-\Delta x) = 1 - 2\Delta x^2 + \Delta x^3$$
$$W(x_3) = W(1-\Delta x) = \Delta x + \Delta x^2 - \Delta x^3$$
$$W(x_4) = W(2-\Delta x) = -\Delta x^2 + \Delta x^3$$
$$W(y_1) = W(-1-\Delta y) = -\Delta y + 2\Delta y^2 - \Delta y^3$$
$$W(y_2) = W(-\Delta y) = 1 - 2\Delta y^2 + \Delta y^3$$
$$W(y_3) = W(1-\Delta y) = \Delta y + \Delta y^2 - \Delta y^3$$
$$W(y_4) = W(2-\Delta y) = -\Delta y^2 + \Delta y^3$$

3. 最邻近像元法

最邻近像元法是取离重采样点位置最近的像元(N)的灰度值作为重采样点的灰度值，即

$$I_P = I_N \tag{7-13}$$

式中：N 为最临近点。其影像坐标值为

$$\begin{cases} x_N = \text{int}(x+0.5) \\ y_N = \text{int}(y+0.5) \end{cases} \tag{7-14}$$

以上 3 种方法中，双线性插值法比较简单，采样精度也能满足要求，是实践中常用的方法；三次立方卷积法精度较高，但计算量大；最邻近像元法计算最简单，但几何精度较差，最大误差可达 0.5 个像素。

第三节　数字图像纠正

传统的地形图用线划符号表示地物地形，其缺点是信息量少，表现方式抽象难以辨认。航摄像片是中心投影，存在摄像片的倾斜和地面的起伏引起的像点位移，所以其信息更加丰富，图像直观，容易辨认。但是，拍摄像片的比例尺因拍摄站点的不同也会不一致。因而航摄像片不具备地形图的数学精度，不能作为地图产品来使用。若能将中心投影的航摄像片进行处理，消除像片倾斜引起的像点位移，消除或限制地形起伏引起的投影差，归化不同摄站所摄像片的比例尺，就可形成既有航摄影像的优点又有地形图的数学精度的正射影像，这一过程称为像片纠正。若在正射影像上添加必要的地图符号就成为一种新的地图产品——正射影像地图(DOM)。正射影像或正射影像地图由于信息丰富、形象直观、出图的迅速性和现势性强，广泛应用于地理信息系统、数字城市建设等领域。

一、像片纠正的基本思想

像片纠正的实质是要将像片的中心投影变换为成图比例尺的正射投影，实现这一变换

的关键是要建立像点与相应图点的对应关系。传统的像片纠正是在纠正仪上用投影变换方法实现的。图 7-3 表示了投影变换的情况。

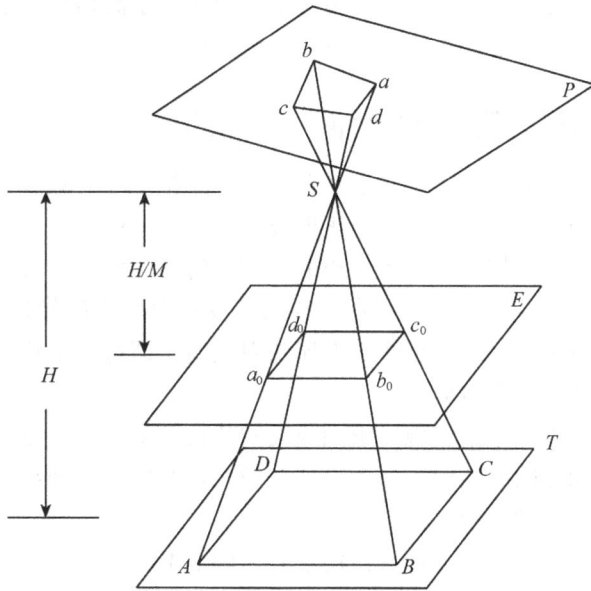

图 7-3　像片纠正的基本思想

S 为投影中心，T 为水平的地面，P 为负片面。水平地面上地物 A、B、C、D 在负片上的构像为 a、b、c、d。若恢复相片的内方位元素，同时保持相片摄影时的空间方位，建立起与摄影光线束相似的投影光线束，然后，利用一个投影距为 H/M 的水平面 E 与之相截，在 E 面上就得到影像 a_0、b_0、c_0、d_0，它与 P 面上的 a、b、c、d 互为透视关系。而 a_0、b_0、c_0、d_0 就是比例尺为 $1/M$ 的纠正图像。

在实际中，地面总是有起伏，比水平面高（或低）的点在纠正像片上都有投影差。该误差是中心投影和正投影方法的不同而产生的，通过将倾斜像片变换为纠正像片（水平像片）也无法消除。在测图规范中，规定了投影差不能超过 0.4 mm，如果在一张修正像片的工作面积内，任何像点的投影差都不超过 0.4 mm，则将这样的区域称为通常平坦地区。投影差超过上述数值较少的丘陵地区时，可以采用分带纠正法，即将像片按地面高程分为若干带，每一带的投影差都在限差范围内，每一带都按平坦地区进行像片纠正，再将各带的纠正影像拼接镶嵌起来，就取得整张纠正像片。对于起伏较大的丘陵地和山地，就难以用分带纠正法实现像片纠正，通常是在正射投影仪上采用正射投影技术进行像片纠正，即以一条缝隙（如 0.2 mm×1.0 mm）作为纠正的基本单元，根据倾斜的缝隙影像与对应的正射影像存在的共线条件关系纠正，制作正射影像。

但是，这些传统的光学纠正仪和正射投影仪在数学关系上受到很大的限制。只能处理一般的中心投影的航摄像片，不能处理以扫描或其他方式获取的非中心投影卫星影像，而且这些影像通常都是数字影像，不便使用这些光学纠正仪器。

在数字摄影测量系统中，以数字影像纠正技术制作正射影像是当前普遍采用的作业方法。数字纠正也称数字微分纠正，是以像素为纠正单元，通过数字影像变换完成像片纠正。数字影像纠正前，必须已知原始影像的内、外方位参数和对应地面的数字高程模型。纠正时首先要建立原始像素与对应正射影像之间的坐标关系，然后进行变换后影像灰度值的重采样，获得正射影像图上各点的灰度值。数字纠正属于高精度的逐点纠正，它除了可以处理常规的航摄像片外，还适用于处理以扫描或其他方式获取的非中心投影卫星影像。

二、中心投影影像的数字影像纠正（数字微分纠正）

根据已知的内方位参数、外方位元素和普通数字航拍照片的数字高程模型，依据一定的数学模型，通过控制求解，从原始非正射投影数字图像中获得正射影像。此过程旨在将图像转换为许多小区域，如一个像元大小的区域，将每个像元组成的区域当作一个小的平面，逐一对每个像元进行纠正。这种直接利用计算机对数字影像进行逐个像元的纠正，称为数字微分纠正。数字微分纠正在数学上属映射范畴。即每一个纠正后影像上的像点都有一个原始影像上的像点与之对应。

数字影像纠正的基本任务是实现二维图像之间的几何变换。在数字校正中，首先要建立原始图像和校正图像之间的几何关系。设任一像元在原始影像和纠正后影像中的坐标分别为(x, y)和(X, Y)，它们存在着映射关系为

$$x=f_x(X, Y), \quad y=f_y(X, Y) \tag{7-15}$$

或

$$X=\varphi_X(x, y), \quad Y=\varphi_Y(x, y) \tag{7-16}$$

式(7-15)是由纠正后的像点坐标(X, Y)出发反算该点在原始影像上的像点坐标(x, y)，这种方法称为间接法（或反解法）数字纠正。而式(7-16)则是由原始影像上像点坐标(x, y)解求纠正后影像上相应点坐标(X, Y)，这种方法称为直接法（或正解法）数字纠正。

1. 间接法数字影像纠正

首先，由摄区规则格网 DEM 得到正射影像的格网框架。根据地图比例尺的要求，确定操作范围内地面模型网格的间隔和值，并将地面模型缩小到地图比例尺的大小，以获得校正图像的网格，然后，只要对网格赋灰度值，就能完成纠正后的正射影像图了。

我们知道数字影像赋灰度，其实是要得到数字影像中每个像元中心点的灰度，即采样点的灰度。而正射影像格网中的像元中心点的灰度是由该点对应的原始航摄像片上的点的灰度得到的。正射影像可以看作是真实地面水平几何关系的一个真实反映，因此正射影像上每个像点的平面坐标（由 DEM 格网得来）反映的都是该点地面的真实平面坐标，再结合由 DEM 内插得到的该点高程 Z 后，我们就可以根据表示地面点和像点之间关系的共线方程求出该点所对应像点坐标了。

间接法数字影像纠正的过程如下：

(1)计算地面点坐标

设正射影像上任意像素中心 P 的坐标为(X', Y')，由正射影像左下角图廓点坐标(X_0, Y_0)与正射影像比例尺分母 M 计算 P 点对应的地面坐标(X, Y)，如图 7-4 所示。

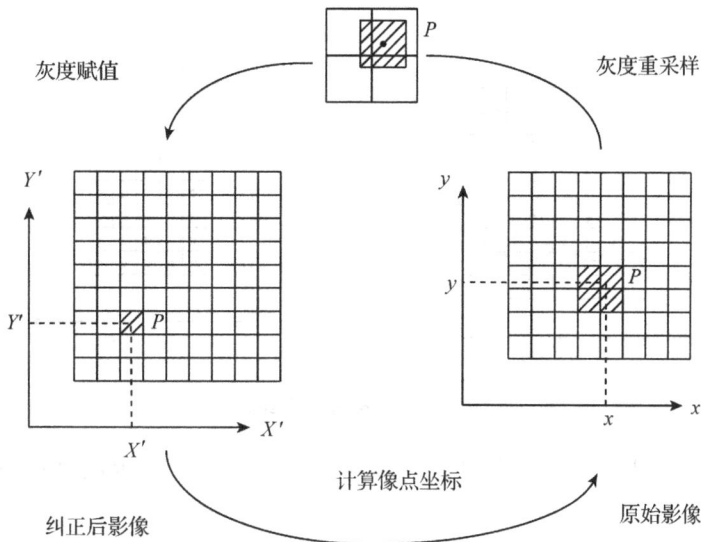

图 7-4 间接法数字纠正

（2）计算像点坐标

间接法数字纠正的基本公式是共线条件方程式

$$\begin{cases} x-x_0=-f\dfrac{a_1(X-X_S)+b_1(Y-Y_S)+c_1(Z-Z_S)}{a_3(X-X_S)+b_3(Y-Y_S)+c_3(Z-Z_S)} \\ y-y_0=-f\dfrac{a_2(X-X_S)+b_2(Y-Y_S)+c_2(Z-Z_S)}{a_3(X-X_S)+b_3(Y-Y_S)+c_3(Z-Z_S)} \end{cases} \tag{7-17}$$

根据正射影像某像素的地面坐标 (X, Y)，在已知的数字地面模型上内插出该点的高程 Z，再利用共线条件方程式计算出该点在对应原始影像的像点坐标 (x, y)。

（3）灰度重采样

算得的原始影像点坐标不一定正好落在像元中心，因此必须进行灰度重采样，一般采用双线性内插法，求得像点 P 的灰度值 $g(x, y)$。

（4）灰度赋值

最后将点 P 的灰度值 $g(x, y)$ 赋值给纠正后的像素 P，即

$$G(X, Y)=g(x, y)$$

依次对每个像元进行上述纠正步骤，即能得到纠正后的正射影像。

2. 直接法数字影像纠正

正解法数字影像纠正是从原始图像出发，将原始图像上逐个像元素用正解公式解求纠正后的像点坐标。这一方法首先也是根据规则格网 DEM 建立正射影像的格网框架。将原始航片上的像点几何投影到纠正影像上，并将原始航片上的像点灰度赋予纠正点上。但是这一方法存在着很大的缺陷，因为在纠正后的图像上所得到的纠正像点是非规则排列的，有的像元素内，可能出现空白（无像点），而有的像元素可能出现重复（多个像点），因此很难实现纠正影像的灰度内插并获得规则排列的数字影像。直接法数字影像纠正的原理如图 7-5 所示。

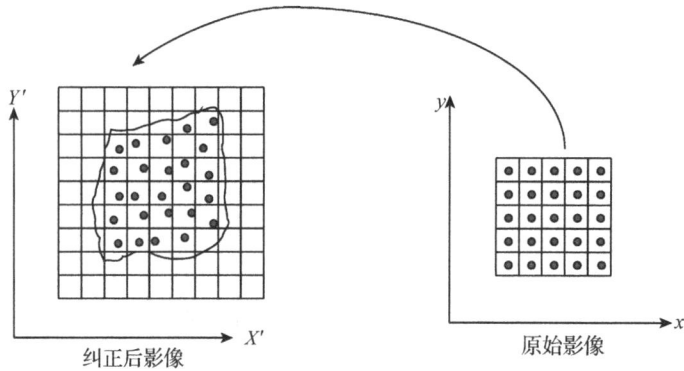

图 7-5　直接法数字纠正

在航空摄影情况下,从共线条件式出发,由原始图像正解求出其像点相应的纠正坐标。表达式为

$$\begin{cases} X = (Z-Z_S)\dfrac{a_1x+a_2y-a_3f}{c_1x+c_2y-c_3f}+X_S \\[3mm] Y = (Z-Z_S)\dfrac{b_1x+b_2y-b_3f}{c_1x+c_2y-c_3f}+Y_S \end{cases} \tag{7-18}$$

直接法数字影像纠正实际上是由二维影像坐标变换到三维空间坐标的迭代解算过程。利用上述直接法公式进行解算时,必须事先知道地面点高程 Z,但 Z 又是地面平面坐标(x, y)的函数,因此,由原始像点坐标(x, y)解算(X, Y),必须先假定近似高程 Z_0,第一次求得地面坐标(X_1, Y_1),再由数字高程模型内插出该点的高程 Z_1。重复上述步骤,直到达到精度。在校正图像上获得的像素点不是规则排列的,并且可能出现空白或重复像素,因此难以实现灰度内插并获得规则的正射影像。

由于直接解法的上述缺点,数字影像纠正一般采用间接方法。

第四节　数字影像匹配原理

一、数字影像相关原理

数字影像相关是通过计算机对数字影像进行数字计算,完成影像相关,并识别两幅(或多幅)图像同名的图像点。在计算图像(左片)时,通常首先取出具有待确定点的小区域中的影像信号,接着搜索该预定点的其他图像中对应区域的图像信号,计算两者的相关函数,将对应于相关函数的最大值的相关区域的中心设为同名点。即将影像信号的分布最相似的区域设为同名区域,同名区域的中心设为同名点,这是自动立体量测定的基本原理。

通常,对图像上同名点的搜索是二维搜索,即二维相关过程。但当相对定向完成时,可以使用同名的中间线将二维搜索转换为一维搜索,以大大提高操作速度。

1. 二维影像相关

二维影像相关时，需先在左影像上确定一个待定点（目标点），以此待定点为中心选取 $m \times n$（通常取 $m=n$）个像素的灰度阵列作为目标区，如图 7-6 所示。

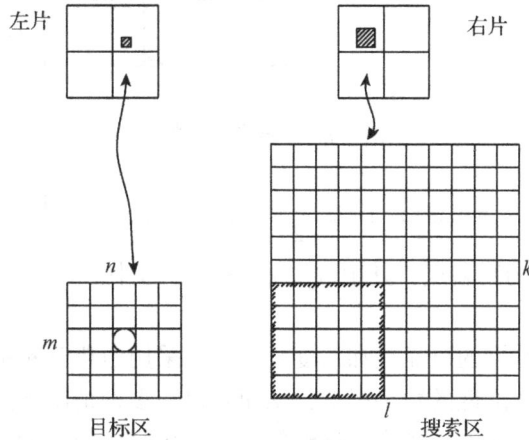

图 7-6　二维影像相关

为了在右影像上搜索同名点，必须估计出该同名点可能存在的范围，建立一个 $k \times l$（$k>m$，$l>n$）个像素的灰度阵列作为搜索区，依次在搜索区的不同位置取出 $m \times n$ 个像素灰度阵列作为搜索窗口，计算与目标区的相似性测度，则

$$\rho_{i,j}\left(i=i_0-\frac{l}{2}+\frac{n}{2}, \cdots, i_0+\frac{l}{2}-\frac{n}{2}; j=j_0-\frac{k}{2}+\frac{m}{2}, \cdots, j_0+\frac{k}{2}-\frac{m}{2}\right)$$

式中：(i_0, j_0) 为搜索区中心。

当 ρ 取最大值时，即当

$$\rho_{c,r}=\max\left\{\rho_{i,j}\left|\begin{array}{l}i=i_0-\frac{l}{2}+\frac{n}{2}, \cdots, i_0+\frac{l}{2}-\frac{n}{2}\\ j=j_0-\frac{k}{2}+\frac{m}{2}, \cdots, i_0+\frac{k}{2}-\frac{m}{2}\end{array}\right.\right\} \tag{7-19}$$

该搜索窗口的中心像素被认为是目标点的同名点。

2. 一维影像相关

一维影像相关也称核线相关。立体像对经相对定向后，建立了核线影像。由于同名像点必然在同名核线上，此时同名点只需在一个方向上搜索，只进行一维影像相关。理论上，目标区域和搜索区域都可以是一维窗口。但是，为了保证相关结果的可靠性和准确性，通常选用较多的像素参加计算。因此目标区应与二维影像相关时相同，取待定点为中心的 $m \times n$（通常取 $m=n$）个像素的灰度阵列作为目标区，如图 7-7 所示。

搜索区为 $m \times l$（$l>n$）个像素的灰度阵列，搜索只在一个方向进行，计算相似性测度，得

$$\rho_i\left(i=i_0-\frac{l}{2}+\frac{n}{2}, \cdots, i_0+\frac{l}{2}-\frac{n}{2}\right)$$

当 ρ 取最大值时，即当

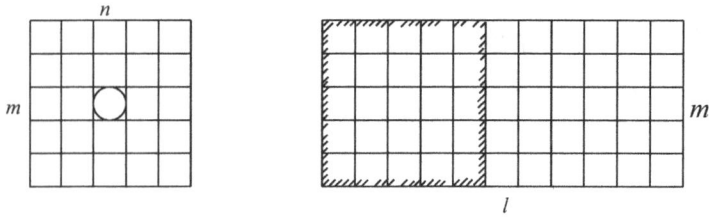

图 7-7   一维影像相关

$$\rho_c = \max\left\{\rho_i \,\middle|\, i = i_0 - \frac{l}{2} + \frac{n}{2}, \ \cdots, \ i_0 + \frac{l}{2} - \frac{n}{2}\right\} \tag{7-20}$$

(c, j_0) 即为目标点的同名点，其中 (i_0, j_0) 为搜索区中心。

3. 分频道影像相关

为了同时满足相关结果的可靠性和精度要求，应采用由粗到精的相关方式。即首先通过低通滤波，获得分辨率降低的数字影响，从而可以在多种情况下进行初始相关，并找到同名点的大致位置作为预测值；其次，逐渐使用较大分辨率的影响在逐渐缩小的搜索区域中进行关联；最后，利用原始分辨率影响进行相关，以获得最佳精度，这就是分频道影像相关的方法。

在分频道影像相关时，需要获得不同等级分辨率的数字影像。这些影像采用逐次低通滤波，通过增加采样间隔的方式以形成一个像元总数逐渐减少的影像序列，若将这些影像叠置起来，恰似一座金字塔，称为金字塔影像结构。

对于一维相关，分频道可采用两像元平均、三像元平均和四像元平均等方法。对于实际的二维影像相关，通过每 $2 \times 2 = 4$（或 $3 \times 3 = 9$）个像元平均为一个像元构成第二级影像，再在第二级影像基础上构成第三级影像，以此类推，构成金字塔影像（图 7-8）。

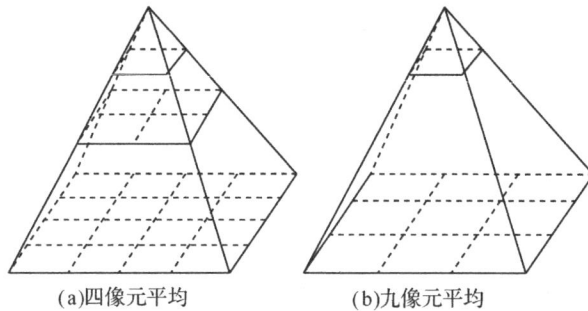

(a)四像元平均   (b)九像元平均

图 7-8   金字塔影像

4. 核线相关

由双像解析摄影测量知识可知，任一物点和摄影基线构成的核面与立体像对的左、右像片相交在一对同名核线上，该物点在像片上的同名像点必然位于同名核线上。这样利用核线的概念就能将沿着 z、y 两个方向搜索同名点的二维影像相关问题，简化为沿同名核线的一维影像相关问题，从而大大减少影像相关的计算工作量。但是在影像数字化过程中，像元是按矩阵形式规则排列的，扫描行不是核线方向。因此，要进行核线相关，必须先找到核线，建立核线影像。同名核线的确定常用两种方法，一种是基于数字影像的几何纠正；另一种是基于共面条件。

(1)基于数字影像几何纠正的核线关系

一般情况下，核线在倾斜像片上是相互不平行的，它们相交于核点，只有当像片平行于摄影基线时，像片与摄影基线相交在无穷远处，所有核线才相互平行，且平行于像片 x 轴，如图 7-9 所示。图 7-9(a)为通过摄影基线和某一构像光线构成的核面，P 为左方倾斜像片，P_t 代表平行于基线 B 的"水平"像片。设倾斜像片上的像点坐标为(x, y)，"水平"像片上对应像点坐标为(u, v)，则

$$\begin{cases} x = -f\dfrac{a_1u+b_1v-c_1f}{a_3u+b_3v-c_3f} \\ y = -f\dfrac{a_2u+b_2v-c_2f}{a_3u+b_3v-c_3f} \end{cases} \tag{7-21}$$

式中：a_i，b_i，c_i 9 个方向余弦是倾斜相片相对于摄影基线的方位元素的函数，由解析像对定向算得。

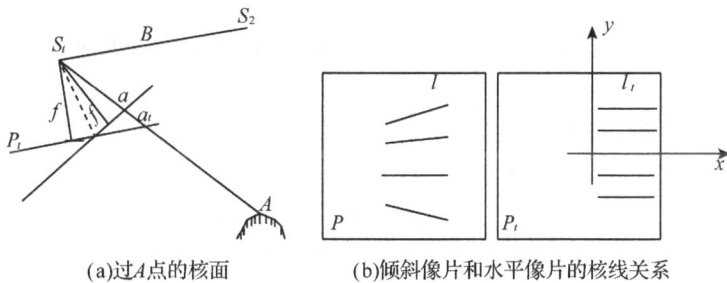

(a)过 A 点的核面　　　　(b)倾斜像片和水平像片的核线关系

图 7-9　基于数字影像的几何纠正的核线关系

显然在理想影像像对上，v 可视为常数，同时将属于外方位元素的项合并整理，得

$$\begin{cases} x = \dfrac{d_1u+d_2}{d_3u+1} \\ y = \dfrac{e_1u+e_2}{e_3u+1} \end{cases} \tag{7-22}$$

式中：$d_1 = -\dfrac{a_1f}{d}$；$d_2 = \dfrac{c_1f^2-b_1vf}{d}$；$d_3 = \dfrac{a_3}{d}$；$e_1 = -\dfrac{a_2f}{d}$；$e_2 = \dfrac{c_2f^2-b_2vf}{d}$；$e_3 = \dfrac{a_3}{d}$；$d = b_3v-c_3f$。

若在"水平"像片上以等间隔取一系列的点，其 u 值分别为

$$u = \Delta,\ 2\Delta,\ \cdots,\ k\Delta,\ (k+1)\Delta$$

代入式(7-22)即得一系列的像点坐标(x_1, y_1)，(x_2, y_2)，$\cdots$，这些点都在左方倾斜像片 P 的核线上。

(2)基于共面条件的核线几何关系

这个方法从核线的定义出发，直接在倾斜像片上获得同名核线。如图 7-10 所示，先在左片目标区选定一个像点 $a(x_a, y_a)$，再根据共面条件确定过 a 点的核线 l 和右片搜索

区内同名核线 l'。要确定核线 l，需要确定 l 上另一点 $b(x_b, y_b)$；要确定 l 的同名核线 l'，需要确定点 $a'(x'_a, y'_a)$ 和点 $b'(x'_b, y'_b)$，这里，点 a 和 a'、点 b 和 b' 不要求是同名点，只要在同一核线即可。

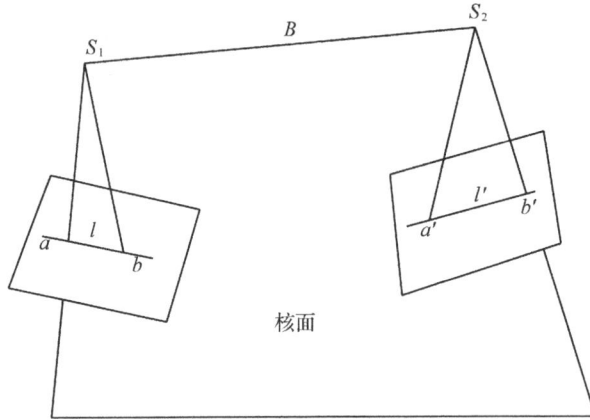

图 7-10　基于共面条件的核线关系

同一核线上的点均位于同一核面内，因此，基线 $\boldsymbol{B}$、$\boldsymbol{S_1a}$ 和 $\boldsymbol{S_1b}$ 满足共面条件，即

$$\boldsymbol{B}(\boldsymbol{S_1a \times S_1b}) = 0$$

若采用单独相对定向基线系统，可得

$$\begin{vmatrix} B & 0 & 0 \\ X_a & Y_a & Z_a \\ X_b & Y_b & Z_b \end{vmatrix} = B\begin{vmatrix} Y_a & Z_a \\ Y_b & Z_b \end{vmatrix} = 0 \tag{7-23}$$

式中：(X_a, Y_a, Z_a) 和 (X_b, Y_b, Z_b) 分别为像点 a 和 b 在以基线 X 轴的像空间辅助坐标系中的坐标。根据像点坐标变换公式可得

$$\begin{bmatrix} X \\ Y \\ Z \end{bmatrix}_{a,b} = \begin{bmatrix} a_1 & a_2 & a_3 \\ b_1 & b_2 & b_3 \\ c_1 & c_2 & c_3 \end{bmatrix}\begin{bmatrix} x \\ y \\ -f \end{bmatrix}_{a,b} \tag{7-24}$$

式中：a_i，b_i，c_i（$i = 1, 2, 3$）为由左像片单独像对相对定向元素构成的方向余弦；(x, y) 为左像片某核线 l 上像点 a 或 b 的像点坐标。

将式（7-23）展开得

$$\frac{Y_a}{Z_a} = \frac{Y_b}{Z_b}$$

而

$$Y_b = b_1x_b + b_2y_b - b_3f, \quad Z_b = c_1x_b + c_2y_b - c_3f$$

所以

$$\frac{Y_a}{Z_a} = \frac{b_1x_b + b_2y_b - b_3f}{c_1x_b + c_2y_b - c_3f}$$

整理后得

$$y_b = \frac{Y_a c_1 - Z_a b_1}{Z_a b_2 - Y_a c_2} x_b + \frac{Z_a b_3 - Y_a c_3}{Z_a b_2 - Y_a c_2} f \tag{7-25}$$

或写成

$$y_b = \frac{A}{B} x_b + \frac{C}{B} f \tag{7-26}$$

当给定 x_b，再由式(7-25)算得 y_b。确定 a，b 两点进而确定过 a 点的左核线 l。

同理，左像点 a 和右片同名核线 l' 上任一点 $a'(x'_a, y'_a)$ 也位于同一核面上，因此

$$B(S_1 a \times S_2 a') = 0$$

或写成

$$\begin{vmatrix} B & 0 & 0 \\ X_a & Y_a & Z_a \\ X'_{a'} & Y'_{a'} & Z'_{a'} \end{vmatrix} = B \begin{vmatrix} Y_a & Z_a \\ Y_b & Z_b \end{vmatrix} = 0$$

根据类似方法可得

$$y'_{a'} = \frac{Y_a c'_1 - Z_a b'_1}{Z_a b'_2 - Y_a c'_2} x'_{a'} + \frac{Z_a b'_3 - Y_a c'_3}{Z_a b'_2 - Y_a c'_2} f$$

式中：a'_i，b'_i，$c'_i (i=1, 2, 3)$ 为右像片单独像对相对定向元素构成的方向余弦。当给定 $x'_{a'}$，可由上式算得 $y'_{a'}$；再根据左像点 a 和右像片同名核线 l' 上另一点 b' 也位于同一核面的条件，算得 b' 点的像点坐标，这样就确定了右片的同名核线 l'。

二、影像相关的算法分类

1. 基于灰度的影像相关

常见的方法有：协方差法、相关系数法、高精度最小二乘相关等，以及以这些方法为基础加上各种约束条件构成的方法，如带核线约束的相关系数法、顾及共线条件的高精度最小二乘相关法、多点乃至多片最小二乘相关方法及同时采用几种相似性量度作为判据的多重信息、多重判据方法等。

2. 基于特征的影像相关

首先提取影像中的特征(点、线、面)，其次对提取的特征进行参数描述，最后以特征的参数值为依据进行同名特征的搜索，进而获得同名像点。

三、数字影像匹配基本算法

数字影像匹配就是在两幅(多幅)影像之间识别同名点，它是计算机视觉和数字摄影测量的核心问题。数字影像匹配有多种算法，它们都是根据一定的准则，比较左、右影像的相似性来确定同名影像块，从而确定相应的同名像点。

若影像匹配的目标窗口的灰度矩阵为 $G = (g_{i,j})$，$(i=1, 2, \cdots, m; j=1, 2, \cdots, n)$，$m$ 和 n 分别是矩阵 G 的行列数，通常 m 和 n 为奇数且 $m=n$。与 G 相应的灰度函数为 $g(x, y)$，$(x, y) \in D$。搜索区的灰度矩阵为 $G' = (g'_{i,j})$，$(i=1, 2, \cdots, k; j=1, 2, \cdots, l)$，$k$ 和 l 分别是矩阵 G' 的行列数，通常 k 和 l 为奇数。与 G' 相应的灰度函数为 $g'(x',$

y'），$(x',\ y') \in D'$。$\boldsymbol{G'}$中任意一个搜索窗口记为

$$\boldsymbol{G'}_{r,c}=(g'_{i+r,j+c}),\ (i=1,\ 2,\ \cdots,\ m;\ j=1,\ 2,\ \cdots,\ n)$$

$$r=\text{int}(m/2)+1,\ \cdots,\ k-\text{int}(m/2)$$

$$c=\text{int}(n/2)+1,\ \cdots,\ l-\text{int}(n/2)$$

1. 相关函数法

灰度函数$g(x,\ y)$与$g'(x',\ y')$的相关函数定义为

$$R(p,\ q) = \iint\limits_{(x,\ y)\,\in\,D} g(x,\ y)g'(x+p,\ y+q)\mathrm{d}x\mathrm{d}y \qquad (7\text{-}27)$$

若

$$R(p_0,\ q_0)>R(p,\ q)(p\neq p_0,\ q\neq q_0)$$

则p，p_0为搜索区影像相对于目标区影像的位移参数，即左右视差和上下视差值，也就确定了同名像点。

由于数字影像是离散的灰度数据，其相关函数用估计公式表示为

$$R(c,\ r) = \sum_{i=1}^{m}\sum_{j=1}^{n} g_{i,\,j}g'_{i+r,\,j+c} \qquad (7\text{-}28)$$

若

$$R(c_0,\ r_0)>R(c,\ r)(c\neq c_0,\ r\neq r_0)$$

则c_0，r_0为搜索区影像相对于目标区影像位移的行、列参数。

2. 协方差函数法

协方差函数是中心化的相关函数。函数$g(x,\ y)$与$g'(x',\ y')$的协方差函数定义为

$$C(p,\ q) = \iint\limits_{(x,\ y)\,\in\,D} \{g(x,\ y)-E[g(x,\ y)]\}\{g'(x+p,\ y+q)-E[g'(x+p,\ y+q)]\}\mathrm{d}x\mathrm{d}y$$

$$(7\text{-}29)$$

其中

$$E[g(x,\ y)] = \frac{1}{D}\iint\limits_{(x,\ y)\,\in\,D} g(x,\ y)\mathrm{d}x\mathrm{d}y$$

$$E[g'(x+p,\ y+q)] = \frac{1}{D}\iint\limits_{(x,\ y)\,\in\,D} g'(x+p,\ y+q)\mathrm{d}x\mathrm{d}y$$

若

$$c(p_0,\ q_0)>c(p,\ q)(p\neq p_0,\ q\neq q_0)$$

则p_0，q_0为搜索区影像相对于目标区影像的位移参数。

对于离散灰度数据，协方差函数的估计公式为

$$C(c,\ r) = \sum_{i=1}^{m}\sum_{j=1}^{n} (g_{i,\,j}-\overline{g})(g'_{i+r,\,j+c}-\overline{g}') \qquad (7\text{-}30)$$

其中

$$\overline{g} = \frac{1}{mn}\sum_{i=1}^{m}\sum_{j=1}^{n} g_{i,\,j},\ \ \overline{g}' = \frac{1}{mn}\sum_{i=1}^{m}\sum_{j=1}^{n} g'_{i+r,\,j+c}$$

若

$$c(c_0,\ r_0)>c(c,\ r)(c\neq c_0,\ r\neq r_0)$$

则 c_0，r_0 为搜索区影像相对于目标区影像位移的行、列参数。

3. 相关系数法

相关系数是标准化的协方差函数，协方差除以量信号的方差即为相关系数。函数 $g(x, y)$ 与 $g'(x', y')$ 的相关系数为

$$\rho(p, q) = \frac{C(p, q)}{\sqrt{C_{gg}C_{g'g'}(p, q)}} \tag{7-31}$$

其中

$$C_{gg} = \iint_{(x, y) \in D} \{g(x, y) - E[g(x, y)]\}^2 \mathrm{d}x\mathrm{d}y$$

$$C_{g'g'} = \iint_{(x+p, y+q) \in D} \{g'(x + p, y + q) - E[g'(x + p, y + q)]\}^2 \mathrm{d}x\mathrm{d}y$$

若

$$\rho(p_0, q_0) > \rho(p, q) \quad (p \neq p_0, q \neq q_0)$$

则 p_0，q_0 为搜索区影像相对于目标区影像的位移参数。

对于离散灰度数据，相关系数的估计公式为

$$\rho(c, r) = \frac{\sum_{i=1}^{m} \sum_{j=1}^{n} (g_{i, j} - \bar{g})(g'_{i+r, j+c} - \bar{g}')}{\sqrt{\sum_{i=1}^{m} \sum_{j=1}^{n} (g_{i, j} - \bar{g})^2 (g'_{i+r, j+c} - \bar{g}')^2}} \tag{7-32}$$

其中

$$\bar{g} = \frac{1}{mn} \sum_{i=1}^{m} \sum_{j=1}^{n} g_{i, j}, \quad \bar{g}' = \frac{1}{mn} \sum_{i=1}^{m} \sum_{j=1}^{n} g'_{i+r, j+c}$$

若

$$\rho(c_0, r_0) > \rho(c, r) \quad (c \neq c_0, r \neq r_0)$$

则 c_0，r_0 为搜索区影像相对于目标区影像位移的行、列参数。

4. 差平方和法

函数 $g(x, y)$ 与 $g'(x', y')$ 的差平方和为

$$S^2(p, q) = \iint_{(x, y) \in D} [g(x, y) - g'(x + p, y + q)]^2 \mathrm{d}x\mathrm{d}y \tag{7-33}$$

若

$$S^2(p_0, q_0) < S^2(p, q) \quad (p \neq p_0, q \neq q_0)$$

则 p_0，q_0 为搜索区影像相对于目标区影像的位移参数。

离散灰度数据差平方和的计算公式为

$$S^2(c, r) = \sum_{i=1}^{m} \sum_{j=1}^{n} (g_{i, j} - g'_{i+r, j+c})^2 \tag{7-34}$$

若

$$S^2(c_0, r_0) < S^2(c, r) \quad (c \neq c_0, r \neq r_0)$$

则 c_0，r_0 为搜索区影像相对于目标区影像位移的行、列参数。

5. 差绝对值和法

函数 $g(x, y)$ 与 $g'(x', y')$ 的差绝对值和为

$$S(p, q) = \iint\limits_{(x, y) \in D} |g(x, y) - g'(x + p, y + q)| \mathrm{d}x\mathrm{d}y \tag{7-35}$$

若

$$S(p_0, q_0) < S(p, q)(p \neq p_0, q \neq q_0)$$

则 p_0，q_0 为搜索区影像相对于目标区影像的位移参数。

离散灰度数据差绝对值和的计算公式为

$$S(c, r) = \sum_{i=1}^{m} \sum_{j=1}^{n} |g_{i, j} - g'_{i+r, j+c}| \tag{7-36}$$

若

$$S(c_0, r_0) < S(c, r)(c \neq c_0, r \neq r_0)$$

则 c_0，r_0 为搜索区影像相对于目标区影像位移的行、列参数。

四、最小二乘影像匹配

最小二乘影像匹配方法是由德国 Ackermann 教授提出的一种高精度的影像匹配方法，该方法根据 1/100 相关影像灰度差的平方和为最小的原理，进行平差计算，使影像匹配可以达到 1/10 甚至 1/100 相关影像素的高精度，即子像素等级。该方法不仅可以用于建立数字地面模型，生产和制作正射影像图，而且可以用于空中三角测量及工业摄影测量中的高精度量测。由于在最小二乘影像匹配中可以非常灵活地引入各种已知参数和条件（如共线方程等几何条件、已知的控制点坐标等），进行整体平差。它不仅可以解决"单点"的影像匹配问题，直接解求物方空间坐标，或同时解求待定点的坐标与影像的方位元素，而且可以解决"多点"影像匹配或"多片"影像匹配问题。此外，在最小二乘影像匹配系统中，可以很方便地引入"粗差检测"，从而大大地提高影像匹配的可靠性。最小二乘影像匹配方法具有灵活、可靠和高精度的特点，因此受到了广泛的重视，得到了很快的发展。当然这个系统也有某些缺点，如系统的收敛性等有待解决。

1. 最小二乘影像匹配原理

影像匹配中判断影像匹配的度量很多，其中一种是"灰度差的平方和最小"。若将灰度差记为余差 v，则上述判断可写为

$$\sum vv = \min$$

因此，它与最小二乘法的原则是一致的。但在一般情况下，它没有考虑影像灰度中存在的系统误差，仅认为影像灰度只存在偶然误差（随机噪声），即

$$n_1 + g_1(x, y) = n_2 + g_2(x, y) \tag{7-37}$$

式中：n_1、n_2 为左、右影像灰度 g_1、g_2 中存在的偶然误差。把上式写成一般的误差方程式形式为

$$v = g_1(x, y) - g_2(x, y) \tag{7-38}$$

这就是按 $\sum vv = \min$ 原则进行影像匹配的数字模型。若在此系统中引入系统变形的参

数，再根据最小二乘法原则，解求变形参数，就构成了最小二乘影像匹配系统。

影像灰度的系统变形有辐射畸变和几何畸变两大类，由此产生左右影像灰度分布之间的差异。产生辐射变形的原因有：照明及被摄影物体辐射面的方向、大气与摄影机物镜所产生的衰减、摄影处理条件的差异以及影像数字化过程中所产生的误差等。产生几何畸变的主要因素有：摄影机方位不同所产生的影像透视畸变、影像的各种畸变以及由地形坡度所产生的影像畸变等。在竖直航空摄影的情况下，地形高差的影响则是几何畸变的主要因素。因此，在陡峭的山区的影像匹配要比平坦地区的影像匹配困难。

在影像匹配中引入这些变形参数，同时按最小二乘的原则，解求这些参数，就是最小二乘影像匹配的基本思想。

（1）仅考虑辐射线性畸变的最小二乘影像匹配

假定灰度分布 g_2 相对于另一个灰度分布 g_1 存在着线性畸变，因此有

$$n_1 + g_1 = n_2 + h_0 + h_1 g_2 + g_2 \tag{7-39}$$

式中：h_0、h_1 为线性畸变参数；$h_0 + h_1 g_2$ 为线性畸变改正值。按上式可写出仅考虑辐射线性畸变的最小二乘影像匹配的数学模型为

$$v = h_0 + h_1 g_2 - (g_1 - g_2) \tag{7-40}$$

按 $\sum vv = \min$ 原则，可求得辐射线性畸变参数 h_0 和 h_1 为

$$\begin{cases} h_1 = \dfrac{\sum g_1 \sum g_2 - n \sum g_1 g_2}{\left(\sum g_2\right)^2 - n \sum g_2{}^2} - 1 \\[4mm] h_0 = \dfrac{1}{n}\left[\sum g_1 - \sum g_2 - \left(\sum g_2\right) h_1 \right] \end{cases} \tag{7-41}$$

假定对 g_1、g_2 已作过中心化处理，就有

$$\sum g_1 = 0, \quad \sum g_2 = 0, \quad h_0 = 0$$

则

$$h_1 = \frac{\sum g_1 g_2}{\sum g_2{}^2} - 1$$

因此，在消除了灰度分布 g_2 相对于另一个灰度分布 g_1 的线性辐射畸变后，考虑到式(7-38)，其残余的灰度差的平方和为

$$\sum vv = \sum \left(g_2 \frac{\sum g_1 g_2}{\sum g_2{}^2} - g_1 \right)^2$$

整理后得

$$\sum vv = \sum g_1{}^2 - \frac{\left(\sum g_1 g_2\right)^2}{\sum g_2{}^2} \tag{7-42}$$

由相关系数

$$\rho^2 = \frac{\left(\sum g_1 g_2\right)^2}{\sum g_1{}^2 \sum g_2{}^2}$$

可知相关系数与 $\sum vv$ 的关系为

$$\sum vv = \sum g_1{}^2 (1 - \rho^2)$$

或写成

$$\frac{\sum g_1{}^2}{\sum vv} = \frac{1}{(1 - \rho^2)} \tag{7-43}$$

式中：$\sum g_1{}^2$ 为信号的功率；$\sum vv = \min$ 为噪声的功率。它们的比值称为信噪比，即：

$$(SNR)^2 = \frac{\sum g_1{}^2}{\sum vv} \tag{7-44}$$

由此可得相关系数与信噪比的关系为

$$\rho = \sqrt{1 - \frac{1}{(SNR)^2}} \tag{7-45}$$

或写成

$$(SNR)^2 = \frac{1}{(1 - \rho^2)} \tag{7-46}$$

这是相关系数的另一种表达形式。由此式可知，以"相关系数最大"作为影像匹配搜索同名点的准则，其实质就是搜索"信噪比为最大"的灰度序列。

(2)仅考虑影像相对位移的一维最小二乘影像匹配

在上文算法中只考虑辐射畸变，没有引入集合变形参数。最小二乘影像匹配算法，可引入集合变形参数，直接结算影像移位，这是此算法的特点。

假设两个一维灰度函数 $g_1(x)$、$g_2(x)$，除随即噪声 $n_1(x)$、$n_2(x)$ 外，$g_2(x)$ 相对于 $g_1(x)$ 只存在零次几何变形——左右视差 Δx，则

$$n_1(x) + g_1(x) = n_2(x) + g_2(x + \Delta x)$$

或写成

$$v(x) = g_2(x + \Delta x) - g_1(x) \tag{7-47}$$

为解求相对位移量 Δx，对式(7-47)进行线性化得

$$v(x) = g'_2 \Delta x - [g_1(x) - g_2(x)]$$

对于离散的数字影像而言，灰度函数的导数 $g'_2(x)$ 常用一阶差分 $\dot{g}_2(x)$ 代替，即

$$\dot{g}_2(x) = \frac{g_2(x + \Delta x) - g_2(x - \Delta x)}{2\Delta} \tag{7-48}$$

式中：Δ 为采样间隔。因此，误差方程式可写为

$$v(x) = \dot{g}_2(x) \Delta x - \Delta g \tag{7-49}$$

根据最小二乘原理，求得影像的相对位移为

$$\Delta x = \frac{\sum \dot{g}_{2(x)} \Delta g}{\sum \dot{g}_{2(x)}} \tag{7-50}$$

最小二乘影像匹配是非线性系统，因此必须用迭代方法进行计算。

2. 单点最小二乘影像匹配

两个二维影像之间的几何变形，除了存在着前述的相对移位外，还存在着图形变化。如图 7-11 所示，左片为矩形影像窗口，而右片相应的影像窗口，则是个任意四边形。

只有充分考虑了影像的几何变形，才能获得最佳的影像匹配。影像匹配窗口的尺寸很小，因此一般只需考虑一次畸变，即

$$\begin{cases} x_2 = a_0 + a_1 x + a_2 y \\ y_2 = b_0 + b_1 x + b_2 y \end{cases}$$

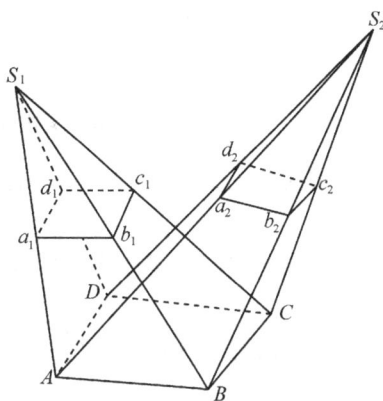

图 7-11　几何变形

有时只考虑仿射变形或一次正形变换，若同时考虑到右方影像相对于右方影像的线性灰度畸变，则可得

$$n_1(x, y) + g_1(x, y) = n_2(x, y) + h_0 + h_1 g_2(a_0 + a_1 x + a_2 y, b_0 + b_1 x + b_2 y)$$

上式经线性化后，可得最小二乘影像匹配的误差方程式为

$$v = c_1 dh_0 + c_2 dh_1 + c_3 da_0 + c_4 da_1 + c_5 da_2 + c_6 db_0 + c_7 db_1 + c_8 db_2 - \Delta g \tag{7-51}$$

式中：dh_0，dh_1，da_0，$\cdots$，db_2 为待定辐射和集合变形参数的改正数，它们的初始值分别为 $h_0 = a_0 = a_2 = b_0 = b_1 = 0$，$h_1 = a_1 = b_2 = 1$。

观测值 Δg 是相应像素的灰度差，误差方程式的系数为

$$\begin{cases} c_1 = 1 \\ c_2 = g_2 \\ c_3 = \dfrac{\partial g_2}{\partial x_2}\dfrac{\partial x_2}{\partial a_0} = (\dot{g}_2)_x = \dot{g}_x \\ c_4 = \dfrac{\partial g_2}{\partial x_2}\dfrac{\partial x_2}{\partial a_1} = x\dot{g}_x \\ c_5 = \dfrac{\partial g_2}{\partial x_2}\dfrac{\partial x_2}{\partial a_2} = y\dot{g}_x \\ c_6 = \dfrac{\partial g_2}{\partial y_2}\dfrac{\partial y_2}{\partial b_0} = \dot{g}_y \\ c_7 = \dfrac{\partial g_2}{\partial y_2}\dfrac{\partial y_2}{\partial b_1} = x\dot{g}_y \\ c_8 = \dfrac{\partial g_2}{\partial y_2}\dfrac{\partial y_2}{\partial b_2} = y\dot{g}_y \end{cases} \tag{7-52}$$

数字影像是规则排列的离散的灰度矩阵，且采样间隔为常数，因此可看作是单位长度，故式(7-52)中的偏导数可用差分代替，即

$$\dot{g}_x = g_I(i,\ j) = \frac{1}{2}\left[g_2(i+1,\ j) - g_2(i-1,\ j) \right]$$

$$\dot{g}_y = g_J(i,\ j) = \frac{1}{2}\left[g_2(i,\ j+1) - g_2(i,\ j-1) \right]$$

按式(7-51)逐个像元在目标区内建立误差方程式，其矩阵形式为

$$V = CX - L \qquad\qquad (7-53)$$

由误差方程式建立法方程式为

$$(C^{\mathrm{T}}C)X = C^{\mathrm{T}}L \qquad\qquad (7-54)$$

上述解算必须迭代进行。

第五节　数字摄影测量系统简介

数字摄影测量系统的任务是根据数字影像或数字化影像完成摄影测量作业。原则上，数字摄影测量系统是对影像进行自动量测与识别的系统。目前，数字摄影测量技术仍处于发展时期，对影像物理信息的自动提取与自动识别方面的研究还很肤浅，无法满足生产实践的需要。即使是对影像几何信息的自动提取与自动量测，也还存在很多有待研究与解决的问题。因此，在现阶段，只可能是人工与计算机自动化两种手段并用来处理。

当前数字摄影测量技术发展迅速，数字摄影测量系统品种繁多，国际上著名的产品有Leica 公司的 Leica Photogrammetry Suite（LPS）、BAE systems 公司的 Socet Set、Inter-graph 公司的 ImageStation、OrthoBASE 系统等。我国测绘部门、高校和科研院所使用较多的国产软件有武汉适普公司的 VirtuoZo 和北京四维公司的 JX-4 等。

一、数字摄影测量系统的主要产品

数字摄影测量系统的主要产品包括：
①摄影测量加密坐标和定向参数。
②数字高程模型 DEM 或数字表面模型 DSM。
③数字线划图。
④数字正射影像。
⑤透视图、景观图。
⑥可视化立体模型。
⑦各种工程设计所需的三维信息。
⑧各种信息系统、数据库所需的空间信息。

二、数字摄影测量系统的主要功能

数字摄影测量系统主要有以下功能：
①数据输入、输出　多种格式的影像数据、等高线矢量数据和 DEM 数据的输入与输出。

②影像处理　包括影像增强和几何变换等基本的处理功能。

③数字空中三角测量　人工或全自动内定向、选点、相对定向、转点，半自动量测地面控制点，航带法区域网平差和光束法区域网平差，自动整理成果，建立各模型的参数文件。

④定向建模　框标的自动识别与定位。利用相机检校参数，计算扫描坐标系与像片坐标系之间的变换参数，自动进行内定向。提取影像中的特征点，利用二维相关寻找同名点，计算相对定向参数，自动进行相对定向。采用人工方式在左(右)影像上定位控制点点位，采用影像匹配技术确定同名点，计算绝对定向参数，完成绝对定向。

⑤构成核线影像　将原始影像中用户选定的区域，按同名核线重新采样，形成按核线方向排列的立体影像。

⑥影像匹配　在核线影像上进行一维影像匹配，确定同名点，对匹配结果进行交互式编辑。

⑦建立 DEM　由密集的影像匹配结果与定向元素计算同名点的地面坐标，内插生成不规则的数字地面模型 TIN　再进行插值计算，建立精确的矩形格网的数字高程模型 DEM。

⑧制作正射影像　基于矩形格网的 DEM 与数字纠正原理，自动生成正射影像 DOM。

⑨自动生成等高线　由 DEM 自动生成等高线图。

⑩正射影像和等高线叠合　正射影像和等高线生成后，将等高线叠合到正射影像上，获得带有等高线的正射影像图。

⑪数字测图　基于数字影像的机助量测、矢量编辑、符号化表达与注记。

⑫DEM 拼接与正射影像镶嵌　对多个立体模型进行 DEM 拼接。对正射影像、等高线或等高线叠合正射影像进行镶嵌。

⑬制作透视图和景观图　根据透视变换原理与 DEM 制作透视图，将正射影像叠加到 DEM 透视图上制作景观图。

三、数字摄影测量系统工作流程

数字摄影测量系统的工作流程如图 7-12 所示。

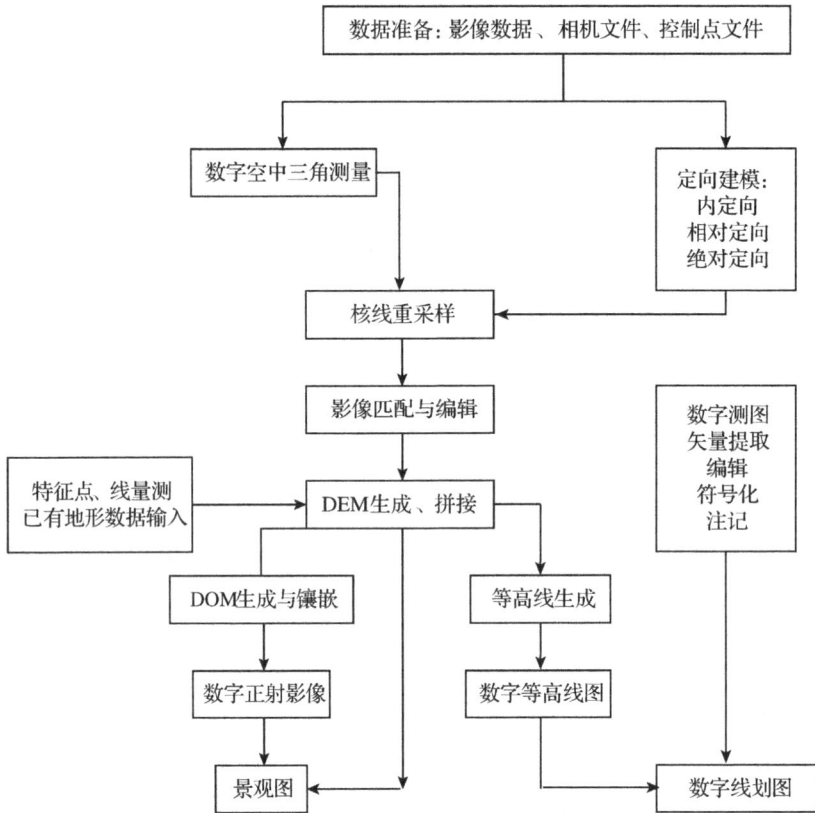

图 7-12 数字摄影测量系统的工作流程

第八章
摄影测量外业工作

众所周知，摄影测量是地形图测绘和更新的最有效也是最主要的手段，利用像片绘制地形图也是摄影测量的重要应用。与平板仪测绘地形图相比较，摄影测量的主要优点为：作业速度快、效率高；作业范围大、成本低；成图质量好、地貌表示逼真；工作自动化程度高、外业劳动强度低；成果现势性好。

利用摄影测量方法绘制地形图大体可分为 3 个阶段：摄影、摄影测量外业和内业。摄影就是利用摄影机，按照预定计划对测区地面进行摄影，获取测区影像信息；摄影测量外业是在野外实地进行像片控制测量和像片的调绘、补测工作；摄影测量内业是依据所摄像片和外业成果，利用室内仪器绘制地形图等。本章主要介绍摄影测量外业工作内容。

第一节　像片控制测量

摄影测量绘制地形图的方法有多种，但无论采用哪种成图方法，均需一定数量的像片控制点（简称像控点），将摄影测量成果与地面坐标系联系起来。

像片控制测量的工作过程包括：像控点野外控制测量技术计划的拟定、像控点的选定、像控点的野外判读刺点和整饰、像控点的外业观测和成果计算、手簿及成果检查整理等。

拟定像控点野外控制测量技术计划主要就是根据成图要求及整个摄区的地形情况，在现有资料基础上拟定测图所需的像控点数量、分布及施测方法。为了保证内业成图及像控点的量测精度，像控点必须布设在影像位置可明确辨认的目标点上。拟定的计划还需到实地进行核实对照，再查明现有的三角点、水准点的保存状况，现场观察像控点通视状况和交会图形后（像控点应能满足地形测量通视良好、交会图形理想等要求），最终确定像控点的位置和施测方法。像控点选定后，还需在现场准确刺出像片上像控点的位置，并在像片背后对像控点位置进行必要的整饰注记。像控点的地面坐标可根据施测方案在野外测定。

一、像片控制点的分类

野外控制点是航测内业加密控制点和测图的依据，主要分为平面控制点（简称平面点）、高程控制点（简称高程点）和平高控制点（简称平高点）。平面点仅测定该点的平面坐标；高程点仅测定该点的高程；平高点则同时测定该点的平面坐标及高程。

二、像控点的选择

1. 像控点像片位置要求

像控点都要求选在明显地物点上,即其在实地的位置和在航摄像片上的影像位置都可以准确辨认,这样易于判刺和立体量测。当目标与其影像条件发生矛盾时,应着重考虑目标条件。根据中心投影构像透视规律,像片边缘点的像点位移量比中心部分像点的大,且底片边缘伸缩变形也较大,因此,为了提高外业判读刺点和内业点位量测精度,所选像控点的位置距像片边缘不得小于 1 cm(18 cm×18 cm 像幅)或 1.5 cm(23 cm×23 cm 像幅)。另外,为了提高内业立体观察的效果,像片上像控点距离各类标志线(如压平线、摄影框标标志、摄影编号、气泡影像等)应大于 1 mm。像控点应布设在旁向重叠中线附近,离方位线的距离应大于 3 cm(18 cm×18 cm 像幅)或 4.5 cm(23 cm×23 cm 像幅)。当旁向重叠过大时,离方位线的距离不得小于 2 cm(18 cm×18 cm 像幅)或 3 cm(23 cm×23 cm 像幅)。若按图廓线划分测区范围,位于自由图边、待成图边以及其他方法成图的图边像控点,应一律布设在图廓线外,确保满幅。

2. 布设控制点的条件

① 航线首末端上下两控制点尽量布设在位于离开通过像主点且垂直于方位线的直线上,困难时互相偏离不大于半条基线。在空三作业区域中间布设检查点,使得检查点布设在高程精度和平面精度最弱处。

②像控点应选刺在航向及旁向六片(或五片)重叠范围内,使布设的控制点能尽量公用。

③像控点的选刺要首先进行目标范围的大致圈定,外业实地优选目标位置标刺。在实地根据相关地物认真寻找影像同名地物点,经确认无误后,再在像片上相应位置刺出点位。刺点误差和刺孔直径均不得大于 0.1 mm。

④像控点尽量布设在旁向重叠的中线附近。旁向重叠过小,相邻航线像控点不能公用时,应分别布点。当旁向重叠过大使相邻航线的点不能公用时,也应分别布点。

⑤当像控点为平高点时,实地选点要选择影像清晰的明显地物点,如接近线状地物的交点,地物拐角点等实地辨认误差小于图上 0.1 mm 的地物点;当像控点为高程点时,要优选局部高程变化不大的地物目标点;不可在弧形地物及高程变化较大的斜坡处选刺像控点。

⑥像控点整饰时,要在影像上对应的控制点点位标注点名或点号,并在像片的背面或专用笔记本上记录关于刺点位置的详细说明,说明要确切,点位图、说明和刺点位置必须一致。

3. 像控点的布设方案

像控点的布设方案有全野外布点和稀疏布点。全野外布点由于外业工作量较大,只能在小范围且地形简单地区进行,它是模拟摄影测量阶段的主要布点方案。随着摄影测量理论以及影像处理技术的不断发展与提高,目前摄影测量中像控点布设方案一般采用稀疏布点方案,大大减少了外业工作量。稀疏布点一般按航线网布点或区域网布点。

（1）航线网布点

以一条航线为单位布设像控点的方案。有下列几种情况。

①六点法 即正规布点法，布点时按航线分段，每条航线段首尾两端和中间各布设一对平高控制点，一共是 3 对平高控制点，如图 8-1 所示。这种布设方法高程加密精度最高，但外业工作量较大，适用于地形复杂地区，如山地、高山等地的测图工作。

②五点法 在航线首末端各布设一对平高点，而在航线中央只布设一个平高点，位置可布设在像片的上方或下方，如图 8-2 所示。这种布设方法适用于丘陵地区的测图工作。

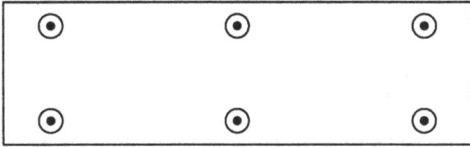

图 8-1 六点法布设示意   图 8-2 五点法布设示意

③三点法 也称"品"字形布点法，即在每条航线首末两端和中间按"品"字形布设 3 个平面控制点，如图 8-3 所示。此时，高程采用稀疏布点方案，仍按六点法布设。

航线网六点法布点是普遍采用的基本布点方案。五点法通常只作为航线网的辅助布点方案。"品"字形布点通常应用在小比例尺航测成图中。

（2）区域网布点

区域网布点是以几条航线或一个区域为单位布设像控点的方案。区域网通常由长方形或正方形组成。像控点应沿区域网四周按一定跨距布设平高控制点。考虑到高程点跨距要小于平面点，可以在区域内部再布设一排或几排高程点以满足高程跨距的要求（图 8-4）。

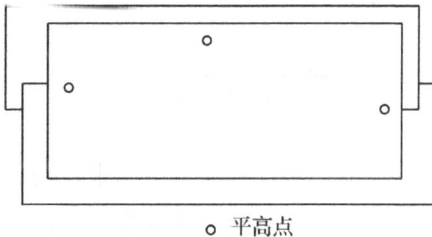

○ 平高点   ⊙ 平高点   ✕ 高程点

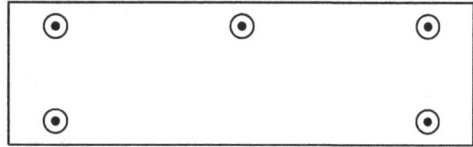

图 8-3 三点法布设示意   图 8-4 区域网布点示意

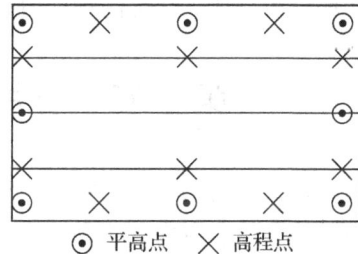

总之，一个具体测图区域选用布点方案时，应根据成图比例尺、摄影比例尺、像幅大小、地形条件、内业仪器设备、技术力量、经济条件等多种因素综合考虑。

三、像控点位置的标定

选定的像控点，以及测区范围内的国家等级三角点和水准点、高级地形控制点，应在像片上具体标示出其位置，通常采用刺点法。用细直而尖硬的刺针在像控点点位影像最清晰的控制像片上刺一小孔，小孔中心表示为该像控点在像片上的精确位置。小孔直径不得超过 0.1 mm。并且要刺穿，不允许有双孔出现，否则应换片重刺。平面控制点和平高控制点的刺孔偏离误差不得大于 0.1 mm。为了保证刺出的点位准确无误，通常一人在实地

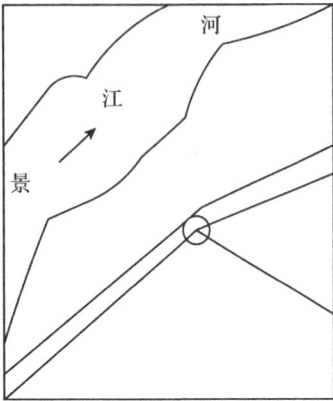

○ P5

刺在道路交叉口

刺点者：×× 2004 .10.13

检查者：×× 2004 .10.14

图 8-5　像控点反面整饰

刺点后，另一人在实地检查核对，或者由两人在现场对刺。

　　刺出的点还需在像片的正、反面进行整饰(图 8-5)。在像片正面各像点符号右侧用分式注记说明，分子为点名或点号，分母为高程值。对于平面点，因其无高程，可在分母处再加一条横线加以区别。高程注记以米为单位。在像片背面各点相应位置实地绘制像控点点位略图，标注点名、点号及对刺点位置作简要说明，刺点者、检查者均应签名并注上日期。

四、像控点的测量

　　像控点坐标可采用地形测量中的平面控制和高程控制的所有测量方法测定。像控点平面坐标通常采用光电测距附合导线、支导线、锁网形、交会法、引点法及全球定位系统(GPS)等方法测定。锁网形可以起始于两点，闭合于两点或一点，或起始于一点，闭合于另一点(线形锁)；交会法通常采用前方交会、侧方交会、后方交会和单三角形；引点法就是当某一待定像控点因通视条件所限不能采用交会法直接求出点位时，采用此像控点附近通视良好的另一已知像控点作为过渡点(即作为本点)，利用极坐标法测定待定像控点的平面坐标和高程，这个被测定的像控点即为引点。

　　高程控制点和平高控制点的高程值通常根据地形条件采用水准测量、光电测距高程导线、三角高程导线、独立交会高程和引点高程等方法测定。

第二节　像片判读、调绘与补测

　　像片判读是根据地物的光谱特性、空间特征、时间特征和成像规律来识别出地物的过程，可分为野外判读、室内判读和综合判读。像片调绘就是在对像片进行判读调查的基础上，按照用图的要求对影像内容进行综合取舍，并将其结果按照规定的图式符号和注记描绘在像片上。对像片上无影像而实际存在的地物、影像模糊的地物、被影像或阴影遮盖的地物，应进行补调或补测。经过实地调查后，用规定符号绘出必要的地物、地貌并注记有关名称，表达测区地面地理要素的像片，即为调绘片。调绘片是摄影测量内业绘制地形图、建立地物和地貌、标定注记内容的依据和来源。

　　像片调绘方法有全野外调绘法和综合判调法。全野外调绘法的主要作业均在野外实地进行：持像片到现场，根据影像与实地比较、对照和调查，将地形图图式规定要表示的地物、地貌要素描绘在像片上，并加上注记内容这种方法取得的成果准确可靠，但其劳动强度大，工作效率低。综合判调法是室内判绘和野外补调相结合的调绘方法：先在室内采用影像识别、立体观察等方法判读，清绘出影像的地理要素，然后到实地进行检查，并且对室内判绘中有疑问或无法判绘的内容进行核实和补调，再到室内修改和补充清绘。在摄影测量的地形判读中，中、小比例尺测图一般都是采用全野外调绘法，而在大比例尺测图中则采用综合判调法。

一、像片判读标志

像片判读标志是指在像片上能够反映和表示目标地物信息的各种特征，这些特征能帮助判读者识别影像上的地物或地貌，获取地面信息。判读标志分为直接判读标志和间接判读标志。

1. 直接判读标志

直接判读标志是指能够直接反映和表示目标地物信息的各种特征。对这些特征，人们的感官可以直接觉察，它包括像片上地物的大小、形状、色调和色彩、阴影、纹理、图案等。

（1）大小

图像上地物影像尺寸反映了物体的大小。地物影像的大小主要取决于像片比例尺。若像片比例尺已知，可通过目估比较法大致确定地物的实地大小和距离。另外，地物影像的大小还受地形起伏、地物与背景的反差等因素影响。例如，由地形起伏造成像片比例尺不是处处一致，使实地同样大小的地物因所处航高不同而具有不同的影像尺寸。

（2）形状

地球表面物体的外貌轮廓都可以用一定的几何形状来描述。不同的物体有不同的几何形状。在判读时，可利用各种地物在影像所呈现出的不同几何形状，进行识别和辨认。如道路、河流、水渠往往是线状的，而居民地、湖泊、山地、水库往往具有不规则的外形和边界。另外，像片反映地物形状的细致程度与像片比例尺有关。像片比例尺越大，反映地物形状特征越细致；随像片比例尺的缩小，微小、破碎的形状逐渐难以区分甚至消失。

（3）色调和色彩

航空像片分为黑白像片和彩色像片。色调指的是黑白影像上不同程度的明暗；色彩指的是在彩色影像上千变万化的颜色差异。不同地物反射太阳辐射各波长光的强弱不同，因此在影像上会呈现不同的色调和颜色，所以可根据影像的色调和色彩来区分不同地物。地物在黑白图像上表现出的不同灰度层次叫色调特征。人眼能分辨的灰阶（色调）差异，大致可分为 10 级：白、灰白、淡灰、浅灰、灰、暗灰、深灰、淡黑、浅黑和黑。地物在彩色图像上反映出的不同颜色叫色彩判读特征。与人眼灰阶分辨能力相比，人眼具有较高的色彩区分能力，一般能分辨 100 多种色彩。像片上地物的色调和色彩不仅仅与地物本身的亮度、颜色有关，还与摄影季节、摄影时间、摄影材料、像纸质量等因素有关。

（4）阴影

阴影是指由于地物目标各部分所受到的光照度不同，在像片上表现出的色调（灰阶）差别。按照阴影的性质，又可分为本影和落影。本影是指所摄地物本身未被阳光直接照射到的部分在像片上形成的影像，有助于获得地物的立体感，这对于地质、地貌判读很有用；落影是地物目标在阳光的照射下，投射在地面上的阴影在像片上形成的影像，可帮助量度地物目标的高度，体现物体的真实形状。

(5) 纹理

纹理是指地物内部色调上有规则变化造成的影像结构。这些影像结构通过色调或颜色变化表现为细纹或细小图案，以一定规律重复出现。这些物体往往太小，单独识别是看不出来的，但组合成一定面积后，就给判读提供了有用的标志。

(6) 图案

同类物体往往以一定的排列和组合形成了一定的图案特征标志。它是一个综合解译标志，是由形状、大小、色调、阴影、纹理等影像特征组合而成。人工建筑地物往往具有某种特殊的图形，如学校是由教学楼、操场和跑道等构成。

2. 间接判读标志

间接判读标志是指能够间接反映和表现目标地物信息的各种影像特征，借助它可推断与其地物属性相关的现象，即根据已判读出来的自然现象而推断另一种现象的存在。例如，根据地形特征点判断树种的分布，根据树种分布的地点判断地势的高低等。间接判读标志有地物相关(布局)、植被标志、地貌形态、水系格局、季相标志等。

(1) 地被相关(布局)

每一事物的存在和发展总是与周围其他事物互相联系和互相影响，而不是孤立存在的，因此研究物体间的相互关系有助于识别影像地物。如河中停泊的船只，船尾指向下游；河流支流汇入主流处，如呈锐角相交，锐角所指的方向为下游等。

(2) 植被标志

植物生长的位置、种类和形态也是像片判读中可以利用的间接标志。各个地区的气候、土壤等地理环境决定了该地区所生存的植物的种类。

(3) 季相标志

大自然的景象色调随季节而变化，因此，反映在像片上各种植物都会随生长季节的不同而呈现出不同的影像。如城市园林绿地，一年四季的季相可完全不同。

当然所有判读标志都不能孤立地看待，即不能凭一种判读标志就确定地物目标的性质，而是多种判读标志综合考虑，这样判读的准确性就会大大提高。

二、像片调绘方法

1. 像片调绘前的准备工作

像片调绘前的准备工作包括测区作业像片的选定与检查、像片编号、调绘像片与工作地图的选定、调绘面积线的划定和拟定野外调绘路线。

测区作业应选择影像清晰、反差适中且像片比例尺大于成图比例尺的像片。作业像片选定后应进行编号。一般以图幅为单位，按照从上到下、从左到右的顺序分别对航线和像片编号。像片编号由两位数字组成，中间用横线隔开，横线前面的数字表示该像片所处的航线号，横线后面的数字表示该像片在所处航线中的片号。调绘片一般隔片选取。同时收集测区内已出版的比较齐全且具有良好现势性的工作底图(地形图或影像平面图)作为参考资料。对照工作底图，划出调绘面积，标出每张调绘像片所在图幅号、航线号、像片编号以及邻片接边片号。为了便于调绘像片的着墨和整饰，其表面需仔细擦拭，去掉像片光泽，增大吸附墨水的能力。

调绘像片上用调绘面积线确定调绘面积。在相邻调绘片上辨认并用蓝墨水笔绘出位于航向或旁向重叠中线附近的像幅四角同名点，并将 4 个点用线条连接，形成调绘面积线。调绘面积线东、南边用直线，西、北边用曲线。平坦地区的调绘面积线可画成直线与折线，丘陵、山区一般右、下调绘面积线用直线，左、上调绘面积线用曲线。

调绘面积一般在具有 20% 的重叠像片上划出，并注意不要使相邻的航片产生重叠或漏洞。调绘面积线离开控制点连线的距离不得大于 1 cm。此外，调绘面积线要偏离像片边缘 1 cm 以上，避免与线状地物重合或分割居民地，应使图上居民点和复杂地物落在同一张调绘像片内。图 8-6 为调绘面积线分割居民地的现象。

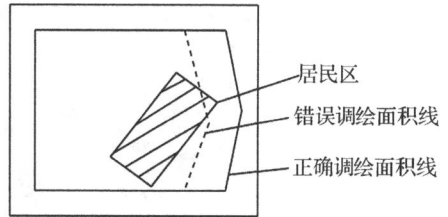

居民区

错误调绘面积线

正确调绘面积线

图 8-6 调绘面积线分割居民地

每张像片的调绘面积线确定后，即可拟定野外调绘路线。野外调绘路线的疏密程度和分布，主要取决于测区的复杂程度。调绘路线的选择是以少走路而又不至于漏掉要调绘的地物地貌为原则。

2. 全野外调绘法

野外调绘是在调绘区域内沿拟定调绘路线依次逐片进行。在调绘过程中，可根据实地情况，改变所拟定的调绘路线或加密调绘路线。平坦地区通视良好，一般沿居民地和主要道路调绘。丘陵地区沿连接居民地的道路调绘，也可沿山脊走"之"字形路线调绘。城镇是先调绘外围再进入街区。水网地区可打破片号顺序，按河网的分割情况和桥梁、渡口的分布情况，分区域进行调绘。公路等线状地物沿着线条走向按线调绘。另外，为了提高像片调绘的效率，野外沿计划路线调绘时，要以线带面沿调绘路线两侧呈面状铺开，尽量扩大调绘面积。

调绘前，首先要根据像片上的影像，确定自己的站立点。站立点应选择易于判读辨认，便于观察的、地势较高的明显地物或地形特征点上，如可靠的地物点、道路交叉口、耕地角偶等处。站立位置确定后，根据地物和地面突出目标对像片进行定向，并将识别出来的地物和地类轮廓全部描绘在贴附于像片的透明纸上，且标出代号和注记。像片上影像清晰的地物，如线状地物（道路、河流岸线）可不必在野外用铅笔勾绘，只要在透明纸上这类地物的影像旁标出说明注记。居民地、工矿企业、建筑物、道路、桥梁、水系、植被等地理要素均属于调绘范围。像片上未显示的重要地物，如高压线、电话线、水井等要绘在像片上，地名、土壤性质、河流方向和流速、道路等级等要按图式要求逐一调查注记。判读的地物要合理地综合取舍、重点突出地表示在调绘片上。调绘结果按规定必须在当天或次日进行着墨整饰，以免延时遗忘。同时要注意调查，及时发现隐蔽地物地貌。

3. 综合判调法

综合判调法是室内判绘与实地补充调绘相结合的方法，具体内容包括收集分析资料、典型样区选定及室外调绘、室内分析判读、室内检查、实地补测检查、成果上交等步骤。

室内判绘首先要在室内全面收集测区的有关资料作为依据，并选定典型样区像片进行实地调绘，建立室内判读调绘标志；然后在室内对像片进行判读、分析和比较，并将判读出的影像内容着墨描绘在像片上；最后再进行实地检核和补充调绘。室内判绘采用的方式有直接目视判读描绘、借助仪器进行立体判读描绘(图8-7为立体判读仪)以及利用资料辅助判读描绘。对于在室内没有足够把握判读的地物则用铅笔画出后依野外补充调绘结果确定。

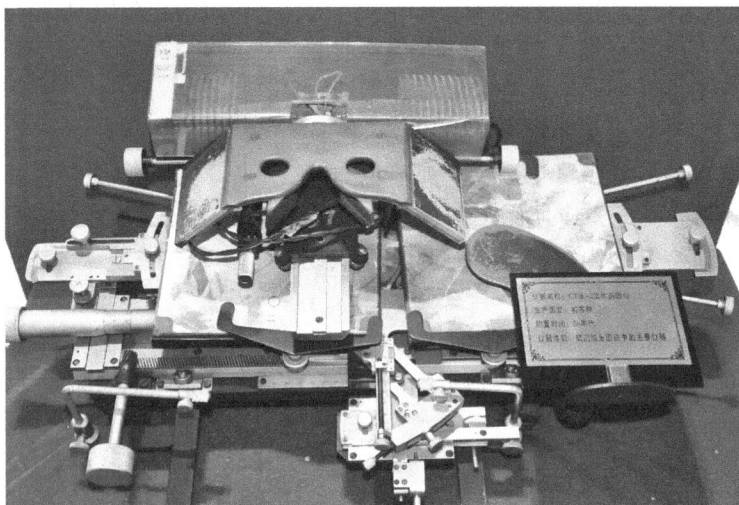

图8-7　立体判读仪

　　室内判绘内容的准确率与像片的质量、测区资料的收集以及典型样区像片的选取有关。所选像片构像清晰、反差适中、层次丰富,则有助于室内判绘工作。收集的测区资料包括判读地区的地形图以及相关的专题图和地理文献等。典型样区像片应能代表测区主要地物地貌,能反映测区主要地物地貌的成像规律和特性。

　　综合调绘的第二项工作是野外补充调绘。野外补充调绘的作用有两种:一种是对室内判绘成果进行检查;另一种是对在室内没有把握判读的地物进行补调。野外补充调绘前要计划补调路线和补调内容。室内判绘的地物在实地如果发现错误应马上进行修改补绘。

　　综合调绘法可以将大量外业调绘工作转入室内完成,减轻外业调绘的劳动强度和提高像片调绘的工作效率,与全野外调绘相比有明显的优势。随着像片影像质量的提高,全野外调绘正逐步被综合调绘法所取代。

三、新增地物的补测方法

　　像片调绘除了将像片影像显示的信息判读描绘出来外,对于像片上无影像地物、影像模糊或被阴影遮盖地物、航摄时水淹或云影地段、新增地物、航摄漏洞、绝对漏洞等,均应在调绘期间进行补调。将这些需补调的地物按像比例尺缩小,描绘在像片相应位置上的工作即是像片新增地物的补测。对于航摄后拆除的建筑物,应在像片上用红色"×"划去,范围较大时应加以说明。

　　新增地物补测方法有简易补测法与仪器补测法。根据已经识别出来的一些地物点的影像判断和交会得出新增地物在像片上位置的方法称为简易补测法;当像片比例尺较小或新增地物面积较大,四周无明显地物影像,无法直接判读出新增地物实际位置时,则需用仪器补测法。

　　采用简易补测法时在像片和实地上需有能识别的各类控制点或明显地物点。常用的简易补测法有比较法、截距法、线交会法和正交法等。比较法是根据实际地物位置关系通过目估内插确定新增地物位置的测定方法；截距法是沿线状地物在实地量测补测点到明显地物点间距离以确定补测点位置的方法；线交会法是利用 2 个或 3 个地物点，分别量测其到新增地物点的距离，再将量测值按像比例尺缩小在像片上，交会出新增地物点的像片位置方法；正交法是根据补测点与已知地物点的纵横距离确定补测点位置的方法。当补测的地物多、范围广时，应布设图根控制点，用普通的野外地形测图方法在像片图上实测。

第九章
航空摄影测量新技术

第一节 无人机摄影测量技术

一、无人机摄影测量定义

根据摄影时摄影机所处位置的不同，摄影测量学可分为航天摄影测量、航空摄影测量、地面摄影测量、近景摄影测量和显微摄影测量。航天摄影测量是将传感器安装在人造卫星或航天飞机上，对地面进行遥感，用于资源调查、灾害监测、地形测绘和军事侦察等领域；航空摄影测量是在飞机上安装摄影机，对地面进行摄影，是摄影测量最主要的方式。无人机摄影测量即属于该分支。

随着我国经济的飞速发展，对大比例尺、高分辨率的航空遥感影像的需求也与日俱增，与此同时，人们对空间信息的现状、准确性、周期和成本的要求也在不断提高，而传统的航天和航空摄影越来越显现出其局限性。例如，现有的卫星遥感技术虽然能够获取大面积的空间信息，但由于回归周期、轨道高度、气象等因素的影响，很难保证遥感数据的分辨率和时相。航空摄影主要采用大中型固定翼飞机，受空域管制、气候等因素影响较大，机动高速能力不足，同时使用成本高，测量区面积小，不适应成图周期短的测量、绘制工程和应急测量、绘制工程。

但无人机与数码相机技术的发展打破了这一局限，无人机与航空摄影测量相结合，使无人机的摄影测量技术成为了航空摄影测量系统的有效补充。无人机摄影测量技术以取得高分辨率数码影像为应用目标，以无人飞机为飞行平台，以高分辨率数码相机为传感器，通过"3S"技术在系统中集成应用，最后，获得了小面积、真彩色、大比例尺、强现状的航测和遥感数据。它主要用于快速获取和处理基本地理空间数据，并为制作正射影像、三维地面模型和基于影像的区域测绘提供更简单、更可靠和更直观的应用数据。

二、无人机摄影测量的特点

作为卫星遥感与普通航空摄影不可缺少的补充，无人机摄影测量提供了一种新形式的技术途径来实时采集区域危险图像、环境监测和满足应急指挥需求，具有广阔的发展与应用前景。主要有以下优点。

1. 低成本

无人机和传感器的成本远低于其他遥感系统。无人机(具备飞行控制系统)的市场价格为 10 万元至 100 万元,有多种档次。另外,全套摄像机(机身和镜头)不到 2 万元,全套系统成本低。一般单位和个人都负担得起。

2. 影像获取快捷方便

在没有专业航测设备的情况下,普通民用单反相机可以用作图像采集传感器。操作员经过短期培训后即可操作整个系统。这是目前唯一一种集摄影和测量于一体的航空摄影模式,能够按照测绘单位的要求进行理想的航空摄影飞行作业生产模式。

3. 机动性、灵活性和安全性

无人机具有灵活机动的特点,无须专用起降场地,升空准备时间短,受空中管制和气候(非雨雪天气,且风速小于 6 级)的影响较小,特别适用于建筑物密集、地形复杂的城市地区以及南方丘陵和多云区域。可在恶劣环境(如森林火灾、火山爆发等)下直接获取图像,即使设备故障也不会造成人员伤亡,安全性高。

4. 低空作业,获取高分辨率影像

无人机可以在云下超低空飞行,补充了卫星光学遥感和传统航空摄影被云遮住而得不到影像的缺陷,且可以获得比卫星遥感和传统航空摄影更高分辨率的影像。同时,低空多角度摄影获得了建筑物的高分辨率、多面的纹理影像,克服了卫星遥感和传统航空摄影中发现的高层建筑物遮挡问题。无人机作业所获影像的空间分辨率可以达到分米级甚至厘米级,可用来建立高精度数字地面模型和制作三维景观地图。

5. 精度高,测图精度可达 1 : 1 000

无人机为低空飞行,飞行高度在 50~1 000 m,属于近景航空摄影测量,摄影测量精度达到了亚米级,精度范围通常在 0.1~0.5 m,符合 1 : 1 000 的测图要求,能够满足城市建设精细测绘的需要。

6. 周期短,时效性强

对于面积较小的大比例尺地形测量任务(10~100 km²),由于气候限制和空域管理,大型飞机的航空摄影测量成本较高;整个野外数据采集方法主要用于成图,工作量大,成本昂贵。无人机遥感系统的实际工程和开发,可以利用其机动性、速度快和经济优势,在阴天和雾天也能获取合格的图像,将大量野外工作转移到室内,不仅可以降低工作强度,同时也提高了工作的效率和准确性。

三、无人机摄影测量存在的问题

与传统的航天和航空摄影测量手段获取的影像相比,利用无人机摄影测量手段获取的影像还存在以下几个问题。

1. 姿态稳定性差、旋偏角大

无人机在飞行时由飞控系统自动控制或操控手远程遥控控制,但自身质量小,惯性小,受气流影响大,俯仰角、侧滚角和旋偏角较传统航测来说变化快,因此影像的倾角过大且倾斜方向没有规律,倾斜幅度远超传统航测规范要求。

2. 像幅小、数量多、基高比小

由于顺风、逆风和侧风的强烈干扰，加上俯仰角和侧滚角的影响，无人机摄影测量航行带的排布并不规则，主要重叠度(包括航路和侧方的重叠度)的变化幅度大，甚至可能出现漏拍的情况，通常利用提高航行方向和横方向的重叠度来保证测区没有漏拍，并且，常用的单反相机的像幅与专业的数码航摄仪相比像幅更小，在保证预定的重叠度的情况下，测量区域的基高比与整体的影像数呈反比。

3. 影像畸变大

相比较传统的航空摄影，无人机低航空摄影选取 CCD 数码相机作为成像系统，而较专业航摄仪来说，小数码影像(普通单反拍摄的)畸变大，边缘地方畸变可达 40 个像素。

由于无人机遥感影像的这些问题，给影像的匹配和空中三角测量等内业处理也带来了困难。姿态稳定性差，旋偏角大，比例尺差异大，一定程度上降低了灰度匹配的成功率和可靠性；像幅小、影像数量多，导致空中三角测量加密的工作量增多、效率降低；航向重叠度和旁向重叠度不规则，给连接点的提取和布设带来困难；基高比小无疑对高程的精度也会造成一定的影响；如若忽略数码影像的畸变差而直接使用，将会影响空中三角测量的精度。

四、无人机摄影测量总体流程

当摄影测量项目立项后，第一时间应全方位收集资料，了解项目背景和建标目的与要求，并确立初步的技术方案。根据方案明确作业空域和使用飞行载体，展开空域申请等工作。无人机摄影测量总体流程如图 9-1 所示。

1. 任务提出、空域申请

在使用无人机之前，用户应提前制定计划，进行现场检查，并根据具体的作业任务制定航空摄影计划。该计划的技术部分应包括：了解测区概况，确定测量区域的范围，选择一个合适的相机，确定摄影比例和高度，确定无人机的起飞日期、具体起降位置等。为了确保无人机低空飞行的安全，并在航空摄影前改善空域资源的使用，负责人应根据适用标准要求获航空管理部门批准后再在调查区域空域飞行。如果未获得批准，则需要重新编制飞行计划，准备并再次向空域管理部门提交申请。

2. 作业飞行

依据无人机具体的飞行任务和低空数字航空摄影规范的相关规定，首先对航摄技术参数进行设置，以保证无人机按照规定的轨迹飞行，具体包含以下几个方面。

(1)设置航高

根据不同比例尺航摄成图的要求，结合测区的地形条件及影像用途，参考测图比例尺和地面分辨率对比表(表 9-1)，选择影像的地面分辨率。根据式(9-1)计算航高。

$$H=\frac{f\,GSD}{a_{size}} \tag{9-1}$$

式中：H 为摄影航高；f 为物镜镜头焦距；a_{size} 为像元尺寸；GSD 为航摄影像地面分辨率。

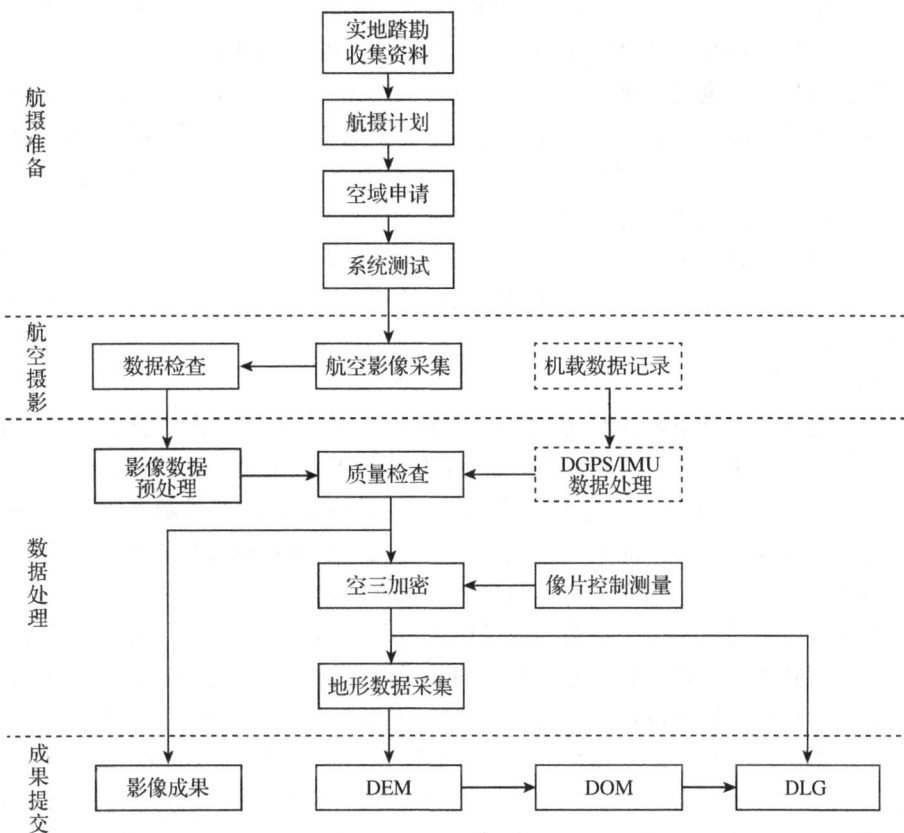

图 9-1　无人机摄影测量总体流程

（2）设置像片重叠度

依据低空数字航空摄影的相关规范，像片重叠应该满足以下要求：通常情况下，航向重叠度应该为 60%~80%，不得小于 53%；旁向重叠度在通常情况下应该为 15%~60%，不得小于 8%。

（3）设置航线参数

依据测区大小，确定飞行航向和航线长度，并且根据式(9-2)计算摄影基线长度，然后根据式(9-3)得出航线间隔宽度。

表 9-1　测图比例尺与地面分辨率对比表

测图比例尺	地面分辨率（cm）
1：500	≤5
1：1 000	8~10
1：2 000	15~20

$$B_X = L_X(1-p_X)\frac{H}{f} \tag{9-2}$$

$$D_Y = L_Y(1-q_Y)\frac{H}{f} \tag{9-3}$$

式中：B_X 为实地摄影长度；D_Y 为实地航线间隔宽度；L_X，L_Y 分别为像幅长和宽；p_X，q_Y 分别为航向和旁向重叠度。

3. 数据检查

无人机在空中进行飞行作业时，飞行环境和天气的不同会使飞行路线发生偏差，获取影像质量的好坏会体现在影像中，最终影响测量、绘图产品的精度。因此，在无人机的飞行任务结束后，要利用在机载 POS 系统中得到的位置和姿态数据以及影像数据来检查飞行和影像质量，分析其精度是否满足相应的规范要求。飞行质量检查包含航向重叠度、旁向重叠度、像片倾角和旋角、航线弯曲度和航高差。影像质量检查包括影像是否清晰、色调是否一致、层次是否清晰、间隙是否合理、影像是否存在重影、阴影与位置的偏差等状况，还包括是否影响模型的构建和测图。

无人机摄影测量系统的飞行和图像质量决定了地理信息产品最终生产的准确性。因此，特别重要的是检查通过航空记录获得的图像的质量，以明确是否有记录以及是否能够及时纠正记录。

4. 影像预处理

数据检查合格并且结束航摄任务之后，要对原始影像进行处理。首先对航片进行编号，编号以航线为单位，由 12 位数字组成。从左到右 1~4 位是摄区代号，5~6 位是分区号，7~9 位是航线号，10~12 位是航片流水号。通常情况下，编号随着飞行方向依次增加，而且同一条航线内编号不能重复。把根据飞行航线编好号的原始影像进行分类，分为垂直影像和倾斜影像，并按照影像数据通用格式建立目录分类储存。

无人机倾斜摄影测量系统上搭载的成像设备为非量测的普通相机，在航空摄影中会出现光学镜头处理和装配误差，导致不同程度的非线性光学畸变，这必然会影响图像编辑的准确性。因此，在对原始图像进行定量分析和处理之前，必须进行畸变校正。

在修正影像之后，原始影像还会在摄影时残留不均匀的光照、不同的摄影角度和时差等的影响，所以在取得影像时也有顺光或逆光的情况，由于影像间存在辐射差异，所以应当对影像进行归一化匀光匀色处理，使得影像数据在亮度、饱和度、色相方面保持良好的统一，镶嵌处理后的增强处理能够自然地过渡且保证具有更理想的可读性，使其可以更好地应用于生产实践。

5. 4D 产品生产

对影像数据预处理后，可借助相机参数、像片控制测量成果等资料进行空中三角测量加密，待空中三角测量加密精度满足规范要求后，有两条路径生产 4D 产品。一条是利用全数字摄影测量工作站采集和编辑地形特征点、特征线和高程数据，构 TIN 和质检，生成 DEM 数据。然后利用 DEM 数据对匀光后的影像进行正射纠正，勾绘拼接线完成影像拼接，按成果分幅和挂图要求完成裁图，得到 DOM；另一条是直接利用全数字摄影测量工作站进行立体采集，获得初始 DLG，再经过野外调绘工作，利用 GPS 实时动态测量（RTK）定位，通过全站仪对新增地物、立体模型中的不清楚地物及高程注记点等进行全野外实测，从而有效补充和完善 DLG 数据。

五、无人机摄影测量系统

目前国内测绘无人机企业如雨后春笋般涌现，如大疆精灵 4 RTK（图 9-2）、大疆 M600 PRO、M210 系列；飞马 D2000（图 9-3）、V1000 系列；迪奥普 SV360（图 9-4）系列无人机；成都纵横 CW 系列；科比特无人机等；中海达、南方及上海华测导航等测绘仪器厂商也陆续推出了自己的航测无人机产品。

图 9-2　大疆精灵 4 无人机　　　　图 9-3　飞马 D2000 无人机

图 9-4　迪奥普 SV360

无人机航空摄影测量系统主要由硬件系统和软件系统组成：硬件系统包括机载系统、地面监控系统及发射与回收系统；软件系统则涵盖了航线设计、飞行控制、远程监控、航摄检查、数据预处理等 5 个主要的系统。

1. 硬件系统

(1) 机载系统

在整个无人机航空摄影测量系统构成中，无人机作为主要的系统搭载平台，是整个系统集成与融合的重要基础。这一硬件系统主要由无人机、数字摄影系统、导航与飞行控制系统以及通信系统等部分构成。在该系统工作的过程中，整个系统会按照预先设定的航线进行相应的自主飞行，并且完成预先设定的航空摄影测量任务，同时实时地把飞机的速度、高度、飞行状态和气象状况等参数传输给地面监控系统。

(2) 地面监控系统

无人机地面监控系统主要负责控制和管理无人机，是无人机系统的监控和指挥中心，包括监控无人机的飞行姿态和轨迹，制定飞行任务和处理危险情况等，主要有计算机、飞行控制软件、电子通信控制介质和电台等设备。在飞行平台的运行过程中，地面飞行控制系统可以根据无人机飞行控制系统发回的飞行参数信息，实时在地图上精确标定飞机的位置、飞行路线、轨迹、速度、高度和飞行姿态，使地面操作人员更容易掌握无人机的飞行状况。

(3) 发射与回收系统

①发射方式　滑跑发射方式的优点为无须弹射器；缺点为受场地限制。弹射发射方式则相反，其优点为没有场地限制；缺点为需要购置弹射器。

②回收方式　滑跑回收方式的优点为无须回收降落伞；缺点为受场地限制，安全性不如伞降。伞降回收方式则相反，其优点为安全可靠，受场地制约影响小；缺点为需要降落伞及飞控系统支持。

2. 软件系统

(1)航线设计软件

航线设计在无人机航空摄影测量系统中扮演着十分重要的角色，它直接决定了整个系统工作的方向和精准度。这一分支系统作为信息采集的关键步骤，需要对系统运行经过的作业范围、地形地貌特点、属性精度要求、摄影测量参数以及摄影测量的结果进行综合设定。航线设计软件需要对相关的工作参数进行综合设定与检查，如航线走向、摄影基面、行高、像片重叠度和地面分辨率等，进而获得飞行所需的曝光点坐标、基线长度等参数。

(2)数据接收与预处理系统

数据接收与预处理系统是无人机系统中最为重要的软件系统，也是无人机航空摄影测量系统室外作业的最后一步，直接影响到后续的图像数据处理质量。一般情况下，无人机航空摄影测量系统在影像获取过程中，受外界和内部因素的影响，可能降低获取的原始图像的质量。为避免原始图像后续处理的质量问题，在影像配准、拼接之前，必须对原始影像进行图像校正、图像增强等预处理。

第二节　激光雷达与摄影测量融合

一、LIDAR 系统概述

随着计算机技术、图像处理技术、航空技术以及无人机技术的迅猛发展，航空摄影测量所获取影像的时间越来越短且空间分辨率越来越高，在国土资源调查、环境监测、城乡规划设计、精准林业等各个领域的应用越来越广泛，但是航空摄影测量技术仍有投入成本高、对云层和天气状况要求较高等一系列弊端。

机载 LIDAR(Light Detection and Ranging)系统是一种主动式对地观测系统，作为一项新兴技术于 20 世纪 90 年代初投入商业应用。在高程数据获取以及快速提升自动化处理数据方面，它是对传统摄影测量技术的巨大挑战和补充。激光扫描系统通过激光扫描器和距离传感器，发射激光脉冲经地面反射并被 LIDAR 系统接收，经过一系列处理来获取被测目标的表面形态和三维坐标数据，从而进行各种量算或建立立体模型。激光雷达具有极高的角分辨率、距离分辨能力、防干扰能力等独特优点，可以获得高精度三维地表地形数据，因此广泛应用于民用和军事领域。与其他遥感技术相比，机载 LIDAR 系统具有自动化程度高、受天气状况影响小、数据生成周期短、精度高等技术特点。它是目前最先进的航空遥感系统，能够实时获取三维空间信息和地形表面图像。

相对于传统的航空摄影测量技术，LIDAR 传感器为主动工作方式，可以进行全天候工作，工作时对目标进行逐点采样即可直接获取地面点的三维坐标，无须控制点纠正和传统的影像匹配过程，这使其在地理测绘以及高程数据采集等方面都具有很大优势，特别是在植被覆盖区的纯地表地形测绘中，利用激光测量脉冲可以穿透树冠的特性，可以通过远程航空感知直接获取林下地形特征信息。同时，与依赖于用户相互监视的以往的摄影测定数据处理相比，LIDAR 数据的处理尽量减少了人为的介入，数据处理实现全自动化，数据的分析运算效率大幅提高，这对于大量地表信息的分析很重要，但 LIDAR 数据采样具有一定的盲目性，不能保证关键地形点采样，并且用于过滤原始数据的滤波算法有时不能区分有用信息和需要过滤掉的信息，所以机载 LIDAR 获取的 DTM 往往较平滑且丢掉了一些重要的地形特征信息，同时机载 LIDAR 数据所受的误差影响因素更多，理论推导误差传播模型更为复杂，有研究表明在 400~1 000 m，相同的飞行高度，摄影测量所获得的精度要优于机载 LIDAR。目前很多飞行平台可以同时搭载 LIDAR 系统和摄影测量系统，在获得高分辨率多光谱数字影像的同时获取测距信息，LIDAR 数据可以对同步获取的数码相机影像进行正射纠正，这为机载 LIDAR 与摄影测量的结合使用提供了便利。

二、LIDAR 系统应用概述

目前 LIDAR 数据与摄影测量影像结合使用在数字城市建设方面应用最为广泛，由于现阶段机载 LIDAR 数据的点间距一般为米级，其空间分辨率远低于摄影测量常用的厘米级分辨率航空影像，单纯从 LIDAR 数据提取建筑物信息会受到 LIDAR 数据缺乏纹理信息和光谱信息的影响，航空遥感影像提供了丰富的空间信息与纹理特征，但获取的主要是建筑物的顶面信息，漏掉了建筑物立面的大量几何和纹理数据。因此，摄影测量影像与 LIDAR 数据结合使用、相互补充，充分利用两类数据的特点，有利于获取更精确、更完整的建筑物信息，并提高自动化程度与可靠性。管海燕等提出了一种面向对象的多源数据融合分类方法，利用机载 LIDAR 数据和航空彩色影像，有效地分离房屋、树木和裸露地 3 种基本地物；张峰等提出了基于 SVM 的 LIDAR 数据和航空影像的面向对象建筑物提取方法，充分利用了多源影像的互补信息，能够得到更高的信息提取精度、准确而快速地更新地理空间数据库；Syed 进行了基于 LIDAR 和航空影像的半自动建筑物提取与重建研究，充分利用了高分辨率遥感影像的空间、纹理、结构等信息，取得了较好的结果。

LIDAR 在林业上的应用始于 20 世纪 70 年代，LIDAR 技术是一项逐步发展成熟的技术，随着 LIDAR 传感器的不断进步，采集激光点密度的逐步提高和接收回波数目的增多，LIDAR 数据将可以提供更为丰富的地表和地物信息。现在林业中有许多地方都应用 LIDAR 数据，Wuledr 等利用机载系统数据进行了林木高度和树木位置的研究；St-Onge 等用 LIDAR 技术进行森林林冠高度和树高的测定，获得了高精度的测量结果；Nilson 等通过冠顶和地面回波之间的距离计算了树高，精度达 90% 以上；我国 LIDAR 技术在林业中的应用处于初步阶段，近年来在林业中的研究才取得了较大进展。

针对林业方面，LIDAR 数据与摄影测量影像各有其优势，两者相结合是未来研究的主要方向。作为可准确快速地获取地面三维数据的手段，LIDAR 技术已经凭借其强大的高度探测能力被广泛认可，LIDAR 是目前能有效测量森林覆盖地区地面高程的可行技术，这可逐步解决多年来摄影测量技术无法准确获取高精度森林地区数字高程模型的空白，但 LIDAR 数据由于独特的工作方式，很难成像，因而对目标物其他特征的刻画能力不强；同时由于 LIDAR 数据本身具有一定的盲目性，决定了滤波算法的效果不能达到 100%，特别是在森林地区，真正需要保持的地面激光点云的数量可能比非地面激光点云的数量要少得多，这面临着当前许多基于地面点的铝箔算法失效的难题，结合 LIDAR 数据和航空摄影测量影像，融合多次回波、光谱信息等多种数据源设计的更合理的滤波算法可以大大提高数据处理的准确性，减少滤波和分类的盲目性。航片立体像对数字摄影测量提取森林参数的精度受到航片拍摄季节、林冠和周围树木遮挡的影响较严重，会导致部分数据不理想，但能较好地解决疏林地立木树高的测定问题。

随着无人机遥感技术的快速发展，出现了一些无人机 LIDAR 系统，无人机 LIDAR 逐渐应用于森林参数的调查。很多学者研究了不同飞行条件对森林 LIDAR 数据采集的影响，如点云密度、光束发散角、扫描角度及扫描仪的内部参数（如触发机制）等都会影响森林参数的探测，尤其是对单木水平的探测。Lovell 等在 2005 年表明高密度的点云数据会改善树高的测量结果，因为增加了树顶被探测到的可能性。此外，研究也显示扫描角度的增大会导致低矮冠层回波数量的减少，会影响郁闭度的估算。Nicholas 在 2006 用机载激光雷达数据评估了森林结构，同时研究了不同飞行高度的影响。2012 年 L. O. Wallace 研究了用 TerraLuma 无人机 LIDAR 系统在提取森林结构时，不同的飞行高度、点云密度、扫描角度、光斑大小的影响，研究表明正确的选择飞行条件是提取森林参数的关键，无人机系统的主要优点是能够按需飞行。对于无人机载 LIDAR，根据所选择的调查区域来确定所需要的点密度和最优的扫描角度对数据采集的影响更为重要。因此，选择最佳飞行条件，减少无人机飞行成本以进行森林资源调查需要进一步的研究。

在未来的研究中，无人机 LIDAR、机载 LIDAR 与摄影测量的结合是研究的重要方向，如何在摄影测量的基础上有效地利用 LIDAR 数据所提供丰富地表及地物信息，并将摄影测量所提供的光谱和纹理信息与 LIDAR 数据结合；如何利用摄影测量技术对 LIDAR 的滤波算法进行优化等问题亟待解决。

下篇　遥感技术

第十章
遥感概述

第一节　遥感的定义

遥感(remote sensing, RS)即"遥远的感知"，泛指一切无接触的远距离探测。不同的学科有不同的定义。在测绘学中，遥感被定义为不接触物体本身，用传感器收集目标物的电磁波信息，经处理、分析后，可识别目标物，揭示其几何、物理性质和相互关系及变化规律的科学技术。在地学中，遥感是通过传感器/遥感器对物体的电磁波的辐射、反射特性进行探测，并根据其特性对物体的性质、特征和状态进行分析的理论、方法和应用的科学技术。尽管遥感的定义种类很多，但被广泛使用的定义为：遥感是以电磁波与地球表面物质相互作用为基础，探测、分析和研究地球资源与环境，揭示地球表面各要素的空间分布特征与时空变化规律的一门科学技术。遥感是一门综合性学科，它综合运用了物理学、数学和地学规律，借助光、热、无线电波等电磁能量来探测地物特性。从定义来看，遥感有广义和狭义之分。

广义的遥感是指各种非直接接触、远距离探测目标的技术，往往是指通过间接手段来获取目标状态信息，包括空对地、地对空、空对空的遥感。它不仅把整个地球的大气圈、水圈、岩石圈作为研究对象，而且把探测范围扩大到地球以外的日地空间。遥感利用的媒介包括电磁波，力场(重力、磁力)，声波，地震波等。

狭义遥感是指利用安装在遥感平台上的各种传感器，通过摄影、扫描等方式，从高空或远距离甚至外层空间间接接收来自地球表层或地表以下一定深度各类地物反射或发射的电磁波信息，并对这些信息进行加工处理，进而识别出地表物体的性质和运动状态。遥感技术以电磁波为媒介，包括紫外—可见光—红外—微波，前3种又称为光学遥感。遥感技术是对地球表面进行探测的一个立体观测系统。

第二节　遥感类型和特点

一、遥感类型

遥感技术因为应用领域广，涉及学科多，不同研究领域的研究人员所持立场不同，对遥感分类方法也不同，主要的分类有以下几种：

1. 按遥感平台类型分类

遥感平台是指搭载传感器的工具，包括人造地球卫星、航天飞机、无线电遥控飞机、气球、地面观测站等（表 10-1）。

表 10-1 遥感平台技术系统

遥感平台类型		高度	特征
地面平台	地面平台	距地面 2 m 左右	进行地物的波谱特征测试
	遥感塔	距地面 6 m 左右	进行单元景观波谱测试
	遥感车（船）	距地面 10 m 左右	进行单元景观波谱测试
航空平台	飞机　低空	在 2 km 以下	以无线电遥控飞机为主，进行各类调查、摄影测量
	飞机　中空	2~6 km	进行各类调查、摄影测量，可用于获取 1：5 万的影像
	飞机　高空	12~30 km	侦察和大范围调查
	气球　低空	12 km 以下	定位遥感监测地面动态变化，覆盖面积达到 500~1 000 km²
	气球　高空	12~40 km	
航天平台	卫星　低轨	150~300 km	获取大比例尺、高分辨率影像，主要用于侦察
	卫星　中轨	350~1 800 km	主要用于环境监测
	卫星　高轨	3 600 km	随地球运转，定点地球观测
	火箭	300~400 km	在近地空间进行探测和科学试验，可用于天气预报、地球和天文物理研究
	航天飞机		可垂直起飞，有航空航天的能力，可重复使用
航宇平台	星际飞船		从外太空来对地–月之外的目标进行遥感探测

根据传感器的运载工具和遥感平台不同，遥感可分为地面遥感、航空遥感、航天遥感和航宇遥感。

（1）地面遥感

将传感器设置在地面平台之上，常用的遥感平台有车载、船载、手提、固定和高架的活动平台。地面遥感是遥感的基础阶段。

（2）航空遥感

将传感器设置在飞机、飞艇、气球上面，从空中对地面目标进行遥感。主要的遥感平台有飞机、飞艇等。

（3）航天遥感

将传感器设置在人造卫星、宇宙飞船、航天飞机、空间站、火箭上，从外层太空对地物目标进行遥感。航天遥感和航空遥感一起构成了目前遥感技术的主体。

(4)航宇遥感

将星际飞船作为传感器的运载工具，从外太空对地–月系统之外的目标进行遥感探测。主要遥感平台包括星际飞船等。

2. 按传感器的探测波段分类

根据传感器所接收的电磁波谱不同，可以将遥感分为以下几种。

(1)紫外遥感

探测波段在 $0.05\sim0.38\ \mu m$，主要集中探测目标地物的紫外辐射能量，目前对其研究极少。

(2)可见光遥感

探测波段在 $0.38\sim0.76\ \mu m$，主要收集和记录目标地物反射的可见光辐射能量。常用的传感器主要有照相机、摄像机、光学扫描系统、成像光谱仪等。

(3)红外遥感

探测波段在 $0.76\sim1\ 000\ \mu m$，主要收集和记录目标地物辐射和反射的热辐射能量。常用的传感器有扫描系统、摄像机等。

(4)微波遥感

探测波段在 $1\ mm\sim1\ m$，主要收集和记录目标地物辐射和反射的微波能量。常用的传感器有扫描仪、雷达、高度计、微波辐射计等。

(5)激光雷达遥感

探测波段可以位于可见光波段，也可位于微波波段，它可以主动发射辐射能量，并收集和记录目标地物的反射能量，根据雷达光斑大小又可分为大光斑激光雷达和小光斑激光雷达。常用的传感器有激光测高仪、激光扫描仪等。

3. 按工作方式分类

根据传感器工作方式的不同，遥感可分为主动遥感和被动遥感。

(1)主动遥感

传感器主动发射一定电磁能量并接收目标地物的后向散射信号的遥感方式，常用的传感器包括侧视雷达、微波散射计、雷达高度计、激光雷达等。

(2)被动遥感

传感器不向目标地物发射电磁波，仅被动接收目标地物自身辐射和对自然辐射源的反射能量，主要的可见光遥感、红外遥感和被动微波遥感都属于这一类。因此，被动遥感也被称为他动遥感、无源遥感等。

4. 按遥感的应用领域分类

宏观上，按照遥感应用领域可分为外层空间遥感、大气层遥感、陆地遥感和海洋遥感等。微观上，按遥感的具体应用领域分，可分为资源遥感、环境遥感、林业遥感、渔业遥感、城市遥感、农业遥感、水利遥感、地质遥感、军事遥感等。

二、遥感特点

遥感作为一门综合性的对地观测技术，具有其他技术手段无法比拟的优势，遥感的优势主要包括：

1. 空间覆盖范围广

遥感的空间覆盖范围非常广阔，可以大面积的同步观测。遥感平台越高，视角越宽广，可同步观测到的地面范围也越大。如 Landsat TM 影像，覆盖范围 185 km×185 km，覆盖中国全境仅需要 500 多张影像；MODIS 影像覆盖范围更广，一幅影像可覆盖地球表面 1/3，能够实现更宏观的同步观测。

2. 光谱覆盖范围广

遥感技术的探测波段包括紫外、可见光、红外、微波等，可以实现从可见光到不可见光的全天候观测。遥感所获取的地物电磁波信息数据不仅综合反映了地球表面许多人文、自然现象，还能探测地表温度，并且微波具有穿透云层、冰层和植被的能力，可以全天候、全天时地进行探测。

3. 时效性强

遥感获取信息速度快，周期短，具有动态和连续监测的能力。遥感能动态反映地面事物的变化，尤其是航天遥感，可以在很短的时间内对同一地区进行重复性、周期性的探测，有助于发现并动态地跟踪地物目标的变化。如我国的风云三号气象卫星每天会对全球扫描 2 次。美国 Landsat、中国资源环境卫星和中国的高分系列卫星等地球资源系列卫星分别以 16 天、18 天和 4 天为周期对同一地区重复观测，以获得一个重访周期内的地物表面目标的变化数据。同时，遥感还被用来研究自然界的变化规律，尤其是在监测地区天气状况、自然灾害、环境污染等方面，充分体现了其优越的时效性。

第三节　遥感过程

遥感过程包括信息收集、信息接收与存储、信息处理和信息应用等几个主要部分（图 10-1）。遥感之所以能够根据收集到的电磁波信息来识别地物目标，是因为有信息源的存在。信息源是遥感探测的依据，任何物体都具有发射、反射和吸收电磁波的特性，目标地物与电磁波之间的相互作用反映目标地物的电磁波特性。因此，遥感技术主要是建立在物体辐射或反射电磁波的原理之上。目标地物的电磁波特性由传感器来获取，通过返回舱或微波天线传至地面接收站。地面接收站将接收到的信息进行存储和处理，转换成用户可以使用的各种数据格式。用户再根据不同的应用目的对这些信息进行分析处理，达到遥感应用的目的。

1. 信息收集

信息收集是指利用遥感技术装备接收、记录地物电磁波特性，并将接收到的地物反射或发射的电磁波转化为电信号的过程。目前最常用的遥感技术装备包括遥感平台和传感器。常用的遥感平台有地面平台、气球、飞机和人造卫星等。传感器是用来探测目标地物电磁波特征的仪器设备，常用的有相机、扫描仪和成像雷达等。传感器所接收的信号都是电磁波，而这些电磁波可来源于太阳辐射能，也可以是传感器自己发射的电磁波，如雷达。所有的被动遥感所利用的能源是太阳辐射能，所使用的波谱范围包括：紫外、可见光、红外以及微波等，如美国 Landsat 系列和法国 SPOT 系列等。

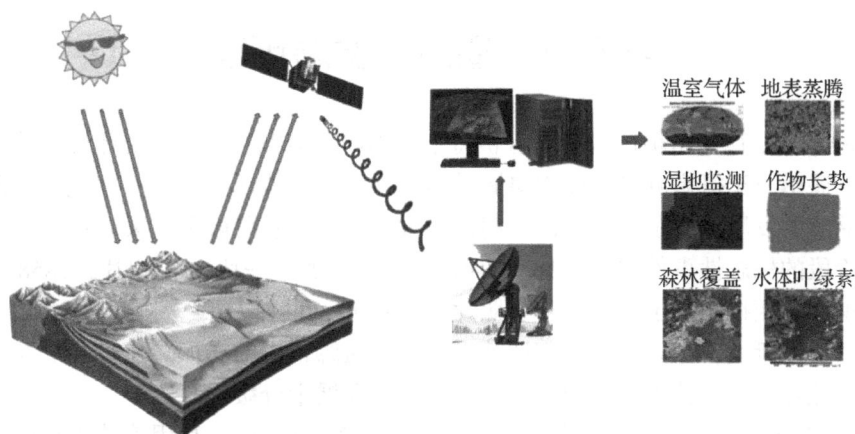

图 10-1　遥感的基本过程

2. 信息接收与存储

传感器将接收到的地物电磁波信息记录在数字磁介质或胶片上。其中，胶片由人或回收仓送回地球，而数字磁介质上记录的信息可以通过传感器所携带的微波天线传输到地面接收站。卫星遥感影像的接收、存储在卫星地面接收站完成。收集到的数据经过数/模转换变成数字数据。目前，遥感影像数据均以数字形式保存，且随着计算机技术的快速发展，数据保存格式也趋于标准化和规范化。

3. 信息处理

信息处理是指运用光学仪器和计算机设备对卫星地面接收站接收的遥感数字信息进行信息恢复、辐射和卫星姿态校正、投影变换以及解译处理的全过程。其目的是通过对遥感信息的恢复、校正和解译处理，降低或消除遥感信息的误差，并根据用户需求从中识别并提取出所需的感兴趣信息。目前，遥感影像的处理都是针对数字图像。

4. 信息应用

信息应用是指专业人员按照不同目的将从遥感图像数据中提取的专题信息应用于各个领域的过程。目前，遥感技术已经广泛地应用于军事、地图测绘、地质矿产勘探、自然资源调查、环境监测以及城市规划和管理等领域。此外，不同行业由于应用背景和需求不同，如农业部门获取农作物的信息，测绘部门主要制作地形图和 4D 产品，林业部门获取森林的类型、分布和蓄积量等信息，都有着各自领域独特的应用规范。但一般情况下，遥感应用最基本的方法就是将遥感信息作为地理信息系统的数据源，方便人们对其进行查询、统计和分析等。

遥感是一项复杂的系统工程，既需要完整的技术设备，又需要多学科交叉。遥感的多学科"交叉性"以及所具有的宏观、综合、动态、快速的特点，决定了它能被广泛地应用于地理、地质、测绘、气象、海洋、农林、水电、交通、军事等国民经济各个领域，并产生较大的社会和经济效益。遥感可根据用户提出的各种要求（如空间分辨率、波谱分辨率、时间分辨率）来选择适当的获取手段与适当的处理分析方法，以得到所需的遥感数据并突出用户所需的信息。关于遥感数据的处理分析方法将在之后的相关章节中具体分析。

第四节　遥感的发展历程

remote sensing 一词由美国学者布鲁伊特于 1960 年提出，1961 年由环境遥感国际组织正式通过。遥感源于摄影测量，航空摄影学的发展为遥感技术提供了空间定位的理论基础和方法。遥感的发展经历了 3 个阶段：萌芽阶段、航空遥感阶段及航天遥感阶段。

萌芽阶段的标志性事件包括：1839 年，达格雷发表第一张空中相片；1858 年，法国人用气球携带照相机拍摄了巴黎的空中照片。1858 年，世界上第一张航空像片的问世标志着摄影测量技术诞生，出现的航片判读技术是现代遥感技术的雏形。1882 年，英国人用风筝拍摄地面照片。由于技术的局限性，此时遥感的发展十分缓慢。

直至 1903 年，德国药剂师朱利·尼伯纳（Julius Neubronner）利用信鸽进行航拍记录信鸽轨迹（图 10-2），同年莱特兄弟发明了飞机，为航空遥感阶段创造了条件（图 10-3）。1909 年，意大利人首次利用飞机拍摄地面照片。第一次世界大战中，航空照相技术用于获取军事情报（图 10-4）。第一次世界大战后，航空摄影用于地形测绘和森林调查与地质调查。第二次世界大战使用红外遥感技术。1930 年，美国开始全国航空摄影测量。1937 年，出现了彩色航空像片。20 世纪 50 年代，航空遥感趋于成熟，渐用于民用以及资源环境调查。

图 10-2　信鸽携带相机拍摄图

图 10-3　莱特兄弟发明的飞机　　图 10-4　第一次世界大战中欧洲某战壕航测影像

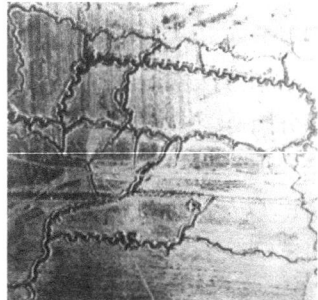

　　航天遥感阶段开始于 1957 年 10 月 4 日，苏联发射了世界上第一颗人造地球卫星，绕地球 92 天，共 1 400 圈。这一成果为遥感技术的发展创造了新的条件。从 1959 年人造地球卫星上发回第一张地球像片（Mark Ⅱ Reentry Vehicle）、1960 年"泰罗斯"与"雨云"气象卫星上获得全球的云图开始，人们切实感受到了这种手段在视野深度（光谱范围）和广度（空间范围）方面的非凡潜力。美国从 1964 年开始研究，20 世纪 70 年代开始形成美国的陆地卫星。1965 年 11 月 26 日，法国发射实验 1 号，后来发展为法国的 Spot 卫星；1970 年 2 月 11 日，日本发射人造地球卫星。1970 年 4 月 24 日，中国发射了东方红 1 号，后续，1981 年"一箭三星"、1984 年通信卫星、1988 年气象卫星、1999 年陆地资源卫星也成功发射。目前，中国有神舟系列载人飞船，遥感卫星系列，资源卫星系列，环境灾害卫星（A、B 星），北京一号、二号卫星，北斗一号、二号、三号卫星等。在 20 世纪 60 年代之前，人类仅能借助航天飞机等设备对地球观测，观测波段还主要以可见光为主。科学家对从卫星上回收的成千上万张地球照片的分析，发现了许多在地面或近距离时无法看到的宏观自然现象。这些宏观自然现象不能被以可见光为主的传感器所捕捉。随着传感器技术的长足发展，20 世纪 60 年代之后，红外成像与合成孔径雷达技术的飞速发展使得人们可以从更广阔的电磁波区域获取图像，扩展了遥感应用的范围。随后人造卫星的成功发射更使得人类具有了从太空近地轨道观测地球的能力，突破了最初航片判读的狭隘性，"遥感"这一更加广义和恰当的新名词，很自然地在 20 世纪 60 年代出现。

　　1972 年 7 月 23 日，美国发射了第一颗地球资源技术卫星（ERTS-1），后更名为陆地资源卫星（Landsat），标志着地球遥感新时代的开始。1972 年以后，世界各国纷纷加入了遥感平台及传感器的研究中，陆续发射了一系列的陆地资源卫星，包括美国的 Landsat 系列、法国的 SPOT 系列、印度的 IRS 系列、日本的 ALOS 系列、俄罗斯的 RESURS 系列以及中国和巴西合作的中巴地球资源卫星 CBERS 系列。但是陆地资源卫星的空间分辨率和光谱分辨率都十分有限，并且受天气影响严重。1994 年，美国克林顿总统签署总统令，允许私人公司发射高分辨率卫星并销售相关产品，推动了民用高分辨率传感器和卫星平台的发展。这类卫星具有高空间分辨率，全色波段为 1~5 m，有些甚至还小于 1 m。1995 年 11 月 4 日，加拿大太空署、美国政府、加拿大私有企业合作发射了 Radarsat-1，标志着世界上第一个商业化的合成孔径雷达（Synthetic Aperture Radar, SAR）运行系统的诞生。计算机技术、电子技术、航空航天技术、网络技术、通信技术和地球科学的发展，带动了遥感技术及其应用发生了质的飞跃。除美国、俄罗斯外，遥感在中国、印度、日本、欧洲和巴西等国家与地区也发展得很快。

　　纵览遥感卫星的发展简史，可以发现，遥感平台传感器所能响应的光谱范围得到了巨大的扩展：可见光—近红外—短波红外—中红外—热红外到微波；空间分辨率也从数百米提高到了几米甚至小于 1 m；对地观测重复观测时间也由原来的数十天提高到了几天，甚至是几小时，极大地拓展了遥感的应用范围。经历近 50 年的发展，遥感技术呈现出了多平台、多传感器、主被动结合的立体观测结构，正向着可见光—短波红外、热红外、微波等高空间分辨率、高光谱分辨率、高时间分辨率、多角度观测等方向发展。高光谱遥感作为现代遥感技术的前沿分支正处在不断发展和完善中。遥感发展的方向是追求更高的空间分辨率；更精细的光谱分辨率；多波段、多极化、多模式合成孔径雷达卫星；多角度观测、干涉测量技术的发展；机载和车载遥感平台以及超低空无人机平台等多平台的遥感技术与卫星遥感相结合；综合多种遥感器的遥感卫星平台等。另外，为协调时间分辨率和空间分辨率这一矛盾，小卫星群计划将成为现代遥感的另一发展趋势。

第十一章
遥感电磁辐射基础

第一节　电磁波与电磁波谱

　　各种物质由于种类、特征和环境条件的不同，具有不同的电磁辐射特征。遥感技术正是利用物质波谱的差异性以达到探测目标的目的。电磁辐射是遥感传感器与遥感目标联系的纽带，因此，要掌握遥感技术，必须了解电磁辐射的过程。本章将对电磁波与电磁波谱、辐射源、传输过程以及地物的光谱特征展开介绍。

一、电磁波

　　假定在空间中某个区域内有变化的电场，那么在邻近区域内就会产生变化的磁场，这一变化的磁场又在较远区域内激发起新的变化的电场，并进一步在更远的区域引起新的变化的磁场。变化的电场与磁场交替产生，形成电磁场。电磁场是物质存在的一种形式，具有质量、能量和动量。这种交变电磁场在空间的传播，最终形成电磁波。

　　电磁波是一种伴随变化的电场和磁场的横波，其传播方向与交变的电场、磁场三者互相垂直(图 11-1)。不同类型的电磁振源会产生不同波长、频率和能量的电磁波。它的传播不需要任何介质，在真空中的传播速度为光速，等于其频率 v 和波长 λ 的乘积，即 $c=v\lambda$。电磁辐射是电磁波传递能量的过程，是能量的一种动态形式，只有当它与物质相互作用(包括发射、反射、透射、吸收)时才会表现出来。

　　电磁波的传输规律可以从麦克斯韦(Maxwell)方程式中推导出来，只需一个场的方向和幅度，就可以从方程式确定另一个场的方向和幅度。麦克斯韦方程式是在研究和总结宏观电磁现象过程中建立起来的，表达电磁辐射与物质的相互作用依赖于物质的电和磁的性质，方程不受辐射的频率、波长或振幅的限制。

　　电磁辐射与物质相互作用时，既反映波动性，又反映粒子性。光是电磁波的一个特例。光的波动性表现在光的干涉、衍射、偏振等现象中；而光在光电效应、黑体辐射中，则显示出粒子性。

二、电磁波谱

　　不同电磁波是由不同波源产生的。电磁波谱则是将各种电磁波，按照其在真空中传播

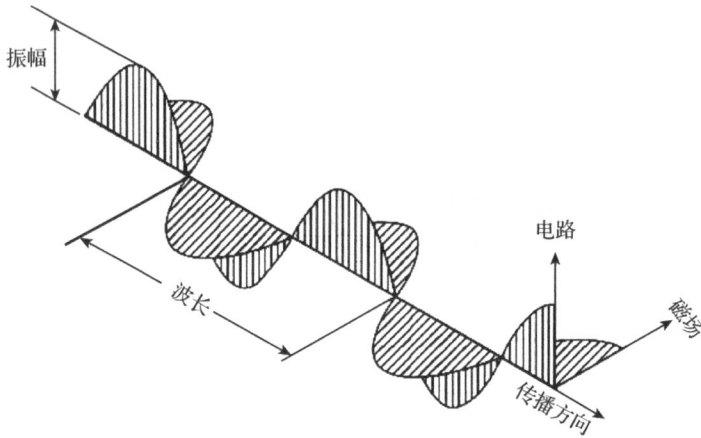

图 11-1　电磁波传播示意

的波长(或频率)递增或递减的顺序进行排列得到的,整个电磁波谱形成了一个完整的、连续的波谱图。按照波长递增的顺序可排列为 γ 射线、X 射线、紫外线、可见光、红外线、微波和无线电波(图 11-2)。

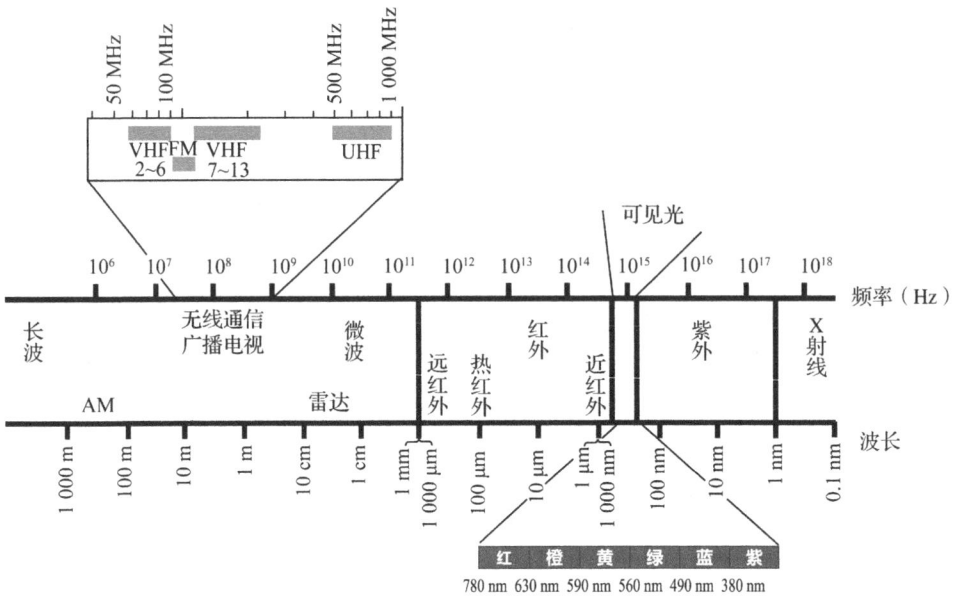

图 11-2　电磁波谱

不同波段习惯使用的波长单位并不相同,无线电波波段的波长单位取 km 或 m,在微波波段取 cm 或 mm,在红外波段常取 μm,在可见光和紫外线处常取 μm 或 nm。除了用波长来表示电磁波外,还可以用频率来表示,习惯上用波长来表示短波(如 γ 射线、X 射线、紫外线、可见光、近红外等),用频率来表示长波(如无线电波、微波等)。

各类电磁波由于波长不同,在传播的方向性、穿透性、可见性和颜色等方面的性质也有很大差别。例如,可见光可被人眼直接感觉到,红外线可克服黑夜障碍,微波可穿透云、雾、烟、雨等。但它们也有共性，如在真空中的传播速度都为光速，都遵守波的反射、折射、干涉、衍射规律等。

不同波长的电磁波与物体的相互作用差异很大，即物体在不同波段的光谱特征有很大差异。因此，人们通过研制各种不同波段的探测器，设计不同的波谱通道来采集地面信息。目前遥感常用的波谱范围主要有紫外线、可见光、红外线和微波，各波段的主要特征如下。

1. 紫外线

紫外线的波长范围为 $0.01 \sim 0.38$ μm。由于大气中臭氧层对紫外线的强烈吸收作用，波长小于 0.3 μm 的紫外线在通过大气层时几乎全部被吸收，只有 $0.3 \sim 0.38$ μm 的紫外线能部分到达地面。大多数地物在该波段的影像反射很小，不易探测，只有少数物体如碳酸盐岩、油膜等对紫外线有较强的反射。因此，紫外线可用于探测碳酸盐岩的分布，监测油污染情况及油田的普查与勘探。用紫外线探测地物时，平台高度通常在 $2\,000$ m 以下，不宜进行高空遥感。

2. 可见光

可见光波长范围为 $0.38 \sim 0.76$ μm，主要源于太阳辐射。尽管大气对它有一定的吸收和散射作用，但它仍然是遥感成像所使用的主要波段之一。在该波段，大部分地物具有良好的亮度反差特性，不同地物的图像易于区分。为进一步探测地物间的细微差别，可将此波段细分为红($0.62 \sim 0.76$ μm)、绿($0.50 \sim 0.56$ μm)、蓝($0.43 \sim 0.47$ μm)以及仅有几纳米波长差的百余个不同波段分别对地物进行探测，这种分波段成像的方法一般称为多光谱遥感。随着红外摄影和多光谱遥感的相继出现，可见光遥感已把工作波段外延至近红外区(约 0.9 μm)。利用可见光成像的手段有摄影(黑白摄影、红外摄影、彩色摄影、彩色红外摄影、多波段摄影)和扫描2种方式，其探测能力得到了极大提高。

3. 红外线

红外线波长范围为 $0.76 \sim 1\,000$ μm，是可见光的几千倍，因此可以反映更多的地物特征。为了实际应用方便，又将其划分为近红外($0.76 \sim 3$ μm)、中红外($3 \sim 6$ μm)、远红外($6 \sim 15$ μm)和超远红外($15 \sim 1\,000$ μm)。近红外波段主要是来自地物表面反射太阳的红外辐射，又称为反射红外，是遥感技术的常用波段，性质与可见光相似。在遥感技术中采用摄影和扫描两种方式来接收和记录地物对太阳辐射的红外反射。在摄影时，由于受到感光材料灵敏度的限制，目前只能感测 $0.76 \sim 1.3$ μm 的波长。近红外对植被有很好的表现能力，常用于识别植被类型、分析植被长势、监视植被的病虫害情况等。中红外、远红外和超远红外是产生热感的原因，因此又称为热红外。自然界中任何物体，当温度高于绝对零度时，均能向外辐射红外线。物体在常温范围内发射红外线的波长多在 $3 \sim 4$ μm，而 15 μm 以上的超远红外线易被大气和水分子吸收，所以在遥感技术中主要利用 $3 \sim 15$ μm 波段，最常见的波段是 $3 \sim 5$ μm 和 $8 \sim 14$ μm。热红外遥感是采用热感应方式探测地物本身的辐射，在探测地下热源、火山、森林火灾、热岛效应等方面具有重要使用价值。热红外遥感最大的特点是能进行全天时遥感，不受白天或夜晚的限制。

4. 微波

微波波长在 1 mm ~ 1 m，又可分为毫米波、厘米波和分米波。其波长比可见光、红外线要长，能穿透云、雾而不受天气影响，因此能全天候遥感。微波对某些物体有一定的穿透能力，能直接透过植被、冰雪、土壤等表层覆盖物，探测表层下的地物，具有很大的发展潜力。地物在微波波段的辐射能量较小，为了能够利用微波的优势进行遥感，一般由传感器主动向地面目标发射微波，然后记录地物反射回来的电磁波能量，因此微波遥感也称为主动遥感。

第二节　电磁辐射定律

为了便于论述，需要简单地了解一下黑体的概念。黑体是个假设的理想辐射体，它既是完全的吸收体，又是完全的辐射体。黑体是朗伯源，其辐射各向同性。自然界的物体仅接近于黑体，进一步的讨论将放在下一节进行。电磁辐射遵循以下物理定律。

一、普朗克辐射定律

对于黑体辐射源，普朗克成功地给出了其辐射出射度(M)与温度(T)、波长(λ)的关系。黑体辐射能量随波长的分布函数可表示为

$$M(\lambda,\ T) = \frac{2\pi hc^2}{\lambda^5} \frac{1}{e^{hc/kT\lambda} - 1} \tag{11-1}$$

式中：h 为普朗克常数，取值 6.626×10^{-34} J·S；k 为玻耳兹曼常数，取值 $1.380\ 6 \times 10^{-23}$ J/K；c 为光速，取值 2.998×10^8 m/s；λ 为波长；T 为热力学温度。

式(11-1)中的 $M(\lambda,\ T)$ 也就是所指的普朗克辐射函数 $B(\lambda,\ T)$，表征在波长(λ)、物理温度(T)下的黑体辐射亮度(L)。普朗克辐射定律是热辐射理论中最基本的定律，它表明黑体辐射只取决于温度与波长，而与发射角和内部特征无关。

二、斯蒂芬-玻尔兹曼定律

任一物体辐射能量的大小是物体表面温度的函数。斯蒂芬-玻尔兹曼定律(简称斯-玻定律)表达了物体的这一性质。此定律将黑体的总辐射出射度与温度的定量关系表示为

$$M(T) = \sigma T^4 \tag{11-2}$$

式中：$M(T)$ 为黑体表面发射的总能量，即总辐射出射度；σ 为斯-玻常数，取值 $5.669\ 7 \times 10^{-8}$ W/(m²·K⁴)；T 为发射体的热力学温度，即黑体温度。

式(11-2)表明，物体发射的总能量与物体绝对温度的 4 次方成正比。因此，随着温度的增加，物质辐射能增加是很迅速的。当黑体温度增高 1 倍时，其总辐射出射度将增为原来的 16 倍。在这里我们仅强调黑体的发射能量是温度的函数。因此只要测得总辐射出射度，即辐射通量密度 M，由斯-玻定律就可计算得知黑体的温度，这是用辐射法测量高温物体温度的依据。我们计算太阳表面的温度就是采用斯-玻定律，得到太阳辐射相当于 5 900 K 黑体辐射，则推算出太阳表面的温度是 5 900 K。

三、维恩位移定律

维恩位移定律描述了物体辐射最大能量的峰值波长与温度的定量关系，表示为

$$\lambda_{max} = A/T \tag{11-3}$$

式中：λ_{max} 为辐射强度最大的波长；A 为常数，取值为 2 898 $\mu m \cdot K$；T 为热力学温度。

式(11-3)表明，黑体最大辐射强度所对应的波长 λ_{max} 与黑体的绝对温度 T 成反比。黑体温度增加时，其辐射曲线的峰值波长向短波方向移动，如当对一块铁加热时，我们可以观察到随着铁块的逐渐变热，铁块也将呈现出"暗红→橙→黄→白"的颜色变化规律，即向短波变化的现象。只要测出 λ_{max} 就可得出黑体温度，此定律提供了另一种测高温物体温度的计算方式。

四、基尔霍夫定律

基尔霍夫定律可表述为，在任一给定温度下，物体单位面积上的辐射出射度 $M(\lambda, T)$ 和吸收率 $\alpha(\lambda, T)$ 的比值对于任何地物都是一个常数，等于该温度下同面积黑体辐射出射度 $M_b(\lambda, T)$，即

$$\frac{M(\lambda, T)}{\alpha(\lambda, T)} = M_b(\lambda, T) \tag{11-4}$$

也就是说，在一定的温度下，任何物体的辐射出射度与吸收率的比值是一个普适函数，即黑体的辐射出射度。这个比值是温度、波长的函数，与物体本身的性质无关。

此式子也可表示为

$$\alpha(\lambda, T) = \frac{M(\lambda, T)}{M_b(\lambda, T)} = \varepsilon(\lambda, T) \tag{11-5}$$

基尔霍夫定律也可表述为，在热平衡条件下，物体的吸收率等于其比辐射率 $\varepsilon(\lambda, T)$，又称发射率。

第三节　电磁辐射的度量

电磁波的传播过程是电磁波能量的传递。利用遥感手段探测物体，实际上是对物体辐射能量的测定和分析。为了定量描述电磁辐射，首先需要对一些常用的基本概念与术语的物理意义做出说明。

在遥感过程中，需要测量从目标物反射或辐射的电磁波能量，也叫辐射量的测定。辐射测量是以 γ 射线到无线电波整个波长范围为对象的物理辐射量的测定。在辐射测量中，为了明确所要测量的量，定义了一些基本术语。以下给出了辐射测量中常用的基本术语及定义。

(1)辐射能量
辐射能量指以电磁波形式向外传送的能量，是电磁辐射能量的度量，单位为焦(J)。

（2）辐射通量

辐射通量也称辐射功率，指单位时间内，通过某一表面的辐射能量，单位为瓦（W），即焦/秒（$J \cdot s^{-1}$）。

（3）辐射出射度

辐射出射度也称辐射通量密度，指面辐射源在单位时间内，从单位面积上辐射出的辐射能量，即物体单位面积上发出的辐射通量，单位为瓦/平方米（$W \cdot m^{-2}$）。

（4）辐射照度

辐射照度简称辐照度，指面辐射体在单位时间内，单位面积上所接收的辐射能量，即照射到物体单位面积上的辐射通量，单位为瓦/平方米（$W \cdot m^{-2}$）。

（5）辐射强度

辐射强度指点辐射源在单位立体角、单位时间内，向某一方向发出的辐射能量，即点辐射源在单位立体角内发出的辐射通量，单位为瓦/球面度（$W \cdot sr^{-1}$）。

（6）辐射出射度

辐射出射度指在单位时间内，从单位面积上辐射出的辐射能量，单位为瓦/平方米（$W \cdot m^{-2}$）。

（7）辐射亮度

辐射亮度简称辐亮度，指面辐射源在单位立体角、单位时间内，向某一垂直于辐射方向单位面积（法向面积）上辐射出的辐射能量，即辐射源在单位投影面积上、单位立体角内的辐射通量，该变量的单位为瓦/平方米·球面度（$W \cdot m^{-2} \cdot sr^{-1}$）。

以上各辐射量均是波长的函数，表示单位波长间隔内的辐射能量，称为光谱辐射能量，而在通常的使用中我们往往省略前面的"光谱"二字。

第四节　电磁辐射源

一、黑体

所有的物体都是辐射源，在向外发出辐射的同时，也在不断接收其他物体的辐射。当电磁波入射到一个不透明的物体上时，该物体对接收到的电磁波同时具有吸收与反射的作用。吸收作用表现为物体的吸收系数 α，反射作用表现为物体的反射系数 ρ，且两者之和恒等于1。同时，吸收系数与反射系数均为电磁波波长与物体温度的函数，即不同波长的电磁波在不同温度下，吸收系数与反射系数存在差异。

如果一个物体在任何温度下对任何波长的电磁辐射都全部吸收，而没有任何反射，则这个物体是绝对黑体，简称黑体。黑体的吸收系数 $\alpha=1$，反射系数 $\rho=0$，与物体的温度以及电磁波的波长无关。

自然界中最接近黑体的物体是黑色的烟煤，其吸收系数接近 0.99。太阳以及恒星也被认为是接近黑体的辐射源。理想的绝对黑体在实验中是一个带有小孔的空腔，空腔壁由不透明的材料制成，对于辐射只有吸收与反射作用。从小孔进入的辐射照射到空腔壁时，大部分被吸收，少于5%的辐射能量被反射。经过多次反射后，假设仍有辐射通过小孔射出腔外，其能量为5%^{n}，当$n=10$时，可以认为物体已经吸收了几乎所有的辐射能量。

黑体的辐射特性是由其温度唯一决定的，且向外发出的辐射光谱连续。它满足上文所介绍的所有电磁辐射定律。

二、电磁辐射源

1. 自然辐射源

（1）太阳辐射

太阳辐射是可见光及近红外遥感的主要辐射源，是地球上生物、大气运动的能源，也是被动式遥感系统中重要的自然辐射源。太阳表面温度约有 6 000 K[1]，内部温度则更高。太阳辐射覆盖了很宽的波长范围，包括γ射线、紫外线、可见光、红外线、微波及无线电波。太阳辐射能主要集中在 0.3~3 μm 段，最大辐射强度位于波长 0.47 μm 左右，由于太阳辐射的大部分能量集中在 0.4~0.76 μm 的可见光波段，所以太阳辐射一般称为短波辐射。太阳辐射以电磁波的形式，通过宇宙空间到达地球表面（约 $1.5×10^8$ km），全程时间约 500 s。地球挡在太阳辐射的路径上，以半个球面承受太阳辐射。在地球表面上各部位承受太阳辐射的强度是不相等的。当地球处于日地平均距离时，单位时间内投射到位于地球大气上界，且垂直于太阳光射线的单位面积上的太阳辐射能为 $1.36×10^3$ W/m²，此数值称为太阳常数。一般来说，垂直于太阳辐射线的地球单位面积上所接收到的辐射能量与太阳至地球距离的平方成反比。太阳常数不是恒定不变的，一年内约有7%的变动。太阳辐射先通过大气圈，然后到达地面，而大气对太阳辐射有一定的吸收、散射和反射作用，所以投射到地表面上的太阳辐射强度有很大衰减。

（2）地球辐射

地球上的能源来自太阳的直射能量（太阳直射光）与天空漫入射的能量（天空光或天空辐射光）。一般来说，白天收入大于支出，净收入为正，地面温度不断升高。实际上，净收入能量一部分以传导与对流形式为大气增温，一部分消耗在水物态转换时所需的潜热，再考虑植被光合作用吸收的能量，扣除上述这些能量，其余的才是导致地表温度变化的原因。地表温度的变化除与地面能量收支情况有关外，还与物质本身的热学性质有关。被地表吸收的太阳辐射能，又重新被地表辐射。由维恩位移公式[式（11-3）]可计算出，地球温度在 300 K 时最大辐射强度约为 10 μm。地球辐射可分为短波辐射（0.3~2.5 μm）和长波辐射（6 μm 以上），短波辐射以地球表面对太阳的反射为主，地球自身的热辐射可忽略不计；而长波辐射只考虑地表物体自身的热辐射，在该区域内太阳辐照的影响极小。介于两者之间的中红外波段（2.5~6 μm）则太阳辐射和热辐射的影响均有，不能忽略。

2. 人工辐射源

人工辐射源指人为发射的具有一定波长（或一定频率）的波束，主动式遥感采用人工辐射源。工作时，根据接收地物散射该光束返回的后向反射信号强弱，探知地物或测距的方法，称为雷达探测。雷达探测的辐射源可分为微波辐射源和激光辐射源。

---

[1] 6 000 K = 5 727℃。

（1）微波辐射源

微波辐射源在微波遥感中常用的波段为 0.8~30 cm。由于微波波长比可见光、红外线波长要长，受到大气散射影响小，微波遥感具有全天候全天时探测能力，在海洋遥感、土壤遥感及多云、多雨地区得到广泛应用。

（2）激光辐射源

激光辐射源在遥感技术中逐渐得到应用，其中应用较广的为激光雷达。激光辐射源所用的波段范围较宽，短波波长可至 0.24 μm，长波波长可至 1 000 μm。激光雷达使用脉冲激光器，可精确测定卫星的位置、高度、速度等，也可测量地形、绘制地图、记录海面波浪情况，还可利用物体的散射性及荧光、吸收等性能监测污染和勘查资源。

第五节　电磁辐射与地表的相互作用

电磁辐射与地表的相互作用，主要有 3 种基本的物理过程：反射、吸收和透射。电磁辐射的吸收会伴随着反射和透射过程同时发生。这里主要介绍反射和透射过程。

一、反射

当电磁辐射能到达 2 种不同介质的分界面时，入射能量的一部分或全部返回原介质的现象，称为反射。反射的特征可以通过反射率来描述，它是反射能占入射能的比例。反射率是波长的函数，故称为光谱反射率。

物体的光谱反射率随波长变化的曲线称为光谱反射率曲线，它的形状反映了地物的波谱特征。影响反射率的因素不仅是波长，还包括物质类别，组成，结构，电磁辐射，入射角，物体的电学性质（电导、介电、磁学性质）及物质表面特征（粗糙质、质地）等。对遥感应用而言，任何物体的反射性质都是揭示目标本质最有用的信息。地物反射波谱特征的研究，对遥感是十分重要的。

物体对电磁波的反射可分为 3 种形式。

1. 镜面反射

入射能量全部或几乎全部按相反方向，且反射角等于入射角的反射现象，称为镜面反射。镜面反射分量是相位相干的，且振幅变化小，并有极化（偏振）。可见光在镜面、光滑的金属表面、平静水体表面均可发生镜面反射；微波由于波长较长，在马路面也可发生镜面反射。

2. 漫反射

入射能量在所有方向均匀反射，即入射能量以入射点为中心，在整个半球空间内向四周各向同性的反射现象，称为漫反射，又称朗伯反射，也称各向同性反射。漫反射相位和振幅的变化无规律，且无极化（偏振）。

一个完全的漫反射体称为朗伯体，朗伯体表面实际上是一个理想化的表面。它被假定为介质是均匀的、各向同性的，并在遥感中多用以作为近似的自然表面。朗伯体电磁波的反射服从朗伯余弦定律，即从任意角度观察朗伯表面，其反射辐射能量都是相同的。可见光在土石路面、均一的草地表面均属于漫反射体。

3. 方向反射

自然界大多数地表既不完全是朗伯表面，也不完全是光滑的镜面，而是介于两者之间的非朗伯表面。其反射并非各向同性，而是具有明显的方向性，即方向反射。

方向反射是指对入射和反射方向有严格定义的反射率，即特定反射能量与其面上特定入射能量之比。入射和反射方向的确定方法分别有微小立体角、任意立体角和半球全方向3种。当入射、反射均为微小立体角时，这种反射称为二向性反射。二向性反射是自然界中物体表面反射的基本宏观现象，即反射不仅具有方向性，且反射因入射的方向而异。也就是说，随着太阳入射角及观测角度的变化，物体表面的反射有明显差异，此差异还随物体空间结构要素的变化而变化。

二、透射

电磁波入射到2种介质的相接界面时，部分入射能穿越两介质的分界面的现象，称为透射。透射的能量穿越介质时，往往部分被介质吸收并转换成热能再发射。介质透射能量的能力，可以用透射率表示，它被定义为透过物体的电磁波强度（透射能）与入射能量之比。对于同一地物，透射率是波长的函数。

自然界中，人们最熟悉的是水体的透射能力。这是因为人们可以直接观察到可见光光谱段辐射能的透过现象。可见光以外的透射，虽然人眼看不到，但它依然存在。例如，植物叶片对可见光辐射是不可透过的，但它能透过一定量的热红外辐射。

第六节 大气对电磁辐射的影响

一、大气的成分和结构

1. 大气成分

地球大气是由多种气体、固态、液态悬浮的微粒混合组成的。大气中的成分主要包括N_2、O_2、H_2O、CO、CO_2、N_2O、CH_4及O_3，此外，悬浮在大气中的微粒有尘埃、冰晶、水滴等，这些弥散在大气中的悬浮物统称为气溶胶，可形成霾、雾和云。以地表面为起点，在80 km以下的大气中，除H_2O、O_3等少数可变气体外，各种气体均匀混合，所占比例几乎不变，所以把80 km以下的大气层称为均匀层，该层中大气物质与太阳辐射的相互作用是导致太阳辐射衰减的主要原因。

2. 大气结构

地球大气层包围着地球，大气层没有一个确切的界限，它的厚度一般取1 000 km，在垂直方向上有层次的区别。大气自下而上大致分为对流层、平流层、电离层和外大气层（散逸层），各层之间逐渐过渡，没有截然的界线。对流层内经常发生气象变化，是现代航空遥感主要活动的区域。大气条件及气溶胶的吸收作用会使电磁波传输减弱，因此在遥感中侧重研究电磁波在对流层内的传输特性。

平流层没有明显的对流，几乎没有天气现象。在该层内电磁波的传输特性与对流层内的传输特性相同，只不过电磁波传输表现较为微弱。平流层有对人类十分重要的臭氧层，由于臭氧层对紫外光的吸收，在地面上观测不到 0.29 μm 波长的太阳辐射。

电离层中大气十分稀薄，处于电离状态，故称为电离层。该层内气温随高度增加而急剧升高。该层对遥感使用的可见光、红外至微波波段的影响较小，基本是透明的。正因如此，无线电波才能绕地球做远距离传递。电离层受太阳活动影响较大，是人造地球卫星绕地球运行的主要空间。

外大气层离地面 1 000 km 以上直至扩展到几万千米，与星际空间融合为一体。层内空气极为稀薄，并不断地向星际空间散逸，该层对卫星运行基本上没有影响。

二、大气对电磁辐射的影响

太阳辐射进入地球表面之前必然通过大气层，其中约 30% 的能量被云层和其他大气成分反射回宇宙空间，约 17% 的能量被大气吸收，约 22% 的能量被大气散射，仅有 31% 左右的太阳辐射能量可到达地面。大气反射对太阳辐射的影响最大，严重影响遥感信息的接收。因此，目前在大多数遥感方式中，都只考虑在无云天气情况下的大气散射、吸收的衰减作用。

1. 大气对太阳辐射的反射作用

大气的反射作用表现为云层以及大气中较大颗粒的尘埃对太阳辐射的反射，其中云层的反射作用更加明显。不同的云量、云状以及厚度对太阳辐射的反射作用也各不相同。在较低、较厚的云层状态下，光学遥感传感器几乎接收不到任何地面实际物体的信息。

2. 大气对太阳辐射的散射作用

电磁辐射在传播过程中遇到小颗粒而使传播方向发生改变，并向各个方向散开，这种现象称为散射。散射作用使得电磁辐射在原传播方向减弱，其他方向的辐射增强。太阳辐射在经过大气到达地球表面时，存在着散射作用；太阳辐射经过与地球表面物体的相互作用，再次经过大气，反射回遥感传感器时，同样存在着散射作用；同时，经两次散射的辐射同样会进入遥感传感器。不同过程的散射作用增加了遥感传感器接收的噪声信号，造成了遥感影像质量的下降，因此在遥感图像处理的过程中，需要对数据进行辐射校正。根据大气中微粒的直径大小与电磁波波长的对比关系，通常把大气散射分为瑞利散射、米氏散射和非选择性散射 3 种类型。

（1）瑞利散射

大气粒子的直径远小于入射波波长时，则出现瑞利散射，大气中的气体分子对可见光的散射就属于这种类型。瑞利散射的强度与波长的 4 次方成反比，波长越短散射越强。可见光中，紫光的波长最短，散射能力最大。太阳光线射入大气后，散射最强的是紫光，在没有到达地面之前就已散射掉绝大部分，接近地面的紫光很少，蓝光最多，所以在地面看天空是蓝色，而在高空则逐渐变成紫色。日出、日落时天空呈现橙红色，也可以用瑞利散射来解释。瑞利散射降低了图像的"清晰度"或"对比度"，是造成遥感图像辐射畸变、图像模糊的主要原因。瑞利散射还对高空摄影图像的质量有一定影响，能使彩色图像略带蓝灰色。因此，摄影相机等遥感仪器多利用特制的滤光片，阻止蓝紫光透过以消除或减少图像模糊，提高图像的灵敏度和清晰度。

(2)米氏散射

与瑞利散射不同，微粒半径接近或者大于入射光线的波长时，大部分的光线会沿着前进的方向进行散射，这种现象被称为米氏散射。米氏散射主要是由大气中的微粒引起，如烟、尘埃以及气溶胶等，这些小颗粒的大小与太阳辐射中的红外线的波长接近，因此米氏散射对红外线的影响不能忽视。

(3)非选择性散射

大气粒子的直径远大于入射波波长时，则出现非选择性散射。大气中的水滴、大的尘埃粒子所引起的散射多属于非选择性散射。这种散射对波长没有选择性，对所有波长的反射作用是均等的。我们之所以能看到云和雾呈现白色或灰白色，就是在可见光范围内云、雾对蓝、绿、红光等散射的结果。

以上3种大气散射作用改变了太阳辐射的方向，降低了太阳光直射的强度，是太阳辐射能量衰减的主要因素之一。同时，大气散射产生了漫反射，增强了大气层本身的"亮度"，使地面阴影呈现暗色而不是黑色，使人们有可能在阴影处得到地表物体的部分信息。此外，散射使暗色物体表现得比它自身亮度要亮，使亮色物体表现得比它自身亮度要暗，其结果必然降低遥感图像的反差，进而影响图像的质量以及图像空间信息的表达能力。

三、大气对太阳辐射的吸收作用

太阳辐射穿过大气时会受到多种大气成分的吸收，从而导致辐射能量的衰减。在紫外、红外以及微波波段，大气吸收是引起电磁辐射能量衰减的主要原因。臭氧、二氧化碳和水汽是3种最重要的吸收太阳辐射能量的大气成分。

臭氧集中分布在高度$20\sim30$ km的平流层，主要吸收0.3 μm以下的紫外线，并在此形成一个强吸收带。此外，臭氧在0.96 μm处有弱吸收，在4.75 μm和14 μm附近的吸收更弱。虽然臭氧在大气中含量很低，只占大气总量的$0.01\%\sim0.1\%$，但它对地球能量的平衡却有着重要作用。

二氧化碳主要分布于低层大气，其含量仅占大气总量的0.03%左右。人类活动使二氧化碳含量有增加的趋势。二氧化碳在中、远红外波段（2.7 μm、4.3 μm、14.5 μm附近）有强吸收带，其中最强的吸收带出现在$13\sim17.5$ μm的远红外波段。

水汽一般出现在低空，其含量随时间、地点的变化很大（$0.1\%\sim3\%$）。水汽的吸收辐射是所有其他大气组分吸收辐射的好几倍，从可见光、红外至微波波段，到处都有水汽的吸收带。重要的吸收带有：$0.7\sim1.95$ μm、$2.5\sim3.0$ μm、$4.9\sim8.7$ μm和15 μm~1mm。水汽在0.94mm、1.63mm及1.35cm的微波波段有3个吸收峰。

此外，氧气对微波中0.25cm和0.5cm波长的电磁波也有吸收能力。甲烷、氧化氮，工业集中区附近的高浓度一氧化碳、氨气、硫化氢、氧化硫等都具有吸收电磁波的作用，但吸收率很低，可忽略不计。至于大气中其他成分的气体，都是对称分子，无极性，因此对电磁波不存在吸收作用。

四、大气窗口

太阳辐射经过大气时，要发生反射、吸收和散射，从而衰减了辐射强度。我们把受到大气衰减作用较轻、透射率较高的波段叫作大气窗口。对遥感传感器而言，只有选择透射率高的波段，才能形成高质量的遥感观测图像。主要的大气窗口包含以下 8 个。

①0.3~1.15 μm　包括全部可见光波段、部分紫外波段和部分近红外波段，是遥感技术应用最主要的大气窗口之一。其中，0.3~0.4 μm 为近紫外窗口，透过率为 70%；0.4~0.7 μm 为可见光窗口，透过率大于 95%；0.7~1.1 μm 为近红外窗口，透过率约为 80%。

②1.4~1.9 μm　近红外窗口，透过率在 60%~95%，其中 1.55~1.75 μm 透过率较高。

③2.0~2.5 μm　近红外窗口，透过率为 85%。

④3.5~5.0 μm　中红外窗口，透过率在 60%~70%。

⑤8~14 μm　热红外窗口，透过率为 80%。

⑥1.0~1.8mm　微波窗口，透过率在 30%~40%。

⑦2.0~5.0mm　微波窗口，透过率在 50%~70%

⑧8.0~1 000mm　微波窗口，透过率为 100%。

遥感传感器的探测波段只有设置在大气窗口以内，才能最大限度地接收地表信息，实现遥感探测。

五、大气校正

大气的衰减作用对不同波长的光是有选择性的，因而对不同波段的图像而言，大气的影响是不同的。另外，大气、目标、遥感器之间的几何关系不同，所穿越的大气路径长度不同，则图像中不同地区地物的像元灰度值所受大气影响程度不同，且同一地物的像元灰度值在不同获取时间内所受大气的影响程度也不同。消除这些大气影响的处理，称为大气校正。大气校正是遥感影像辐射校正的主要内容，是获得地表真实反射率必不可少的一步，大气校正对定量遥感尤其重要。

目前，大气校正模型主要可以分为以下几类：

1. 基于图像特征模型

基于图像特征模型的大气校正并不需要进行实际地面光谱及大气环境参数的测量，而仅利用遥感图像自身的信息就能对遥感数据进行定标。如波段间的数值运算（NDVI、RVI），可部分校正大气程辐射和因大气路径长度不同而产生的变形差异。暗目标法就是这类方法的代表，其原理是假设整幅图像的大气散射影响均一，把清澈水体当作暗目标，直接用暗目标的像元值代替大气程辐射等。另外，平面场模型、内在平均相对反射率模型、对数残差修正模型等均能一定程度上消除大气的影响。基于图像特征方法仅适用于较小范围，且校正后的图像均存在不同程度的噪声。在很多遥感应用中，往往并不一定需要绝对的辐射校正，这种基于图像的相对校正就能满足其应用需求。

2. 地面线性回归经验模型

通过获取遥感影像上特定地物的灰度值及成像时对应的地面目标反射光谱的测量值，

并建立两者之间的回归方程，利用该回归模型对整幅遥感影像进行校正的方法为地面线性回归经验法。该方法建模简单，模型计算方便，适用性强，但需要进行实地同步定标点的光谱测量，并要求地面定标点必须是均匀表面且区域不宜过大。

3. 大气辐射传输理论模型

辐射传输方程是描述电磁辐射在散射、吸收介质中传输的基本方程。大气的辐射传输模型能够较合理地描述大气散射、大气吸收、发射等过程，且能产生连续光谱，避免光谱反演的较大定量误差，已经得到广泛应用。从大气辐射传输方程中，可以反演出被探测参数的数值或沿路径的分布。若大气状态已知（消光、发射可计算），就可求出地表状态（垂直地面的辐射亮度）；若已知地表状态，也可求出大气状态。

目前国内外学者发展了多种不同类型的大气辐射传输模型。如适用于遥感图像大气影像校正的 RADFIELD 辐射传输计算模型、参数化的向上亮度模式，广泛应用的 LOWT-RAN-7、MODTRAN 大气辐射近似计算模型和"6S"（Second Simulation of the Satellite Signal in the Solar Spectrum）等。

第七节　典型地物光谱特征

地物反射、吸收、发射电磁波的特性是随波长而变化的，人们通常以光谱曲线的形式表示，简称地物光谱（图 11-3）。下面以植物、土壤、水体和岩石为例说明典型地物反射光谱特性及影响因素。

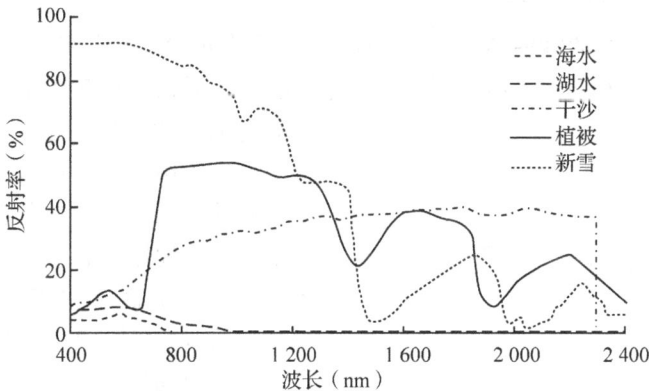

图 11-3　典型地物反射光谱曲线

一、植物的反射光谱特征

植物在地球系统中扮演着重要角色，具有非常明显而且独特的反射光谱特征（图 11-4）。健康的绿色植物光谱特征主要取决于它的叶片。在可见光谱段内，植物的光谱特征主要受叶片的各种色素支配，其叶绿素起着最重要的作用。由于色素的强烈吸收，叶的反射和透射很低。在以 450 nm 为中心的蓝波段和 650 nm 为中心的红波段，叶绿素强烈吸收辐射能呈现吸收谷。而在这 2 个吸收谷之间 550 nm 的绿色波段吸收相对减少，形成绿色反射峰，因此植物在视觉上看起来是绿色的。植物中的叶绿素将蓝、红光波段以及部分绿光波段辐射能量吸收进行光合作用。从近红外波段开始，植物的反射率急剧升高，这是由于植物中的多孔薄壁细胞组织对近红外波段有强烈的反射作用。这个反射峰介于 800~1 300 nm（近红外），反射率可以达到 40% 或者更高。在 1 450 nm、1 950 nm 和 2 600~2 700 nm 处，植物反射光谱曲线存在 3 个水分吸收谷。

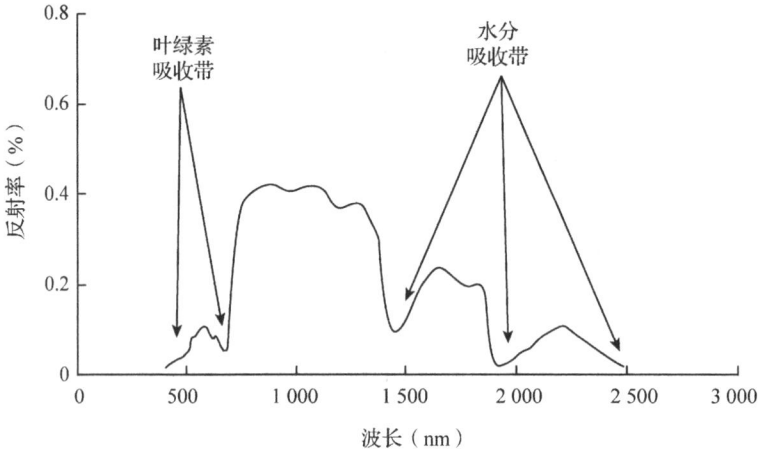

图 11-4　绿色植物的反射光谱曲线

二、土壤的反射光谱特征

土壤反射光谱曲线的"峰–谷"变化较弱，曲线形态远没有植物的复杂（图 11-5）。土壤的反射率一般都是随着波长的增加而增加，这种趋势在可见光和近红外波段尤为明显。土壤对电磁波的作用主要表现为吸收和反射，透射少。土壤作为一种由物理和化学性质各不相同的物质组成的复杂混合物，组成物质均不同程度地影响着土壤的光谱特性。影响土壤反射率的因素很多，包括土壤水分含量、有机质含量、氧化铁、土壤颜色、结构、表面粗糙度以及太阳–目标地物–传感器三者的几何关系等。一般来讲，土壤质地越细反射率越高；土壤有机质和土壤含水量越高反射率越低。

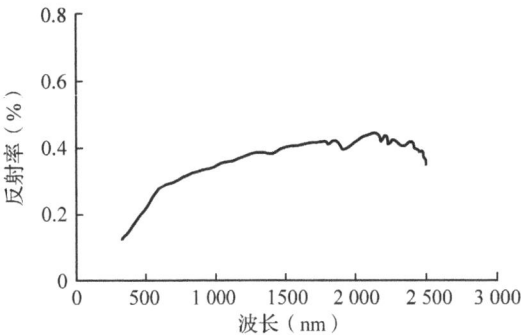

图 11-5　土壤的反射光谱曲线

三、水体的反射光谱特征

对水体而言，水的光谱特征主要是由水体本身的物质组成决定，同时又受到各种水状态的影响。水体的反射率较低，一般小于 10%，远低于其他地物。水体光谱曲线如图 11-6 所示。在可见光波段 600 nm 之前，水对电磁波的作用表现为吸收少、反射率较低、大量透射。其中水面反射率约 5% 左右，并随着太阳高度角的变化呈 3% ~ 10% 的变化；水体可见光反射包含水表面反射、水体底部物质反射及水中悬浮物质（浮游生物或叶绿素、泥沙、有色溶解有机物及其他物质）反射 3 方面的贡献。对清澈水体，在蓝-绿光波段反射率为 4% ~ 5%；600 nm 以下的红光部分反射率降到 2% ~ 3%，在近红外、短波红外部分，水体几乎可以吸收全部的入射能量，因此水体在这两个波段的反射

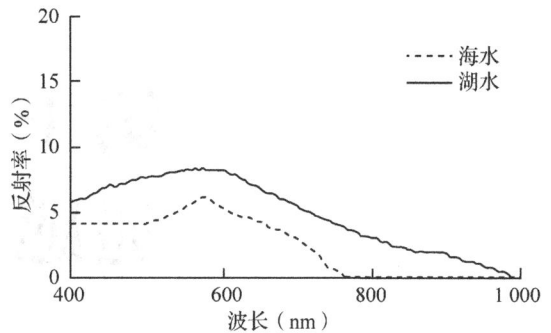

图 11-6　水体反射光谱特征

能量很小。这一特征与植被和土壤光谱形成十分明显的差异，因而在红外波段识别水体是很容易的。

水体的光学特征集中表现在可见光在水体的辐射传输过程。它包括气-水界面的反射、折射、吸收、水中悬浮物质的多次散射（体散射特征）等。而水体的辐射传输过程及水体表现出的光谱特征与水体的入射辐射、水的光学性质、表面粗糙度、日照角度与观测角度、气-水界面的相对折射率有关，甚至在某些特殊的情况下还涉及水底反射特征等。水体的反射特征较其他地物有其特殊性，因此，水色遥感与陆地遥感有很大的差异，感兴趣的读者可参阅相关书籍和文献。

四、岩石的反射光谱特征

图 11-7 为几种岩石的反射光谱曲线。不同岩石反射光谱特征差异明显，这种差异性决定了它们具有各自特定的影像色调特征，也是遥感影像识别的基础。岩石反射曲线无统一特征，矿物成分、矿物含量、风化程度、含水状况、颗粒大小、表面光滑度、岩石色泽等都会对其反射光谱产生影响。例如，浅色矿物与深色矿物对其反射光谱的影响差异明显；浅色矿物反射率高，深色矿物反射率低。自然界中，岩石多被植被、土壤覆盖，所以其反射光谱还与其覆盖物有很大关系。

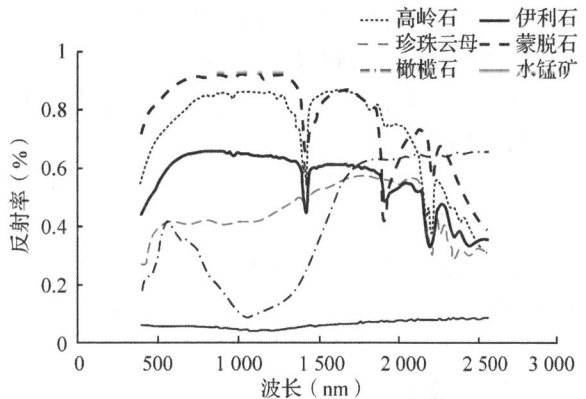

图 11-7　几种岩石的反射光谱曲线

第十二章
遥感系统

遥感平台和传感器是遥感系统的重要组成部分，是获取地表信息的关键设备。遥感平台是用于搭载传感器的工具，而传感器则是获取地表信息的核心设备。

第一节　遥感平台

遥感平台用来搭载传感器，可实现从宇宙空间来观测地球表面。遥感平台通常由遥感传感器、数据记录装置、姿态控制仪、通信系统、电源系统、热控制系统等组成，其功能为记录准确的传感器位置，获取可靠的数据以及将获取的数据传送到地面站。

一、遥感平台的种类

遥感平台可以按照不同的方式分类。

1. 按遥感平台运行高度分类

可以分为地面遥感平台、航空遥感平台、太空遥感平台、星系(月球)遥感平台等。

2. 按遥感平台用途分类

遥感平台按不同的用途可以分为以下几类。

(1)科学卫星

科学卫星是用于科学探测和研究的卫星，主要包括空间物理探测卫星和天文卫星，用来研究高层大气、地球辐射带、地球磁场、宇宙射线和太阳辐射等，并可以观测其他星体。

(2)技术卫星

技术卫星是进行新材料试验或为应用卫星进行试验的卫星。航天技术中有很多新原理、新材料、新仪器，其能否使用，必须在太空进行试验。一种新卫星的性能如何，也只有把它发射到太空去实际"锻炼"，试验成功后才能应用。

(3)应用卫星

针对不同的应用需采用不同的遥感平台。应用卫星是直接为人类服务的卫星，它的种类最多，数量最大，包括地球资源卫星、气象卫星、海洋卫星、环境卫星、通信卫星、测绘卫星、高光谱卫星、高空间分辨率卫星、导航卫星、侦察卫星、截击卫星、小卫星和雷达卫星等。

3. 按遥感平台运行轨道高度和寿命分类

对于太空遥感平台，按照其运行轨道高度和寿命的不同可以分为 3 种类型。

(1) 低高度、短寿命的卫星

低高度、短寿命的卫星高度一般为 150~200 km，寿命只有 1~3 周，可以获得分辨率较高的影像，这类卫星多为军事目的服务。

(2) 中高度、长寿命的卫星

中高度、长寿命的卫星高度一般在 300~1 500 km，寿命可达一年以上，如陆地卫星、气象卫星和海洋卫星等。

(3) 高高度、长寿命的卫星

高高度、长寿命的卫星即地球同步卫星或静止卫星，其高度约为 35 800 km，一般通信卫星和静止气象卫星属于此类。

4. 按遥感平台搭载传感器的探测波段分类

根据遥感平台搭载传感器所接收的电磁波谱不同，可以将遥感平台分为以下几种。

(1) 紫外遥感

紫外遥感探测波段在 0.05~0.38 μm，主要集中探测目标地物的紫外辐射能量，目前对其研究极少。

(2) 可见光遥感

可见光遥感探测波段在 0.38~0.76 μm，主要收集和记录目标地物反射的可见光辐射能量，常用的传感器主要有照相机、摄像机、光学扫描系统和成像光谱仪等。

(3) 红外遥感

红外遥感探测波段在 0.76~1 000 μm，主要收集和记录目标地物辐射和反射的热辐射能量，常用的传感器有扫描系统和摄像机等。

(4) 微波遥感

微波遥感探测波段在 1 mm~1 m，主要收集和记录目标地物辐射和反射的微波能量，常用的传感器有扫描仪、雷达、高度计和微波辐射计等。

(5) 激光雷达遥感

激光雷达遥感探测波段可以是可见光波段，也可以是微波波段，它可以主动发射辐射能量，并收集和记录目标的反射能量，根据雷达光斑大小又可分大光斑和小光斑激光雷达。常用的传感器有激光测高仪和激光扫描仪等。

5. 按遥感平台工作方式分类

根据传感器工作方式不同，遥感可分为主动遥感和被动遥感。

(1) 主动遥感

主动遥感是指传感器主动发射一定电磁能量并接收目标地物的后向散射信号的遥感方式，常用的传感器包括侧视雷达、微波散射计、雷达高度计和激光雷达等。

(2) 被动遥感

被动遥感是指传感器不向目标地物发射电磁波，仅被动接收目标地物自身辐射和对自然辐射源的反射能量，主要的可见光遥感、红外遥感和被动微波遥感都属于这一类。因此，被动遥感也被称为他动遥感和无源遥感等。

此外，目前遥感卫星监测的对象已经不只限于人类居住的地球，还开始关注地球以外的星球，比如月球、水星和火星等。

二、卫星轨道及运行特点

1. 卫星轨道参数

卫星轨道在空间的具体形状位置可由 6 个轨道参数来确定。

①升交点赤经　为卫星轨道的升交点与春分点之间的角距。升交点为卫星由南向北运行时，与地球赤道面的交点。轨道面与赤道面的另一个交点称为降交点。春分点为黄道面与赤道面在天球上的交点。

②近地点角距　指卫星轨道的近地点与升交点之间的角距。

③轨道倾角　指卫星轨道面与地球赤道面之间的两面角，即从升交点一侧的轨道面与赤道面之间的夹角。

④卫星轨道的长半轴　指卫星轨道远地点到椭圆轨道中心的距离。

⑤卫星轨道的偏心率　又称扁率，是卫星椭圆轨道的焦距与卫星轨道的长半轴之比。

⑥卫星过近地点时刻。

以上 6 个参数可以根据地面观测来确定。其中，升交点赤经、近地点角距、轨道倾角和卫星过近地点时刻决定了卫星轨道面与赤道面的相对位置，而卫星轨道的长半轴和卫星轨道的偏心率则决定了卫星轨道的形状。

其他一些与卫星轨道相关的参数还包括：

①卫星速度　指卫星运行时相对于地表的速度。

②卫星运行周期　指卫星绕地球一圈所需要的时间。根据开普勒第三定律，卫星运行周期与卫星的平均高度有关。

③卫星高度　依据开普勒第一定律可解求卫星的平均高度。

④同一天相邻轨道间在赤道处的距离。

⑤每天卫星绕地球圈数。

⑥重复周期　指卫星从某地上空开始运行，经过若干时间的运行后，再次回到该地上空时所需要的天数。

2. 卫星的坐标和姿态的测定与解算

(1) 卫星的坐标

上面已介绍了卫星轨道可用 6 个轨道参数来描述，这些参数可通过地面对卫星的观测来确定。测定卫星的坐标有 2 种常用方法：①在预先编制的星历表中查到。已知 6 个参数后，要计算卫星某一瞬间的坐标，还须测定卫星在该瞬间的精确时间。卫星坐标以时间为参数，在预先编制的星历表中可以查到；②用定位系统测定卫星坐标。目前比较普遍使用的是 GPS——一种快速而精确的定位方法，可用于导航、授时校频及地面和卫星的精确定位测量。通过对 GPS 卫星的观测，可以求得接收机所在点的三维坐标和时钟改正数，如果进行多普勒测量还能求出接收机的三维运动速度。

(2) 卫星的姿态

绕飞行方向旋转的姿态角称为滚动，绕扫描方向旋转的姿态角称为俯仰，绕偏离飞行方向的轴旋转的姿态角称为航偏。姿态角可用星相机、红外姿态仪等测定。根据实测的数据，可用地面控制加以校正，使其限制在一定的范围内。

3. 陆地资源遥感卫星轨道的特点

用于资源调查、测绘成图的遥感影像对获取影像的遥感平台的轨道有一定的要求，以尽量保证所获取影像的比例尺、光照等一致，并能对陆地表面进行重复观测。因此，陆地资源遥感卫星轨道一般具有以下4个特点。

(1)近圆形轨道

近圆形轨道可以保证在不同地区获取的影像比例尺接近一致。同时近圆形轨道使得卫星的速度也近于匀速。便于扫描仪通过固定扫描频率对地面扫描成像，避免扫描行不衔接。

(2)近极地轨道

近极地轨道有利于增大卫星对地面总的观测范围，卫星的轨道倾角设计接近90°。利用地球自转并结合轨道运行周期和影像扫描宽度的设计，可以观测到南北极附近的高纬度地区。

(3)与太阳同步轨道

卫星轨道与太阳同步是指卫星轨道面与太阳、地球连线之间在黄道面内的夹角，不随地球绕太阳公转而改变。

卫星与太阳同步轨道，卫星会以相同的地方时通过地面上空，即卫星通过地面上任意纬度的地方时基本保持不变，有利于卫星在相近的光照条件下对地面进行观测。但是由于季节和地理位置的变化，太阳高度角并不是任何时间都一致的。与太阳同步轨道还有利于卫星在固定的时间飞临地面接收站上空，并使卫星上的太阳电池获得稳定的太阳照度。

(4)可重复轨道

综合各种因素的影响，地表存在种种缓慢的或者急速的变化，需要利用卫星来获取。卫星绕地球运转，可以连续获取反映地表信息的数据。轨道的重复周期与卫星的运行周期关系密切，轨道的重复性有利于保证对地面地物或自然现象的变化作动态监测。

第二节　传感器

一、传感器的分类

传感器是在电磁波谱的多个波段上采集感兴趣的目标或区域的反射、发射或后向散射能量(接收地面的辐射或传感器自身发射经目标反射的辐射)并将其转换为输出信号的设备，是获取遥感数据的关键设备。

到目前为止，传感器种类非常丰富，有框幅式光学相机、缝隙、全景相机、数码相机、光机扫描仪、光电扫描仪、CCD线阵、面阵扫描仪、微波散射计、雷达测高仪、激光扫描仪和合成孔径雷达等，几乎覆盖了可透过大气窗口的所有电磁波段。

传感器按照成像方式可以分为被动式传感器和主动式传感器(表12-1)。被动式传感器为接收目标对电磁波的反射和目标本身辐射的电磁波而成像的遥感方式；主动式传感器是由传感器向目标物发射电磁波，经过目标反射，由传感器收集目标物反射回来的电磁波的遥感方式。每种遥感方式还可分为扫描方式和非扫描方式。图 12-1 列出了 3 种常见的传感器类型。

表 12-1　按成像方式分类的传感器

被动式传感器	非扫描方式	非影像方式		微波辐射计	主动式传感器	非扫描方式	非影像方式	微波散射机
				地磁测量仪				微波高度计
				重力测量仪				激光光谱仪
				傅里叶光谱仪				激光高度计
		影像方式	相机	黑白				激光水深计
				真彩色				激光测距仪
				红外				激光雷达
				彩红外		扫描方式	影像方式	像面扫描 合成孔径雷达
	扫描方式	影像方式	像面扫描	TV 摄像机				被动型相控阵雷达
				固体扫描仪				物面扫描 微波散射计
			物面扫描	光机扫描仪				真实孔径雷达
				微波辐射计				

传感器一般由收集器、探测器、处理器、输出器组成。对于主动式传感器，还有信号的发射装置。

①收集器　收集地物辐射来的能量，具体的元件有透镜组、反射镜组和天线等。

②探测器　将收集的辐射能转变成化学能或电能，具体的元件有感光胶片、光电管、光敏和热敏探测元件、共振腔谐振器等。

③处理器　对收集的信号进行如显影、定影、信号放大、变换、校正和编码等处理。

④输出器　输出获取的数据，主要类型有扫描成像仪、阴极射线管、电视显像管、磁带记录仪、彩色喷墨仪、光盘、硬盘和磁盘阵列等。

二、传感器的特性

对电磁波遥感传感器而言，传感器获取的信息包括目标地物的大小、形状及空间分布特点、目标的属性特点和目标的运动变化特点等。这些特点可分为几何、物理和时间 3 个方面，表现为传感器的 4 个特征：遥感影像的空间分辨率、光谱分辨率、辐射分辨率和时间分辨率。这些特征决定了遥感影像的应用能力和需求，传感器的发展往往体现在这 4 个指标的改善上。

1. 空间分辨率

传感器瞬时视场内所观察到的地面的大小称为空间分辨率，其值由传感器的瞬时视场角和平台高度确定，其大小决定了影像上地物细节的再现能力。传感器空间分辨率决定了

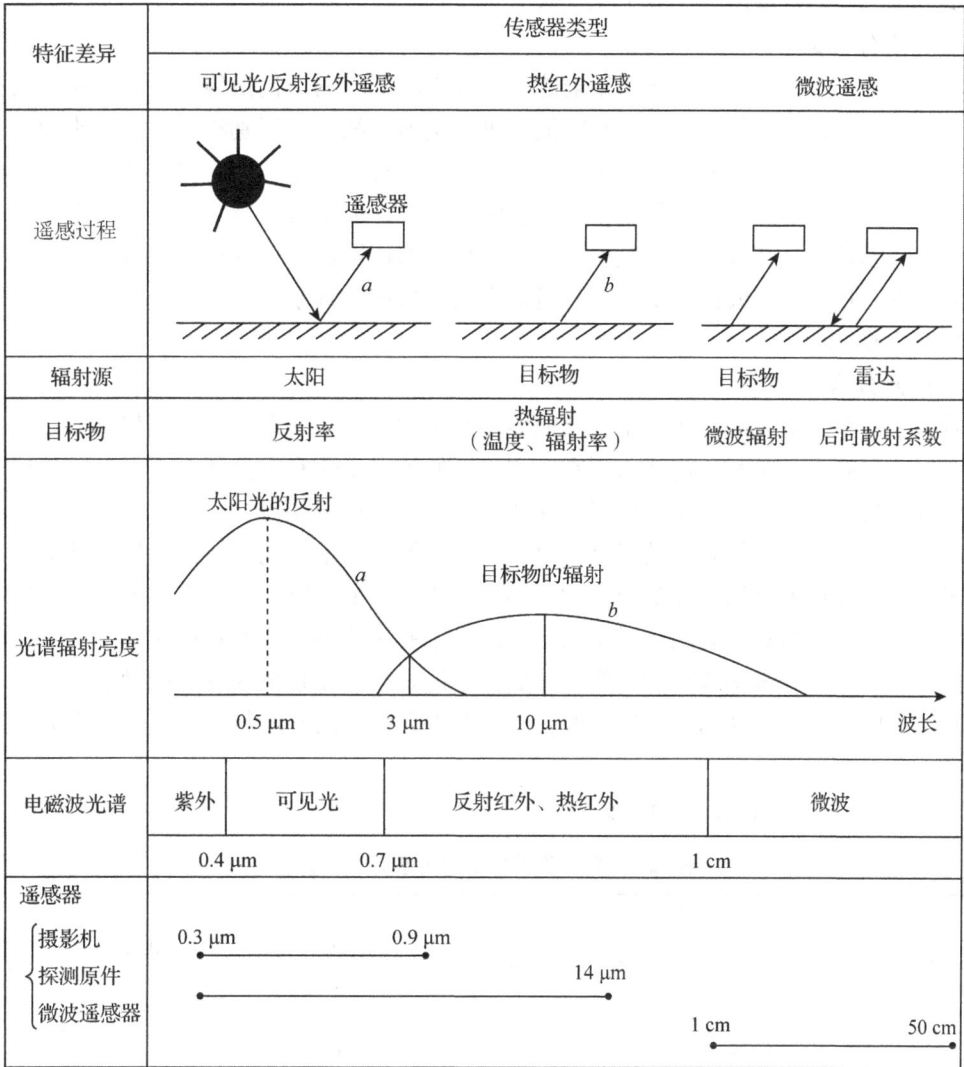

图 12-1　3 种常见的传感器类型(a=6 000K，b=300 K)

遥感影像的成图比例尺，如 Landsat MSS 影像的空间分辨率（即每个像元在地面的大小）为 79 m×79 m；TM 多光谱影像的空间分辨率为 30 m×30 m；SPOT-5 多光谱影像的空间分辨率为 10 m×10 m，而其全色波段影像空间分辨率可以达到 2.5 m×2.5 m；GeoEye 影像的全色波段空间分辨率已经达到 0.4 m×0.41 m。

2. 辐射分辨率

辐射分辨率是指传感器能区分 2 种辐射强度最小差别的能力，在遥感影像上表现为每一像元的辐射量化等级，一般用量化比特数表示最暗至最亮灰度值之间的分级数目。传感器的辐射分辨率决定某个波段各类地物的细节，在可见光波段、近红外波段用噪声等效反射率表示，在热红外波段用噪声等效温差、最小可探测温差和最小可分辨温差表示。传感器的输出包括信号和噪声两大部分，如果信号小于噪声，则输出的是噪声；如果两个信号

179

之差小于噪声，则在输出的记录上无法区分。

3. 光谱分辨率

光谱分辨率为传感器探测光谱辐射能量的最小波长间隔，包括传感器总的探测波段的宽度、波段数、各波段的波长范围和间隔，可决定地物细节的区别程度。一般来说，若传感器探测的波谱范围大、波段的数量多、各波段的波长间隔小，则它输出的数据能较好地反映地物的波谱特性。但实际使用中，由于波段太多，输出数据量太大，反而会增加处理工作量和判读难度。有效的方法是根据被探测目标的特性选择一些最佳探测波段。所谓最佳探测波段，是指这些波段中探测各种目标之间和目标与背景之间，有最好的反差或波谱响应特性的差异。

4. 时间分辨率

时间分辨率是指对同一地区重复获取影像所需的最短时间间隔，决定传感器对应用对象的变化检测能力。时间分辨率与所需探测目标的动态变化有直接的关系。各种传感器的时间分辨率与卫星的重复周期及传感器在轨道间的立体观察能力有关。

在轨道间不进行立体观察的卫星，时间分辨率等于其重复周期；进行轨道间立体观察的卫星的时间分辨率比重复周期短。如 SPOT 卫星，在赤道处一条轨道与另一条轨道间交向获取一个立体影像对，时间分辨率为 2 天。未来的遥感小卫星群将能在更短的时间间隔内获得影像。时间分辨率越高的影像，能更详细地观察地面物体或现象的动态变化。与光谱分辨率一样，并非时间间隔越短越好，也需要根据物体的时间特征来选择一定时间间隔的影像。

表 12-2 为部分卫星携带的传感器相关参数比较。

表 12-2 部分卫星携带的传感器相关参数

卫星	卫星携带的传感器空间分辨率全色/多光谱(m)	多光谱波段数	光谱范围(nm)	量化等级(byte)	时间分辨率
LANDSAT-7	30 30 30 30 30 30 60 15	7	ETM1：450~520 ETM2：520~600 ETM3：630~690 ETM4：760~900 ETM5：1 550~1 750 ETM7：2 080~2 350 ETM6：10 400~12 500 PAN：520~900	8	16天
SPOT-5	2.5/101	4	绿：500~590 红：610~680 近红外：780~890 短波红外：1.58~1.75	8	2~26天
IRS-P6	5.8/23.5	4	绿：520~590 红：620~680 近红外：770~860 短波红外：1.55~1.70	8	5天

（续）

卫星	卫星携带的传感器空间分辨率全色/多光谱(m)	多光谱波段数	光谱范围（nm）	量化等级（byte）	时间分辨率
CBERS-1	2.36/19.5	5	蓝：450~520 绿：520~590 红：630~690 近红外：770~890 短波红外：510~730 全色：500~800	8	26天
IKONOS	1/4	4	蓝：450~530 绿：520~610 红：640~720 近红外：770~990 全色：450~900	11	3天
QUICK BIRD	0.6/2.4	4	蓝：450~520 绿：520~660 红：630~690 近红外：760~900 全色：610~720	11	1~6天
GeoEye	0.41/1.65	4	蓝：450~510 绿：510~580 红：660~690 近红外：780~920 全色：450~900	11	3天
MODIS	250/500/1000	36	分布在可见光，红外波段	12	0.5天
FY-2C/D 双星	可见光1150 红外5000	5	可见光一个波段，红外4个波段	12	15分钟
GF-1	2 8/16	4	全色：450~900 蓝：450~520 绿：520~590 红：630~690 近红外：770~890	8	41天 侧摆2天重访

第十三章
遥感数字图像处理

地物的光谱特征一般以图像的形式记录下来。地面反射或发射的电磁波信息经过地球大气到达遥感传感器，传感器根据地物对电磁波的反射强度以不同的亮度表示在遥感图像上。遥感传感器记录地物电磁波的形式有两种：一种是胶片或其他的光学成像载体的形式；另一种是数字形式，也就是所谓的以光学图像和数字图像的方式记录地物的遥感信息。

与光学图像处理相比，数字图像的处理简单便捷、快速，并且可以完成一些光学图像处理方法所无法完成的各种特殊处理，随着数字图像处理设备成本越来越低，数字图像处理变得越来越普遍。本章主要介绍遥感数字图像处理的基础知识，为遥感数字图像的各种处理打下基础。

第一节　遥感数字图像处理基础

一、遥感图像

1. 模拟图像

在图像处理中，像纸质照片、电视模拟图像等，通过某种物理量（如光、电等）的强弱变化来记录图像亮度信息的图像均为模拟图像。每一幅图像为同一瞬间的成像，多属中心投影。它的空间分辨率高、几何完整性好，其特点为物理量的变化是连续的。

2. 数字图像

数字图像是用光电二极管等作为探测元件将地物的反射或发射能量，经光电转换过程，把光的辐射能量差转换为模拟的电压差或电位差（模拟电信号），再经过模数变换（A/D），将模拟量变换为数值（亮度值），存储于数字磁带、磁盘、光盘等介质上。最小单位为像元，一个像元只有一个亮度值，是像元内所有地物辐射能量的积分值（或平均值）。同一幅图像里成像时间不一，属多中心投影。其特点为把连续的模拟图像离散化成规则网格，并用计算机以数字的方式来记录图像上各网格点的亮度信息。

二、图像存储格式

1. BSQ 格式

BSQ 格式(band sequential format)是按照波段顺序依次记录影像数据，先按照波段顺序分块排列，在每个波段块内，再按照行列顺序排列。

2. BIL 格式

BIL 格式(band interleaved by line)是逐行按波段次序记录影像数据，即先记录各波段的第一扫描行，再记录各波段第二扫描行……此方式必须把一景影像的所有波段数据读完后才能生成影像。

3. BIP 格式

BIP 格式(band interleaved by pixel)是按像元顺序记录影像数据，即在一行中，按每个像元的波段顺序排列，属各波段数据间交叉记录方式。

4. 形成编码

形成编码(run-length encoding)可压缩数据，又称游程码，属于波段连续方式，即对每条扫描线仅存储亮度值以及亮度值连续出现的次数。

5. HDF 格式

HDF 格式(hierarchical data format，层次型数据格式)是由美国国家高级计算机应用中心(National Center for Supercomputing Applications，NCSA)研制的新型数据格式，其特点是在不同平台间传递时不必转换格式，已被应用于 MODIS、MISR 等数据中。

HDF 文件有 6 种主要数据类型：①栅格图像数据；②调色板(图像色谱)；③科学数据集，即可用于存储和描述多维科学数据；④Vdata(数据表)；⑤HDF 注释，即信息说明数据；⑥Vgroup(相关数据组合)，即可用来把相关的数据目标联系起来。

HDF 采用分层式数据管理结构，并通过所提供的"总体目录结构"直接从嵌套的文件中获得各种信息。因此，打开一个 HDF 文件，在读取影像数据的同时可以方便地查取到其地理定位、轨道参数、影像性质、影像噪声等各种信息参数。

具体地讲，一个 HDF 文件包括一个头文件和一个或多个数据对象。一个数据对象由一个数据描述符和一个数据元素组成。前者包含数据元素的类型、位置、尺度对信息；后者是实际的数据材料。HDF 这种数据组织方式可以实现 HDF 数据的自我描述。HDF 用户可以通过应用界面来处理这些不同的数据集，例如，一套 8bit 的影像数据集一般有 3 个数据对象：①描述数据集成员；②影像数据本身；③描述影像的尺寸大小。

第二节　几何校正

一、遥感图像的几何变形

在遥感图像信息的获取过程中，由于遥感传感器、遥感平台以及地球本身等方面的原因，往往会引起遥感图像的几何变形，即图像像元在图像中的坐标与其在地图坐标系等参考系统的坐标之间存在差异。遥感图像的几何校正就是要校正成像过程中造成的各种变形，生成一幅符合某种地图投影或图形表达要求的新图像。

原始遥感图像通常均包含严重的几何畸变，几何畸变是遥感图像中各像元的位置坐标和地图坐标系中的目标地物坐标的差异引起的。造成图像发生几何畸变的因素有很多，一般分为系统几何误差和非系统几何误差。传感器的成像方式有中心投影、全景投影、斜距投影以及平行投影几种，根据遥感器工作方式的不同分析产生畸变的原因，可细分为4类：

①遥感器的内部畸变　即由遥感器的内部结构引起的畸变(图 13-1)。

②遥感器的外部畸变　即由图像投影方式的几何学引起的畸变，可进一步分为平台引起的畸变和目标物(如地球的自转等)引起的畸变(图 13-2)。

③图像投影面的选取引发的畸变　图像投影面的选取方法(图像坐标系的定义方式)不同，几何畸变的表现也不同。

④地图投影法的几何学引起的畸变　采用的地图投影法不同而产生的畸变。

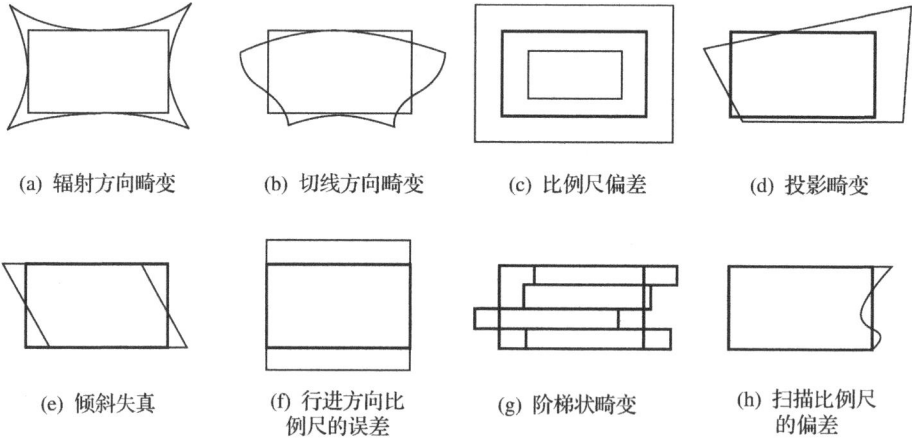

(a) 辐射方向畸变　　(b) 切线方向畸变　　(c) 比例尺偏差　　(d) 投影畸变

(e) 倾斜失真　　(f) 行进方向比　　(g) 阶梯状畸变　　(h) 扫描比例尺
　　　　　　　　例尺的误差　　　　　　　　　　　　　　的偏差

图 13-1　几种内部畸变示意

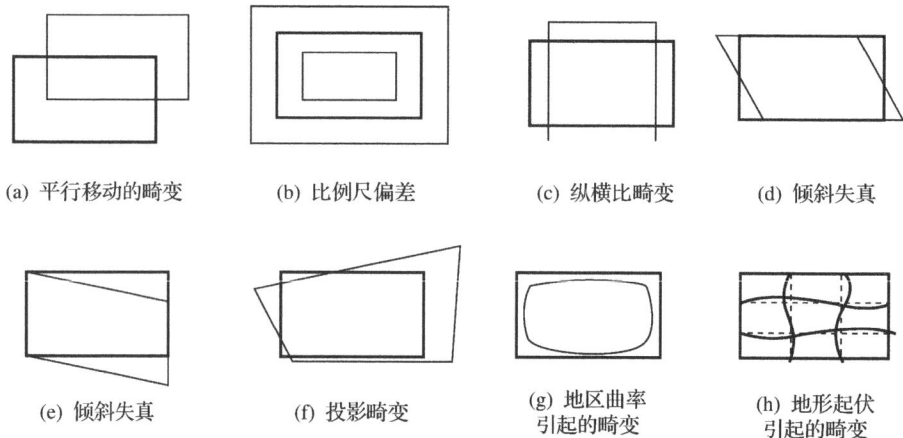

(a) 平行移动的畸变　(b) 比例尺偏差　　(c) 纵横比畸变　　(d) 倾斜失真

(e) 倾斜失真　　(f) 投影畸变　　(g) 地区曲率　　　(h) 地形起伏
　　　　　　　　　　　　　　　　引起的畸变　　　　引起的畸变

图 13-2　几种外部畸变示意

二、遥感图像的几何校正过程

几何校正的目的就是校正系统及非系统误差引起的遥感图像的几何畸变，从而达到与标准影像或地图在几何上的一致。本质上，几何校正过程就是建立遥感影像像元坐标（影像坐标）与地物地理坐标（地图坐标）之间的对应关系的过程，可分为几何粗校正和几何精校正。几何粗校正主要是针对引起畸变的因素所进行的校正，而几何精校正则是利用控制点进行的，即用一种数学模型来近似描述遥感影像的几何畸变过程，然后利用畸变的遥感影像与标准地图或已经校正过的标准影像之间的一些对应点（控制点点对）求得几何畸变模型，最后利用该模型对遥感影像进行校正，它并不考虑引起几何畸变的原因。

遥感影像几何校正的一般步骤包括：选择校正方法、几何粗校正、几何精校正和精度分析验证。通常用户会指定一个可以接受的最大总均方根误差，如果校正结果实际总均方根误差超过了这个值，则需要根据实际情况调整校正方法、控制点等操作，直至达到所要求的精度为止。

1. 选择校正方法

考虑到遥感图像中几何误差的性质和可用于几何校正的数据所选择的方法。去除系统几何误差后的图像仍然还残留有非系统性几何畸变。

2. 几何粗校正

几何粗校正仅对遥感图像进行系统误差校正，即通过理论校正公式，对传感器构造有关的校准数据、传感器姿态等进行校正。几何粗校正时，根据卫星轨道公式将卫星的位置、姿态、轨道等作为时间函数加以计算，用于确定每条扫描线上的像元坐标。中心投影型遥感器中的共线条件式就是理论校正式的典型例子，该方法对大多遥感器的内部畸变是有效的。但通常遥感器的位置及姿态的测量值精度不高，所以系统性校正的精度也不高。

3. 几何精校正

遥感影像在使用前一般都已进行过部分几何粗校正处理，但处理之后的产品仍存在较大的残余误差，这说明仅用卫星参数，尚不足以精确地确定每个像元的地理位置，因此可采用几何精校正处理以提高定位精度。目前，几何精校正的处理大都借助于地面控制点和数学模型。具体步骤包括选取地面控制点、像元坐标变换、像元亮度值重采样3个方面。

(1) 选取地面控制点

地面控制点就是以地面坐标为匹配标准的控制点，有时也采用地图或遥感图像作为地面控制点的选取基准。地面控制点应具备以下特征：

①地面控制点在图像上有明显的、清晰的定位识别标志，如道路交叉点、河流汊口、建筑物边界、农田界线等。

②地面控制点上的地物不随时间而变化，以保证当对两幅不同时段的图像或地图进行几何校正时，可以同时识别出来。

③在没有做过地形校正的图像上选控制点时，应尽量在同一地形高度上进行。

④地面控制点应均匀地分布在整幅图像内，这是因为图像变形是非线性，部分变形具有周期性。

⑤地面控制点要有一定的数量保证，否则不足以作为校正误差的依据。

地面控制点的数量、分布和精度直接影响几何校正的效果。控制点的精度和选取的难易程度与图像的质量、地物的特征及图像的空间分辨率密切相关。

（2）像元坐标变换

地面控制点选定后，要分别读出其在待校正图像上的像元坐标(x, y)及参考图像或地图上的坐标(X, Y)。要说明的是，参考图像上的坐标可以是经纬度也可以是统一的地面投影坐标（如高斯-克吕格投影）；图像上的像元坐标一般是其行、列号，也可以是变形的地理坐标。图13-3是遥感图像几何纠正的示意图。图中把原始图像变形看成是某种曲面，输出图像作为规则平面。在已知多个地面控制点坐标的两组坐标[如(x, y)和(X, Y)]后，即可通过建模求解其几何变换校正系数，最后用求得的系数将遥感数据校正到标准数据集或地图投影上，对待校正图像像元点重新定位，以达到校正的目的。

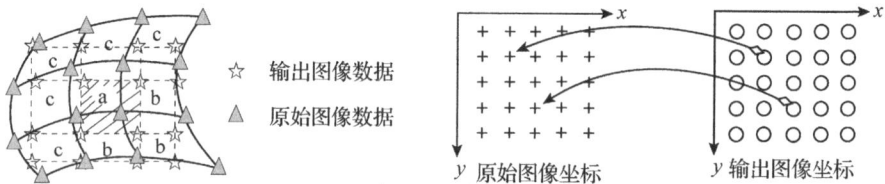

☆ 输出图像数据
▲ 原始图像数据

y 原始图像坐标　　　　　y 输出图像坐标

图13-3　遥感图像的几何校正

以多项式校正法为例，其数学表达式为：

$$\begin{cases} x = \sum_{i=0}^{N} \sum_{j=0}^{N-i} a_{ij} X^i Y^j \\ y = \sum_{i=0}^{N} \sum_{j=0}^{N-i} b_{ij} X^i Y^j \end{cases} \tag{13-1}$$

式中：a_{ij}，b_{ij}为多项式系数；N是多项式系数的次数，取决于图像形变程度、地面控制点数量和地形位移的大小，一般2次即可，或采用3次。

$$\begin{cases} x = a_0 + a_1 X + \cdots + a_n Y^2 \\ y = b_0 + b_1 X + \cdots + b_n Y^2 \end{cases} \tag{13-2}$$

当多项式的次数（N）确定后，即可用所选定的地面控制点坐标，按最小二乘法回归求出多项式系数（又称换算参数）。之后用下式计算每个地面控制点的均方根误差（RMS_{error}），来验证校正方法及校正模型的有效性。

$$RMS_{error} = \sqrt{(x'-x)^2 + (y'-y)^2} \tag{13-3}$$

式中：x，y为地面控制点在原图像中的坐标；x'，y'为相应的多项式计算的控制点坐标。估算坐标和原坐标之间的差值大小代表了每个控制点几何校正的精度。通过计算每个控制点的RMS_{error}，既可检查有较大误差的地面控制点，又可得到累积的总RMS_{error}。

（3）像元亮度值重采样

原遥感图像经过坐标变换、重新定位后的像元在原图像中的分布是不均匀的，即在原图像中的行、列号不是或不全是整数关系。因此，需要根据重新定位的各像元在原图像中的位置，对原始图像按一定规则重新采样，再进行亮度值的插值计算，建立新的图像矩阵。

策略上重采样的方法有以下两种:

①对输入图像的各个像元在变换后的输出图像坐标系上的相应位置进行计算,把各个像元的数据投影到该位置上。

②对输出图像的各个像元在输入图像坐标系的相应位置进行逆运算,求出该位置的像元数据。该法是目前常用到的方法。

在整幅图像中,几何畸变的形状不一定是单一的,所以对于从所需的输出图像坐标(地图坐标)到输入图像坐标的逆变换式,在重采样中往往不必求出。此时可采用下述方法:

①小区域分割法 即将图像分割为一个个小区域,使其中所含的几何畸变的形状单一化,对每个小区域求出逆变换的近似式(通常为低次多项式)。

②扫描函数、像元函数法 利用扫描函数、像元函数作为逆变换式的近似式,从地图坐标(X, Y)中,根据扫描函数求出对应的扫描线的序号,进一步从该扫描线的像元函数中求出像元序号。扫描函数是在地图坐标系上表示扫描线序号为L的扫描线的函数。例如,可根据扫描函数,求出通过地图坐标(X, Y)的最近的扫描线的扫描序号L,像元函数$i = G_L(X, Y)$是表示扫描线序号为L的扫描线上的像元序号i与地图坐标(X, Y)的关系的函数,可以通过地图坐标(X, Y)求出i。

重采样过程本质上是图像恢复的过程,它用输入的离散数字图像重建代表原始图像二维连续函数,再按新的像元间距和像元位置进行采样。常用的采样方法有以下3种:

①最邻近法 直接取与待定像元点位置最近的像元点灰度值为重采样值(图13-4)。该方法突出特点是计算简单,不改变像元亮度值的大小,适用范围比较广。缺点是当图像上包含细节的灰度值在相距一个像元发生很大改变时,该方法就会带来很大的人为误差。

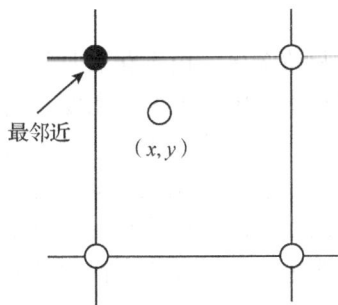

图 13-4 最邻近法重采样示意

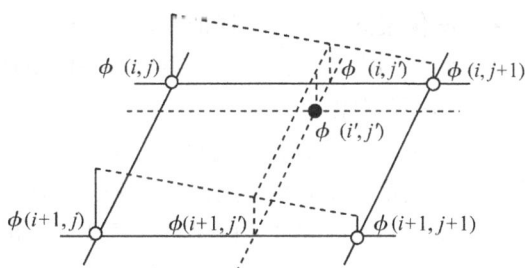

图 13-5 双线性内插法重采样示意

②双线性内插法 取待定像元周围的4个邻点,分别在X方向(或Y方向)内插两次,再在Y方向(或X方向)上内插一次,得到该像元的灰度值(图13-5)。该方法具有平均化的低通滤波效果,边缘受到平滑作用,输出图像较为连贯,但该法破坏了原来的像元值。

③三次卷积法 是在双线性内插法的基础上进一步提高内插精度的一种方法,取待定像元周围的16个点,分别在X方向(或Y方向)内插4次,再在Y方向(或X方向)内插一次,得到该像元的灰度值(图13-6)。该法对边缘有所增强,且具有均衡化和清晰化的效果,视觉效果良好,但仍然破坏了原来的像元值,且计算量较大。

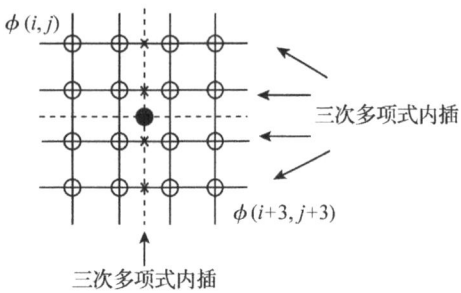

图 13-6　三次卷积法重采样示意

4. 精度分析验证

通过几何校正获得的具有地理编码的遥感影像，还需要对校正结果做几何精度评价。几何校正精度就是校正后影像上的坐标与真实位置的差别，一般用控制点中误差和检查点中误差来定义。中误差是所有测量点误差平方均值的平方根值，反映影像校正精度的主要是检查点的中误差，检查点中误差越小，则影像校正的精度越高，校正后的影像坐标越符合实际地理编码。

几何校正后的长度和角度变形精度评价采用长度变形精度和角度变形精度两个指标评价。长度变形精度指影像上不同方位上两个检查点对之间的距离与真实同名点对之间的真实距离的相对误差；角度变形精度指影像上不同方位上两个检查点对所形成的直线与真实同名点对的直线之间的夹角。角度变形精度通常以影像上垂直轨道方位、沿着轨道方位、左对角线方位、右对角线方位为基本参考方位，在相应方位检查点与影像中心点所形成的直线与真实同名点对的直线的角度来表示。

三、图像镶嵌

当研究区域超出单幅遥感图像所覆盖的范围时，通常需要将两幅或多幅图像拼接起来，形成一幅或一系列覆盖整个研究区的较大图像，这个处理过程称为图像镶嵌。进行图像镶嵌时，首先要指定一幅参照图像，作为镶嵌过程中对比度以及镶嵌后输出图像的地理投影、像元大小、数据类型的基准；在重复覆盖区，各图像之间应有较高的配准精度，必要时要在图像之间利用控制点进行配准。

为便于图像镶嵌，一般要保证相邻图幅间有一定的重复覆盖区。由于获取时间、太阳光强及大气状态的不统一，或者传感器本身的不稳定，其在不同图像上的对比度及亮度值会有差异，因而要对镶嵌图像之间在全幅或重复覆盖区上进行亮度值的匹配，以便均衡化镶嵌后输出图像的亮度值和对比度。最常用的图像匹配方法有直方图匹配和彩色亮度匹配。直方图匹配就是建立数学上的检索表，转换一幅图像的直方图，使其和另一幅图像的直方图形状相似。彩色亮度匹配是将两幅要匹配的图像从彩色空间（RGB）变换为光强、色相和饱和度（IHS），然后用参考图像的光强替换要匹配图像的光强，再进行由 IHS 到 RGB 的彩色空间反变换。

图像匹配及相互配准后，需要选取合适的方法来决定重复覆盖区上的输出亮度值，常用的方法包括获取覆盖同一区域图像之间的以下值：①平均值；②最小值；③最大值；④指定一条切割线，切割线两侧的输出值对应于其邻近图像上的亮度值；⑤线性插值，根据重复覆盖区上像元离两幅邻接图像的距离指定权重进行线性插值，如位于重复覆盖区中间线上的像元取其平均值。

要实现高精度的图像镶嵌是相当复杂的，它需要在镶嵌的图像间选取控制点进行匹配及配准，耗时且计算量较大。

第三节 辐射校正

一、辐射校正

利用遥感传感器观测地物目标的反射或辐射能力时，所得到的测量值与目标的光谱反射率或光谱辐射亮度等物理量之间的差值叫作辐射误差。辐射误差造成遥感图像失真，影响遥感影像的判断和解译。将此影响消除或减弱的过程称为辐射校正。

二、辐射误差的来源

辐射误差的来源主要包括传感器本身的性能、大气条件以及太阳高度角和地形影响引起的辐射误差。

1. 传感器本身的性能

传感器的灵敏特性引起的畸变主要是由其光学系统或光电变换系统的特征形成的。光学摄影机内部辐射误差主要是镜头中心和边缘的透射光的强度不一致造成的，它使得在图像上不同位置的同一类地物有不同的灰度值。如航空像片边缘较暗就是这样形成的，可以通过测定镜头边缘与中心的角度加以改正。

在扫描方式的传感器中，传感器接收系统收集到的电磁波信号需经光电转换系统变成电信号记录下来，这个过程也会引起辐射量的误差。这种光电转换系统的灵敏性特征通常可重复，所以可以定期地在地面量测其特性，根据测量值进行校准。

2. 大气条件

大气对光学遥感的影响十分复杂。大气中的水蒸气、氧气、二氧化碳、甲烷和臭氧等会对电磁辐射产生影响。太阳光到达地面目标之前，大气会对其产生吸收和散射作用，同时来自目标地物的反射光和散射光在到达传感器之前也会被吸收和散射。大气校正的目的是消除大气和光照等因素，包括大气中水蒸气、氧气、二氧化碳、甲烷和臭氧等对地物反射的影响，获得地物反射率、辐射率、地表温度等真实物理模型参数，以及大气分子和气溶胶散射。大多数情况下，大气校正同时也是反演地物真实反射率的过程。

学者们试着提出了不同的大气校正模型来模拟大气的影响，但是对于任何一幅图像，对应的大气数据永远是变化的且难以获取的，因而应用完整的模型校正每个像元是不可能的。通常比较可行的是从图像本身来估计大气参数，然后以一些实测数据，反复运用大气模拟模型来修正这些参数，实现对图像数据的校正。另外，也可以利用辐射传递方程以及地面实况数据进行大气校正。

3. 太阳高度角和地形

太阳高度角引起的畸变校正是将太阳光线倾斜照射时获取的图像校正为太阳光线垂直照射时获取的图像，因此在做辐射校正时，需要知道太阳高度角。太阳高度角可以根据成像时间、季节和地理位置来确定。受太阳高度角的影响，图像上会产生阴影而压盖地物。一般情况下，图像上的地形和地物的阴影是难以消除的，但是多光谱图像上的阴影可以通过图像之间的比值予以消除。在多光谱图像上，地物阴影区的灰度值可以认为是无阴影时的图像灰度值再加上对各波段影响相同的阴影灰度值。

太阳光线和地表作用以后再反射到传感器的太阳光的辐射亮度和地形的倾斜度有关。但是地形坡度引起的辐射校正方法需要有图像对应地区的地形数据，校正较麻烦，一般情况下不做校正。

三、辐射校正方法

利用遥感器观测目标物辐射或反射的电磁能量时，从遥感器得到的测量值与目标物的光谱反射率或光谱辐射亮度等物理量是不一致的，遥感器本身的光电系统特征、太阳高度、地形以及大气条件等都会引起光谱亮度的失真。为了准确评价地物的反射特征及辐射特征，必须尽量消除这些失真影响。完整的辐射校正包括传感器校正、大气校正以及太阳高度角和地形校正。

1. 传感器校正方法

遥感器的灵敏度特征引起的畸变主要是由光学系统或光电变换系统的特征所形成的。如在使用透镜的光学系统中，其摄像面存在着边缘比中心部分发暗的现象（边缘减光）。可以由光轴和摄像面边缘的视场角，通过三角余弦定量进行校正。光电变换系统的灵敏性特征通常比较稳定，其校正一般是通过定期地面测定，根据测量值进行校正。这种校正也可以理解为辐射定标。

辐射定标是将传感器记录的电压或数字量化值（DN）转换成绝对辐射亮度值（辐射率）的过程，或者转换与地表（表观）反射率、表面（表观）温度等物理量有关的相对值的处理过程。辐射定标过程属于辐射校正中对传感器本身的性能引起的辐射误差的校正过程。按不同的使用要求或应用目的，可以分为绝对定标和相对定标。绝对定标得到的目标辐射的绝对值，是通过各种标准辐射源，建立传感器测量的数字信号与对应的辐射能量之间的数量关系，即定标系数。绝对定标一般在地面实验场完成，或在卫星发射前和运行中定期进行。

对于一般的线性传感器，绝对定标通过一个线性关系式即可完成数字量化值与辐射亮度值的转换，并建立定量关系：

$$L = Gain \cdot DN + Offset \tag{13-4}$$

式中：L 为辐射亮度值，常用单位为 $W/(m^2 \cdot \mu m \cdot sr)$；$Gain$ 为绝对定标增益系数；$Offset$ 为绝对定标偏移量。当定标为反射率时，又分为大气外层表观反射率和地表真实反射率。后者属于大气校正的范畴，有的时候也会将大气校正视为辐射定标的一种方式。

2. 大气校正方法

大气的衰减作用对不同波长的光是有选择性的，因而大气对不同波段的图像的影响是不同的。另外，大气—目标—遥感器之间的几何关系不同，则所穿越的大气路径长度不同，因此图像中不同地区地物的像元灰度值所受大气影响程度不同，且同一地物的像元灰度值在不同获取时间所受大气影响程度也不同。消除这些大气影响的处理，称为大气校正。大气校正是遥感影像辐射校正的主要内容，是获得地表真实反射率必不可少的一步，大气校正对定量遥感尤其重要。

目前，遥感图像的大气校正方法很多，按校正后的结果可以分为两种：绝对大气校正和相对大气校正。绝对大气校正方法是将遥感图像的 DN 值转换为地表反射率、地表辐射率、地表温度等的方法。相对大气校正方法校正后的图像，相同的 DN 值表示相同的地物反射率，其结果不考虑地物的实际反射率。

常见的绝对大气校正方法有基于辐射传输模型的 MORTRAN 模型、LOWTRAN 模型、ATCOR 模型和"6S"模型等；基于简化辐射传输模型的黑暗像元法；基于统计学模型的反射率反演。大气校正方法主要包括：

(1) 基于辐射传输模型的大气校正

在诸多的大气校正方法中，校正精度较高的是辐射传输模型法（Radiative Transfer Models）。辐射传输模型法是利用电磁波在大气中的辐射传输原理建立起来的模型对遥感图像进行大气校正的方法，如"6S"模型、LOWTRAN 模型、MODTRAN 模型、大气去除程序 ATREM、紫外线和可见光辐射模型 UVRAD、空间分布快速大气校正模型 ATCOR 等。其中以"6S"模型、MODTRAN 模型、LOWTRAN 模型和 ATCOR 模型应用最为广泛。

对可见光和近红外波段，假定地表为郎伯体的情况下，根据传感器入口处的辐射亮度值 L，由下式可以得到传感器接收到的表观反射率为：

$$\rho^* = \frac{\pi L}{E_0 \mu_0} \tag{13-5}$$

式中：L 为大气上界传感器观测到的辐射，它是整层大气光学厚度、太阳和卫星几何参数的函数；E_0 是大气上界太阳辐射通量密度；μ_0 是太阳天顶角的余弦。

ρ^* 与实际地面反射率之间的关系为：

$$\rho^*(\theta_s, \theta_v, \phi_s, \phi_v) = T_s(\theta_s, \theta_v)\left[\rho_{r+a} + T(\theta_s)T(\theta_v)\frac{\rho_s}{1 - S\rho_s}\right] \tag{13-6}$$

式中：ρ_{r+a} 表示由分子散射和气溶胶散射所构成的路径辐射反射率；$T_s(\theta_s, \theta_v)$ 为大气吸收所构成的反射率；$T(\theta_s)$ 代表太阳到地面的散射透过率；ρ_s 为地面目标反射率；$T(\theta_v)$ 为地面到传感器的散射透过率；θ_s，θ_v 分别为太阳高度角和传感器高度角，其几何参数关系如图 13-7 所示。

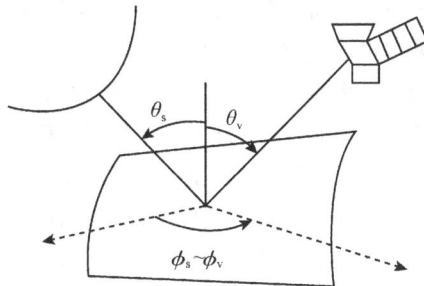

图 13-7 几何参数关系示意

若要求解式(13-6)方程，确定地面目标反射率则需要确定其中的各项系数，为此已有不同的大气辐射传输模型(大气模型)，他们的主要目的是对大气气溶胶含量、大气吸收和大气散射特性等进行描述和求解。

（2）利用地面实况数据进行的大气校正

在采集图像时，预先在地面上设置反射率已知的地物标志，或事先测得若干地面目标的反射率，把由此得到的地面实况数据和图像数据（传感器的输出值）进行比较以消除大气的影响。

通常选用同类仪器测量，将地面测量结果与遥感影像对应的像元亮度值进行回归分析。在进行比较时，应将图像像元亮度值转换为辐射率。回归方程为：

$$L=a+bR \tag{13-7}$$

式中：a 为常数；b 为回归系数；R 为地面反射率。

设 $bR=L_c$，则 $L=a+L_c$，L_c 表示地面实际的辐射率，即不受大气影响的值，a 为大气影响的附加部分，L 为卫星观测结果，故有 $a=L-L_c$；校正公式为 $L_c=L-a$。图像上的每一像元值都必须扣除 a 的影响，以获得具体地区像场的大气校正图像。

卫星扫描地面时，若能同时获得大气路径辐射等参数，便可按照卫星垂直观测的模型计算出大气干扰值，如陆地卫星垂直观测的辐射率简单表达式为：

$$L_i=\frac{S_{ic}T_{ic}H_{ic}\cos\alpha}{\pi}R_{ic}+S_{ic}L_{ic} \tag{13-8}$$

式中：i 为波段序号，$i=1,2,\cdots,n$；S_{ic} 为系统增益系数；T_{ic} 为大气透射率；H_{ic} 为太阳辐照度；$\cos\alpha$ 为太阳天顶角函数；L_{ic} 为大气路径辐射率。

令上式中的 $\frac{S_{ic}T_{ic}H_{ic}\cos\alpha}{\pi}=b_i$，$S_{ic}L_{ic}=a_i$，则：

$$L_i=a_i+b_iR_{ic} \tag{13-9}$$

式中：a_i 为大气引起的附加部分，校正公式为：

$$L'=b_iR_{ic}=L_i-a_i \tag{13-10}$$

式中：L' 为校正后的辐射率值。

遥感过程是动态的，在地面特定地区、特定条件和一定时间段内测定的地面目标反射率不具有普遍适用性，因此，该方法仅适用于包含地面实况数据的图像。

（3）基于辅助数据的大气校正

在获取地面目标图像的同时，可利用搭载在同一平台上的传感器分别获取气溶胶和水蒸气的浓度数据，通过这些数据即可进行大气校正。

在 Landsat-4（5）的 MSS 数据处理中，采用了一种简单的大气散射补偿方法，即从全部图像像元亮度值中减去一个辐射偏置量，辐射偏置量等于图像直方图中最小的亮度值。这种偏置量随不同景的图像而有所差异，同一景的不同波段也很可能不同，因为一景图像辐射中的大气散射成分与波长成反比，第一波段的偏置量最大，第四波段的偏置量最小。

SPOT 图像的数据处理时，瑞利散射在 0.89 μm 处对电磁辐射的影响是可见光在 0.5 μm 处的 1/10，所以由瑞利散射引起的辐射校正只涉及 SPOT HRV 的多波段数据中的第一、二和全波段的一部分，多数情况下分子散射的影响可以得到满意的改正。而米氏散射只随波长的变化而变化，因此所有成像的光谱段都会受到微粒散射的影响。要想准确校正米氏散射对辐射量的影响，需要知道米氏散射的 3 个特征——视觉上的微粒密度（与水平可见度有关）、微粒类型和米氏散射的相位函数。相比而言，米氏散射的影响更难改正。

大气吸收对辐射量的影响只发生在第三波段(主要是由水蒸气的吸收造成的)和第一波段(由臭氧的吸收造成的),而水蒸气和臭氧含量可从与观测地区的季节和地理位置有关的统计资料或气象资料中估算出来,利用这些数据可按辐射传输方程校正大气吸收对辐射量的影响。

(4)基于波段比值法的大气校正

波段比值法理论基础是大气散射的选择性,即大气散射对短波影响大,对长波影响小。因此对陆地卫星来讲,第四波段受散射的影响最严重,其次为第五、第六波段,而第七波段受散射影响最小。为处理问题方便,可以把近红外图像看作不受散射影响的标准图像,通过不同波段的对比分析得以计算出大气干扰值。一般有回归分析法和直方图法2种方法。

①回归分析法　在不受大气影响的波段和待校正的某一波段图像中,选择最黑区域(通常为高山阴影区)中的多个目标,将每一目标的两个待比较的波段亮度值提取出来进行回归分析。

例如,在TM图像中,蓝光波段TM1大气散射最强,红外波段TM7散射最小,而深大水体与地形阴影在TM7中是黑的,如果不存在附加的辐射,深大水体与阴影在其他波段也应该是黑的,据此可以进行大气辐射校正。第七波段几乎不受大气辐射的影响,能够较正确地反映地物波谱的实际情况,因此可以通过第七波段对其他波段进行辐射校正。若对TM3进行校正,首先在TM3上的黑色区域中选择多个目标(如地形阴影区),然后找出TM7上对应的目标,取出这两个波段的灰度值,在第三、第七波段为坐标轴的直角坐标系中根据各点绘图,并作回归直线,利用黑色区域的数据,拟合线性方程的回归系数,最后利用该方程对相应波段像元值进行大气校正。

需特别注意的是,选取区域必须是如同高山阴影在所有波段全黑的区域。因为地物的波谱响应在各个波段是不同的,在一个波段黑并不意味着在另一个波段也黑,这样回归分析所得的拟合曲线就加入了地物波谱特性的影响因素,并非完全是受散射的影响,所以是无意义的。实际上,图像中并非总有全黑的区域,所以该方法具有一定的局限性。

②直方图法　如果在图像中存在亮度值为零的目标(如深海水体、高山背阴处等),则任一波段亮度值都应该为零。但实际上只有不受大气影响的波段才为零,其他波段受大气散射、辐射等影响目标亮度值不为零,而是大气散射导致的程辐射值。一般来讲,由于程辐射主要来自米氏散射,其散射强度随波长的增大而减小,到红外波段也有可能接近于零。

直方图校正方法原理是首先确定满足条件的地区,即该图像上确实有辐射亮度或反射亮度为零的地区,则亮度最小值必定是这一地区大气影响的程辐射增值。校正时,将每一波段中每个像元的亮度值都减去本波段的最小值,可以改善图像亮度的动态范围,增强对比度,提高图像质量。根据具体像场的大气条件,不同波段的校正量是不同的。

ENVI中包含了很多大气校正模型,包括基于辐射传输模型的MORTRAN模型、黑暗像元法、基于统计学模型的反射率反演。而基于统计的不变目标法可以利用ENVI一些功能实现遥感的大气校正。

3. 太阳高度角和地形校正方法

为了得到每个像元真实的光谱反射值,经过遥感器和大气校正的图像还需要更多的外部信息来对太阳高度角和地形进行校正。通常这些外部信息包括大气透过率、太阳直射光辐照度和瞬时入射角(取决于太阳入射角和地形)。在理想状态下,大气透过率应当在获取图像的同时进行实地测量,对于可见光,在不同大气条件下也可以合理地预测。太阳直射光辐照度在进入大气层以前是一个已知的常量。当地形平坦时,瞬时入射角比较容易计算,但是对于倾斜的地形,经过地表散射、反射到遥感器的太阳辐射量会根据地形的倾斜度发生变化,因此需要用DEM(数字高程模型)计算每个像元的太阳瞬时入射角来校正其辐射亮度值。

(1)视场角和太阳角的关系引起的亮度变化的校正

太阳光在地表反射、扩散时,其边缘比四周更亮的现象叫太阳光点,在太阳高度较高时容易产生。太阳光点与边缘减光等都可以用推算阴影曲面的方法进行校正。阴影曲面是指在图像的明暗变化范围内,由太阳光点及边缘减光引起的畸变成分。通常用傅里叶分析等提取出图像中平稳变化的成分作为阴影曲面。

(2)地形倾斜影响的校正

地形倾斜时,经地表扩散、反射再入射到遥感器的太阳辐射亮度就会因倾斜度而变化,所以必须校正其影响。可以采用地表的法线矢量和太阳光入射矢量的夹角进行校正的方法,或对消除了光路辐射成分的图像数据采用波段间的比值进行校正的方法等。通常在太阳高度和地形校正中,我们都假设地球表面是一个朗伯反射面。但事实上,这个假设并不成立,最典型的如森林表面,其反射率就不是各向同性,因此需要更复杂的反射模型。

第四节　图像增强处理

图像增强是数字图像处理最基本的方法之一。图像增强的目的是突出相关的专题信息,以提高图像的识别能力和视觉效果。图像增强不以图像保真为原则,也不能增加原始图像的信息,而是通过增强处理有选择地突出某些对人或机器分析感兴趣的信息,减弱一些无用的信息,以提高图像的使用价值,使分析者能更容易地识别图像内容,从图像中提取更有用的定量化信息。

图像增强的主要目的是改变图像的灰度等级,提高图像对比度;消除边缘和噪声,平滑图像;突出边缘或线状地物,锐化图像;合成彩色图像;压缩图像数据量,突出主要信息等。

图像增强的方法可以分为空间域增强和频率域增强。空间域增强是通过直接改变图像中的单个像元及相邻像元的灰度值来增强图像,如增强图像中的线状物体细部部分或者主干部分等;频率域增强是对图像进行傅里叶变换,并修改变换后的频率域图像的频谱,在频率域内对傅里叶图像进行滤波、掩膜等其他操作,减少或消除部分高频或者低频成分,最终将频率域的傅里叶图像变换为空间域图像。

图像增强的主要内容包括空间域增强、频率域增强、彩色增强、图像运算、多光谱增强和图像数据融合等。

一、空间域增强

空间域是指图像平面所在的二维平面，空间域增强是指在图像平面上直接针对每个像元点进行处理，处理后的像元位置不变，它包括点运算和邻域运算。

1. 点运算

点运算是指像素值(像素点的灰度值)通过运算之后，可以改善图像的显示效果。这是一种像元的逐点运算。点运算在相邻的像元之间没有运算关系，而是原始图像与目标图像之间的映射关系，是一种简单但却十分有效的图像处理方法。点运算又称对比度增强、对比度拉伸、灰度变换。点运算又可以分为线性变换和非线性变换。

(1)线性变换是根据线性或者分段线性变换函数对像元灰度值进行变换，增大图像的动态范围，提高图像的对比度，使图像变得清晰、特征变得更加明显。

(2)非线性变换是指变换函数为非线性的变换，常用的非线性变换函数包括指数函数、对数函数等。

2. 邻域运算

邻域运算是指输出的图像中每个像元是由对应的输入像元及其一个领域内的像元共同决定时的图像运算。邻域通常是远小于图像尺寸的一个规则形状。如一个点的邻域定义为以该点为圆心的一个圆的内部或边界上点的集合。邻域运算主要包括图像卷积运算、图像平滑和图像锐化。

(1)卷积运算是在空间域上对图像进行局部检测的运算，目的为实现图像的平滑和锐化。原定的一个卷积函数被称为"模板"，实际上是一个 $M \times N$ 的小图像，如 3×3、5×7 等。

(2)图像平滑是指由于传感器的误差及大气的影响，图像在获取和传输的过程中会产生一些亮点(噪声点)，或出现一些亮度变化过大的区域，为抑制噪声、改善图像质量或减小亮度变化幅度所做的处理。图像平滑的主要方法有均值平滑和中值滤波。

(3)图像锐化是为了突出图像边缘和轮廓、线状目标信息。锐化可增强图像上边缘、线性目标与图像背景的反差，因此也称为边缘增强。平滑采用积分的方法使得图像边缘模糊，锐化则是通过微分过程突出图像边缘。图像锐化的方法很多，包括罗伯特梯度、索伯尔梯度、拉普拉斯算子、定向检测等。

二、频率域增强

空间频率是表示图像像元灰度值随地物位置变化的频繁程度。对于边缘、线条、噪声等特征，差异较大的地表覆盖交界处等通常空间频率较高，即在较短的像元距离内灰度值变化的频率大，如河流和湖泊的边界、道路等；而大面积均匀分布或稳定结构的陆地物体，如植被类型一致的平原、大面积的沙漠、海面等，空间频率较低，即在较长的像元距离内灰度值变化频率较小。因此，在频率域增强技术中，平滑主要是保留图像的低频部分而抑制高频部分，锐化则是保留图像的高频部分而削弱低频部分。

频率域增强方法首先是将空间域图像通过傅里叶变换获得频率域图像，然后通过合适的滤波器增强频率域图像的频谱成分，以得到新的频率域图像，最后采用傅里叶逆变换得到增强后的图像。频率域增强主要包含频率域的平滑和频率域的锐化。

由于图像上的噪声主要集中在高频部分，采用的滤波器必须削弱或抑制高频部分而保留低频部分，以达到去除噪声改善图像质量的目的，这种滤波器称为低通滤波器。常用的低通滤波器有理想低通滤波器、Butterworth 低通滤波器以及指数低通滤波器。

高通滤波器则是让图像的高频部分通过而阻止或削弱低频部分，以达到图像锐化、突出图像的边缘和轮廓的目的。常用的高通滤波器与低通滤波器相似，主要也有 3 种：理想高通滤波器、Butterworth 高通滤波器以及指数高通滤波器。

三、彩色增强

人眼对图像灰度级的分辨能力较差，正常人的眼睛只能够分辨 20 级左右的灰度级，而对彩色的分辨能力远远大于对灰度级的分辨能力。因此，将灰度图像变成彩色图像以及进行彩色变换，可以明显提高图像的可视性。以下介绍几种彩色增强方法。

1. 伪彩色增强

伪彩色增强是将一幅黑白图像的不同灰度根据一定的函数关系变换成彩色，得到另一幅彩色图像的方法。伪彩色增强中最简单的方法是密度分割法，即通过对单波段黑白遥感图像按灰度分层，对每一层赋予不同的色彩得到一幅新的彩色图像。需要特别指出的是密度分割中彩色是人为赋予的，与地物的真实色彩毫无关系，只是为了提高对比度，可以较准确地分出地物类别。

2. 假彩色增强

假彩色增强是彩色增强中最常用的一种方法。与伪彩色增强不同的是，假彩色增强处理的对象是同一景物的多光谱图像。对于多波段遥感图像，选择其中的某 3 个波段，分别赋予 R、G 和 B 3 种原色，即可在屏幕上合成彩色图像，采用 RGB 色彩模型进行色彩显示。由于 3 个波段原色的选择是根据增强目的决定的，与原来波段的真实色彩不同，因此合成的彩色图像并不代表地物的真实颜色，这种合成方法称为假彩色合成。

3. HLS 变换

计算机彩色显示器的显示系统采用的是 RGB 色彩模型，即图像中的每个像元是通过 R、G、B 三原色按不同的比例组合来显示颜色。但如果将 R、G、B 3 个分量分开各自进行处理，那样会带来颜色的丢失和错乱。

区别两种彩色图像的 3 个特征分别是色度（Hue，H）、亮度（Luminance，L）和饱和度（Saturation，S）。这 3 种色彩要素的彩色模式虽不是基于色光混合来再现颜色，但更接近人眼看到的彩色。因此，可以通过修改图像的 H、L、S 来实现彩色图像增强处理。

类似的处理方法还有 YUV、LAB、HSB 等多种，但其中最能体现人的视觉特点是 HLS 变换。

四、图像运算

对于遥感多光谱图像和经过空间配准的两幅或多幅单波段遥感图像，可以进行一系列的代数运算，从而达到某种增强的目的。主要的图像运算有加法运算、差值运算、比值运算以及植被指数。

加法运算主要用于对同一区域的多幅图像的波段求平均，可以有效地降低图像的加性随机噪声；差值图像提供了不同波段或者不同时相图像间波段的差异信息，通常用于动态监测、运动目标检测与跟踪、图像背景消除及目标识别等；比值运算主要用于由地形坡度和方向引起的辐射量变化，在一定程度上消除同一物体不同波谱的现象，是图像自动分类前常采用的预处理方法之一，其应用范围较广，如研究浅海区的水下地形地貌对土壤富水性差异、微地貌变化、地球化学反应引起的微小光谱变化等，可以增强隐伏构造信息有关的线性特征；植被指数广泛应用于植被分析、作物估产和其他地物信息的提取等。

五、多光谱增强

遥感多光谱图像的波段较多且包含大量信息，因此运算耗时较长，还会占据大量的磁盘空间。同时，多光谱图像的各波段之间具有一定的相关性，也会导致不同程度的信息重叠。多光谱增强通过对多光谱图像采用线性变换的方法，减少各波段之间的信息冗余，从而保留主要信息、压缩数据量、增强和提取更具有目视解译效果的新波段数据。多光谱增强主要有两种变换：K-L 变换，又称为主成分变换；K-T 变换，又称为缨帽变换。

1. K-L 变换

K-L 变换又称为主成分变换（PCA 变换）或霍特林变换。其原理为对某一 n 个波段的多光谱图像实行线性变换，即对该多光谱图像组成的光谱空间乘以一个线性变换矩阵，产生一个新的光谱空间，即产生一幅新的 n 个波段的多波段图像。其图像具有各个波段相互独立，并且前几个波段包含影像的大部分信息的特点。K-L 变换的特点是：

①变换前各波段之间有很强的相关性，变换后各分量之间具有最小的相关性。

②变换后的新波段各主分量所包含的信息量呈逐渐减少的趋势，第一主分量集中了最大的信息量，第二、三主分量的信息量依次很快递减，到了第 n 分量，以噪声为主，信息量几乎为 0。

因此，在遥感数据处理时，常用 K-L 变换做数据分析前的预处理，以实现数据压缩、图像增强和分类前预处理。

2. K-T 变换

Kauth-Thomas 于 1976 年发现一种线性变换，即坐标轴旋转之后其方向与地物，特别是和植被生长及土壤有密切关系。这种变换就是 K-T 变换，又称缨帽变换。

K-T 变换是对原图像的坐标空间进行平移和旋转，变换后新的坐标轴具有明确的景观含义，可以与地物直接联系。

K-T 变换的第一分量为亮度分量、第二分量为绿度分量、第三分量为湿度分量。如果将亮度和绿度两个分量组成的平面叫作"植被视面"，湿度和亮度两个分量组成的平面叫作"土壤视面"，湿度和绿度两个分量组成的平面叫作"过渡区视面"。这 3 个分量共同组成的三维空间就是 K-T 变换后的新空间，可以在这样的空间对植被、土壤等地面景物做更为细致、准确的分析。

六、图像数据融合

1. 图像融合概念

遥感数据是以不同空间、时间、波谱、辐射分辨率提供电磁波谱不同谱段的数据。由于成像原理的不同和技术条件的限制，任何单个遥感器的遥感数据都有一定的应用范围和局限性，即都不能全面反映目标对象的特征。各类非遥感数据（包括通过地学常规手段获得的信息）也有它自身的特点和局限性。倘若将多种不同特征的数据（包括遥感和非遥感的）结合起来，相互取长补短，就可以发挥各自的优势，弥补各自不足，更全面地反映地面目标，提供更强的信息解译能力和更可靠的分析结果。这样不仅扩大了各数据的应用范围，而且提高了分析的准确性、应用效果和实用价值。

早期的"信息复合"侧重于同一区域内各遥感信息的或遥感与非遥感信息的匹配复合，包括空间配准和内容复合，以便在统一的地理坐标系统下生成一组新的空间信息或合成一幅新的图像。最初是对来自同一遥感器多波段、多时相数据的复合，提高遥感图像解译能力，以便进行后续的动态分析；后来发展为对不同类型遥感数据的复合，如 Landsat 数据与 SAR 等，以扩大应用范围、提高分析精度；由于遥感本身的局限性，发展了遥感与非遥感数据的复合，如与专题地图信息、数字地形模型等复合，进行综合分析以获得更好的应用效果。

图像融合是对来自多个遥感器的图像数据和其他信息的处理过程。它侧重于根据一定的规律（或算法）处理在空间或时间上冗余或互补的多源信息，获得比任何单一数据更精确、更丰富的信息，并生成具有新的空间、波谱、时间特征的合成图像。它不仅是简单的数据间复合，而且强调图像信息的优化，突出有用的专题信息，消除或删减无关的信息，改善目标识别的图像环境，以增加图像解译的可靠性，减少模糊性（即多义性、不完全性、不确定性和误差）、改善分类、扩大应用范围和效果。

2. 图像融合的分类

图像融合可以从像元（pixel）、特征（feature）、决策层（decision level）这 3 个层面上进行。

（1）基于像元的图像融合

基于像元的图像融合是指合并测量的物理参数，即在采集的原始数据层上直接融合。它强调基于像元的不同图像信息的综合，强调必须进行基本的地理编码，即对栅格图像进行几何匹配，在各像元一一对应的前提下对图像进行像元级的合并处理，为后续图像分割、特征提取等工作提供更准确的图像信息，以获得更好的图像视觉效果。

基于像元的图像融合必须解决以几何校正为基础的空间匹配问题，包括像元坐标变换、像元重采样、投影变换等。使用同一映射方法处理不同类型图像，明显会有误差；而按照一定规律对图像像元重新赋值的重采样过程，也会造成采样点地物光谱特征的人为误差，进而导致后续图像应用分析的误差，甚至错误。此外，几何校正需要已知遥感器的观测参数（轨道参数、姿态参数等）。若考虑高度变化还需用到数字高程模型（DEM），这对合成孔径成像雷达 SAR 数据处理尤为重要。

由于难以对多种遥感器原始数据及其特征进行一致性检验，基于像元的图像融合通常具有一定的盲目性，然而，它是基于最原始的图像数据，能更大程度地保留图像原有的真实感，提供其他融合层次无法提供的细微信息，因此被广泛应用。

(2) 基于特征的图像融合

基于特征的图像融合是指采取不同算法，首先对不同数据源进行目标识别的特征提取(如边缘提取、分类等)，即先从原始图像中提取特征信息——空间结构信息(如范围、形状、领域、纹理等)，然后对这些特征信息进行综合分析和融合处理。这些不同数据源的相似目标或区域在空间上一一对应，但并非逐像元对应，它们被相互指派，运用统计、神经网络、模糊积分等方法进行图像融合，以便进一步评价。

基于特征的图像融合，强调图像"特征"(结构信息)之间的对应，并不突出图像像元的一一对应，在处理过程中避免了像元重采样等方面的人为误差。它强调对"特征"进行关联处理，将"特征"分类成有意义的组合，因此其对特征属性判断的可靠性和准确性更高，围绕辅助决策的针对性更强，结果的应用更加有效，同时大大减小了数据的处理量，有利于实时处理。TM 和 SAR 图像在特征层融合过程中，采取马尔科夫随机场模型、分形分维、BP 神经网络模型、小波理论等非线性理论方法提取或增强空间特征，进行融合，构造面向特征的影像融合模型，使融合后的影像不但保留了原始高分辨率遥感图像的结构信息，而且融合了多光谱影像丰富的光谱信息，改善图像识别环境，提高图像分类精度。但由于它不是基于原始图像数据而是特征，在特征提取过程中不可避免地会出现部分信息的丢失，并难以提供细微信息。

(3) 基于决策层的图像融合

基于决策层的图像融合是指在图像理解和图像识别基础上的融合，即经过"特征提取"和"特征识别"后的融合。该方法是一种较高层次的融合，其结果往往直接面对应用。该融合先通过提取图像数据的特征以及一些相关信息，对其中有价值的复合数据使用判别准则、决策规则进行判断、识别、分类，之后在一个更为抽象的层次上，融合这些有价值的信息，获得综合的决策结果，从而提高图像识别和解译能力，为后续更好地理解研究目标、更有效地反映地学过程奠定基础。常用的方法有：用马尔科夫随机场模型方法加入多元决策分类、贝叶斯法则的分类理论与方法、模糊集理论、专家系统方法等。基于决策层的图像融合可以在单层次上进行，也可以在多层次上进行，但通常是由低层到高层，逐步抽象的数据融合过程。

3. 图像融合的具体目标

图像融合的具体目标是提高图像空间分辨率(图像锐化)、改善图像几何精度、增强图像特征显示能力、改善分类精度、提供变化检测能力、替代或修补图像数据的缺陷等。

(1) 提高图像空间分辨率

图像融合作为提高图像空间分辨率的一种手段，多用于高、低空间分辨率图像数据的融合，其中以高分辨率全色图像与低分辨率多光谱图像数据的融合最为典型。它不仅保留了多光谱图像的高光谱分辨率，而且保留了全色图像的高空间分辨率，从而更详细地展示图像信息，使得图像的空间分辨率和几何精度得到进一步提高。如 SPOT 的"P+XS"产品，Landsat TM、ETM 的"TM+P"、TM6(热红外)与 TM1-5, 7(可见光—红外)的融合、Landsat (30 m) TM 与 IRS/P (5 m)的融合、NOAA/AVHRR 与 MSS 或 TM 的融合，以及合成孔径成像雷达 SAR 与多光谱数据的融合等。但其突出了图像的视觉效果的同时，往往忽略了原图像本身频谱信息的失真。

（2）改善图像几何精度

空间配准是多遥感器图像融合的必要条件。常规的几何纠正是借助于地面控制点或特征控制点，但当融合的数据来源于观测方式完全不同的遥感器时，或者当多光谱遥感影像被云层覆盖时，很难确定控制点对的位置，为了确保或提高配准精度，常运用一些综合纠正的方法。

（3）增强图像特征显示能力

经图像融合后，特征增强能力有明显提高。它往往能产生单一数据所不具备的或难以显示的特征，并增强图像的语义（semantic）能力，以最大限度地提取遥感影像的特征信息。例如，可以利用微波和光学遥感系统的不同物理特征、各自的优势进行数据融合，从而增强各专题的特征。

（4）改善分类精度

利用多源的、互补的图像数据进行融合，可以改善遥感图像的分类精度。如可见光——红外图像数据主要用于反映地物光谱特征，但农田作物通常具有相似的光谱响应，仅通过多光谱数据难以进行区分。利用雷达图像数据在地表粗糙度、形状、水分含量等方面的不同表现，可以从另一方面提高对不同作物类型的识别能力，图像分类精度和效果得到明显提高。再例如，在山区森林资源调查中可通过融合多光谱数据与数字地面模型（DTM）数据，改善图像分类精度。

（5）提供变化检测能力

多时相图像数据融合包含来自同一遥感器的数据和多个不同遥感器的数据。目前获得完全同步的多遥感器数据的难度较大，因此，不同遥感器数据融合本身就包含了时间因素。多时相数据的融合主要应用于地物变化检测，也可以利用目标波谱特征的时间效应差异来提高对目标的识别能力。由于被融合的数据来源不同以及所处的大气条件等的差异，对输入遥感图像进行大气纠正和辐射纠正等预处理是极为必要的。目前，对于多时相图像融合进行变化检测的方法主要包括图像相减、比值分析和主成分分析等。

（6）替代或修补图像数据的缺陷

由于成像机理、所用波段、影响因素的不同，不同的遥感图像数据会出现不同的缺陷，如多光谱图像数据常常被云层（或云）的阴影遮挡，导致一些地面参考信息丢失；受侧视成像和地形影响，SAR 雷达图像数据会产生严重的几何变形，如前视收缩、叠掩、阴影等都会对图像的可读性产生影响。为了克服这些影响，通常需要采用另一遥感器的图像数据来替代和修补目标图像中遗失或缺陷的信息，以实现不同图像数据的融合。它包括简单或复杂的镶嵌及其他相关技术。

4. 图像融合的关键技术问题

图像融合的关键技术问题包括：数据配准、融合模型的建立和优化以及融合方法的选择。

（1）数据配准

数据配准包括空间配准和数据关联。各种不同来源的遥感图像数据，因轨道、平台、观测角度、成像机理等的不同，其几何特征差异较大。数据在进行图像融合前，必须首先进行空间配准，即解决各类遥感数据的几何畸变问题，实现图像间空间配准，以达到区域不同图像数据地理坐标的统一。它涉及几何校正模型、重采样方法、投影变换、变形误差分析等问题。数据关联是指将各类数据变换成统一的数据表达形式（即相同的数据结构），保证融合数据的一致性，以便更为客观地表达同一目标、同一现象。

（2）融合模型的建立和优化

在确定融合模型时，必须先回答融合的目的是什么，融合数据集的选择，就取决于应用目标。它包括以下几方面内容：

①充分认识研究对象的地学规律和信息特征。

②充分了解各融合数据的特征（空间、光谱、时间、辐射分辨率等）及适用性、局限性，通过多源数据的互相补充，以提供更多、更好的数据源。

③充分考虑到不同遥感数据的相关性以及数据融合中增加的噪声误差，确定融合模型以提取有用信息、消除无用信息，实现融合后数据的互补与信息富集。

（3）融合方法的选择

图像数据融合的技术方法多种多样，需根据融合目的、数据源类型、特点，选择合适的融合方法，大致可分为彩色相关技术和数学方法。前者包括彩色合成、彩色空间变换等；后者包括加减乘除的数学运算、基于统计的分析方法（如相关分析、最小方差估计、回归分析、主成分分析、滤波等）以及小波分析等非线性方法。不同类型的图像数据间存在较大差异，这种差异表现在诸多方面，如对地物表现的亮度差异、不同波段数据间的差异、空间尺度差异、波段相关性差异等。因此可以通过对不同类型、不同波段图像数据的多种形式的数学组合，来提取有用信息，抑制噪声，把这种有利的识别环境体现和展示给用户。

第十四章
遥感图像解译

　　遥感图像判读是对遥感图像的各种特征进行综合分析、比较、推理和判断，最后提取感兴趣的信息。

　　传统的方法目视解译是一种人工提取信息的方法，即借助一些光学仪器或在计算机显示屏上用眼睛观察，通过丰富的判读经验、扎实的专业知识和收集的相关数据，用人脑的分析、推理和判断来提取有用的信息。目前，目视判读仍被广泛应用。

　　计算机自动分类是利用计算机通过一定的数学方法（如统计学、图形学、模糊数学等）提取有用信息，即所谓的"模式识别"，也称为自动解译。

　　未来，将运用人工智能方法和准则，在计算机上构建专家知识和经验的知识库，创立遥感数据和其他数据的数据库，模拟人工判读，并设计用于遥感影像分析和判读的推理机。对数据库中的数据，计算机使用正向或逆向、精确或不精确的推理来解释和做出决策。整个系统称为遥感图像自动判译专家系统。

第一节　遥感图像解译概念

　　遥感影像是对地物电磁频谱特征的实时记录。通过分析获得的遥感图像和数据，得出感兴趣的地面目标的形态和性质的过程称为遥感图像判读，即通过遥感图像提供的各种识别目标的特征信息进行分析、推理和判断，清楚图像中的线条、轮廓、色彩、花纹等内容所对应的地表地物及其状态，最终达到识别目标或现象的目的。

　　根据解译的技术和方法，遥感图像解译可分为目视解译和计算机解译，其各有优缺点，两种方法结合则能提高解译效力。

一、目视解译

　　目视解译也称目视判读，又称目视判译，是指专业人员根据各专业（部门）的要求，通过直接观测或借助相关辅助解译仪器，在遥感图像上获取特定目标地物信息的过程。解译者的知识和经验在识别解译中起主要作用，但面对海量空间信息时定量化分析很难完成。

二、计算机解译

　　计算机解译也称为遥感图像理解，是指以计算机系统为支撑，根据遥感图像中目标地物的各种图像特征(形状、空间位置、颜色和纹理),结合模式识别技术和人工智能技术,并利用专业知识库中目标地物的判读经验和成像规律等知识进行分析推理,从而实现对遥感影像的理解,成功判读遥感影像的过程。遥感原始数据是利用计算机处理,虽然其数据处理速度快、方法灵活,但整个处理过程的大多方式是人机交互。各种处理算法的优劣往往是不同的人工解释或人类经验和知识的影响。而且,它主要是以地物的光谱特征为基础,大多只是通过训练区或基于数据进行统计分析,并没有独立识别遥感信息中所包含的地学内涵的能力。因此,面对复杂的地理环境要素,它很难进行有效的综合分析,更难以对空间特征进行有效利用。

在解译过程中,同物异谱、同谱异物等现象导致解译结果不具有唯一性,因此,需要通过各种遥感和非遥感信息进行确认。为了解译这些信息,我们必须具备图像解译的背景知识,即遥感系统知识、专业知识和地理区域知识。遥感图像判读与我们的日常观察习惯有3个区别:第一,遥感图像通常是俯视图,这与平日的透视图不同;第二,遥感图像通常使用可见光以外的电磁光谱波段,大多数熟悉的特征都在可见光谱波段,它们的性能不同;第三,遥感图像通常以一种陌生或不断变化的比例和分辨率描述地球表面。因此,对于初学者来说,有必要比较地形图、野外或熟悉地面物体的观测,以增强立体感和景深印象,纠正视觉误差,积累图像判读经验。由此可知,遥感图像的判读过程是一个经验积累的过程,需要训练、学习和积累经验来提高识别物体和特征的能力。

第二节 地物规律和影像信息特征

景物特征主要包括光谱特征、空间特征和时间特征。此外,微波区还具有偏振特征。景物的这些特征以图像灰度变化的形式表达,因此,图像的灰度是上述三者的函数。地物的各种特征在图像中以各自的形式表现出来,这些独特的表现被称为判读标志。

一、光谱特征及其判读标志

地物的反射光谱特征通常用连续曲线表示。多波段传感器往往逐个波段进行检测。在每个波段中,传感器接收的均为波段内地面物体辐射能量的积分值(或平均值)。当然,它还受大气和传感器响应特性等的影响。图 14-1 展示了 3 个地物的光谱特征曲线及其在多波段图像上的光谱响应。光谱特征曲线由反射率和波长之间的关系表示[图 14-1(a)];光谱响应曲线由密度或亮度值与波段之间的关系表示[图 14-1(b)]。通过测量多光谱图像的亮度,可以得到原始地物的光谱响应曲线。地物光谱响应曲线和光谱特性曲线变化趋势一致。地物在多波段图像中独特的光谱响应是地物光谱特征的解译标志。不同地物的光谱响应曲线不同,其光谱解译标志也不同。

二、空间特征及其判读标志

空间特征景物的各种几何形式,与物体的空间坐标 X、Y、Z 密切相关。通过照片上的不同色调也可表现出这一空间特征。它包括一些用于目视判读的判读标志,如形状、大

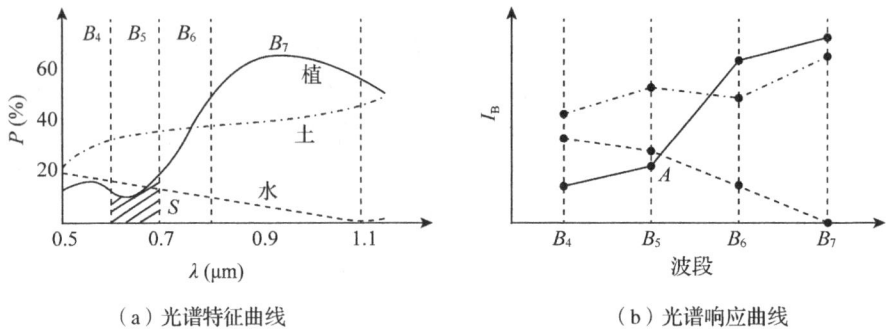

（a）光谱特征曲线　　　　　　　（b）光谱响应曲线

图 14-1　光谱特征曲线和光谱响应

小、图形、阴影、位置、纹理、类型等。以下简单介绍一下其主要判读标志。

①形状　指各种地物的形状和轮廓。从高空观察地面物体形状在 X-Y 平面上的投影；不同的物体有不同的形状，它们的形状与物体本身的性质和形成密切相关。

②大小　指图像上按比例缩小的图形大小、面积和体积的相似性记录。

③图形　指由自然或人造合成图形组成的图形。

④阴影　指由于地物高度 Z 的变化而遮挡阳光造成的阴影。它不仅显示地物隆起的高度，还显示地物的侧面形状。

⑤位置　指地物存在的位置和环境。除了特征在图像中的位置外，它还与其背景密切相关。例如，阳坡和阴坡上的树木可能品种不同或有不同的生长方式。

⑥纹理　指图像上的细节结构以一定的频率重复出现，是单一特征的集合。实地是同类地物的聚合和分布。例如，树叶和树叶的阴影是每个树叶的形状、大小、阴影、色调和图形。当它们结合在一起时，就会形成纹理特征。图像上的纹理包括光滑、波浪、斑纹、线性和不规则纹理特征。

⑦类型　指每个主要类别的组成类型，如水系类型、地貌类型、地质构造类型、土壤

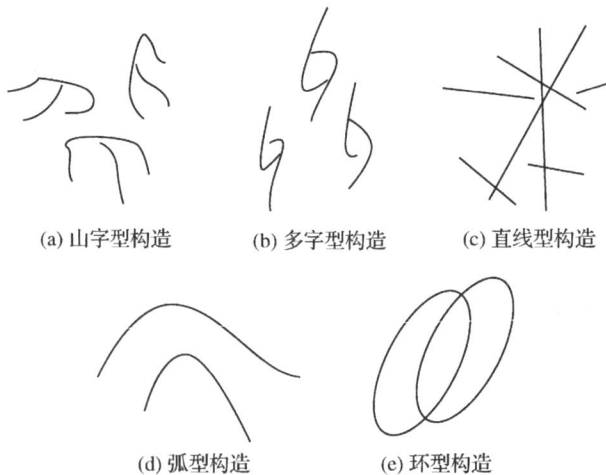

(a) 山字型构造　　　　(b) 多字型构造　　　　(c) 直线型构造

(d) 弧型构造　　　　(e) 环型构造

图 14-2　地质线性构造类型

类型、土地利用类型等。在每种类型中，依据形状、结构和图形又可分为许多类型。图 14-2 展示了各种地质线性构造类型。

三、时间特征及其判读标志

同一地区，景物的时间特征并不相同，不同时期地面覆盖类型不同，地面景观变化很大。例如，冬季为冰雪覆盖，早春土壤裸露，春夏被植物或森林枝叶覆盖。对于同一类型的景物，植物尤甚，随着萌芽、生长、繁盛、凋谢的自然生长过程，其景物及景观也会历经巨大的改变。再比如，在洪水期、枯水期等不同时期，水中含沙量会随时间发生变化。

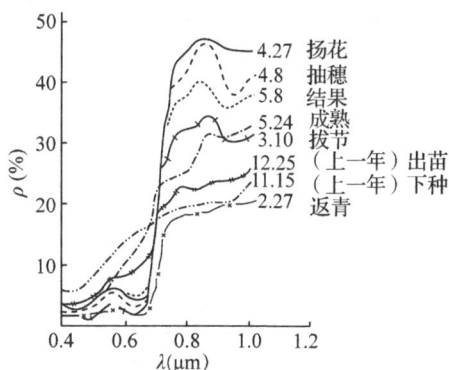

图 14-3　冬小麦各生长阶段的光谱特性

景物的时间特征表现为光谱特征和空间特征的变化。图 14-3 展示了冬小麦生长期间的光谱变化。其中，水分的光谱特征就是水稻田插秧前后的光谱特征，而植物的光谱特征是从水稻长高到成熟期的光谱特征。特别是收获前后，田间没有水分，表现为土壤的光谱特征。

四、影响景物特征及其判读的因素

1. 地物本身的复杂性

地物种类繁多，导致景物特性变化繁杂且难以判读。从大种类的角度来看，种类的差异构成了地物光谱特征和空间特征的差异，有利于判读者区分地物类型。然而，在同一类别下仍有许多亚类和子类，它们在空间特征和光谱特征上都非常相似或相近，这将给判读带来困难。综合各种内部或外部因素的影响，同一地物也有不同的光谱或空间特征，有时甚至非常不同。实际判读中，常在照片的不同类别中出现相似或相同的判读标志，而在同一类别中出现不同的判读标志，即有同谱异物、同物异谱的现象。我们可以使用分级结构的概念来应对地物类别的复杂性。

2. 传感器特性的影响

传感器特性对判读标志的分辨率具有最大影响。分辨率的影响可以从几何分辨率、辐射分辨率、光谱分辨率和时间分辨率 4 个方面来分析。

(1) 几何分辨率

空间分辨率(又称几何分辨率)是在传感器瞬时视场中观察到的地面场元素的宽度。空间分辨率的大小不等于判读像片时可以绝对观察到的地物像素尺寸，这与传感器瞬时视场与地物之间的相对位置有关。假设地面上有大小和形状与像素的大小和形状完全相同的地面物体[图 14-4(a)]，并且在扫描过程中正好落在瞬时视场中，其形状和辐射特性可以在图像上被很好地判读。事实上，这种情况是相当难见到的，现实中发生的大多数现象如图 14-4(b)所示，即地面对象跨越两个像素。传感器中的探测器对瞬时视野中的辐射取积分值，因此，地物与两个像素都相关，并且地物的形状和辐射在图像上发生了变化，导致无法准确判断和读取地物的形状和辐射特性。当地物呈现图 14-4(c) 所示的情况，且面积等于两个像素的大小时，地面物体的辐射量可以在至少一个像元中正确反射，在判读时可以正确确定地面物体的辐射特性。此外，地物可能不完全在扫描线上，或者可能跨越两条扫描线。因此，只有当地面物体大于两个像元时，才能正确地将其与图像区分开来。假设像素的宽度为 α，则地物宽度为 3α 或至少为 α，该地物尺寸为图像的几何分辨率。

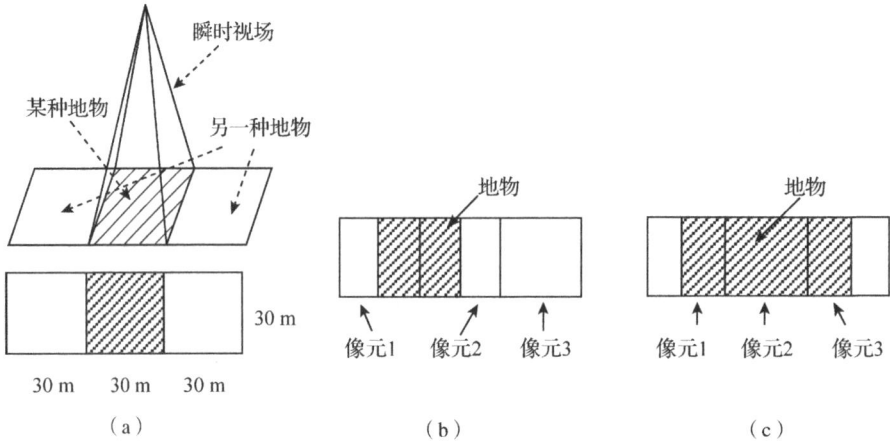

图 14-4　地物大小与空间分辨率的关系

几何分辨率非常差的图像使得像素中包含的类别不纯，导致辐射亮度变化，这在两个纯地物的结合处非常明显。这些位置的像元亮度通常与第三个地物的像素亮度相似。此外，在混合土地类型的区域(如种植稀疏的森林区域或作物区域)，这种情况也非常明显。判读时应与周围地貌相结合，或在判读区内建立混杂地物的判读标志。

(2)辐射分辨率

即使两个物体的面积超过几何分辨率，它们能否被解译取决于传感器的辐射分辨率(当然，这也与物体之间的反射率有关。如果两个物体的亮度相同，则无法区分)。所谓辐射分辨率是指传感器区分两种辐射强度之间最小差异的能力。传感器的输出有信号和噪声两部分。噪声是一种随机电起伏，其算术平均值(时间上的平均值)等于 0。如果噪声大于信号，则输出噪声。如果噪声大于两个信号之间的差值，则无法在输出记录上区分这两个信号。通常用平方和的根来计算噪声电压 N 和等效噪声功率：

$$P_{EN}=\frac{P}{S/N}=\frac{N}{R} \tag{14-1}$$

式中：P 为输入功率；S 为输出电压；N 为噪声电压；R 为探测率。

如果想显示出信号来，信号功率必须大于等效噪声功率 P。若想分辨出信号，则输入信号功率需大于或等于 2~6 倍等效噪声功率 P。

(3)光谱分辨率

光谱分辨率是指电磁光谱中可由传感器记录的特定波长范围值。波长范围值越宽，光谱分辨率越低。例如，MSS 多光谱扫描仪的波段数有 5 个(指通道有 5 个)，带宽约为

100~200 nm，但成像光谱仪的波段数可以达到几十甚至几百个，带宽为 5~10 nm。通常而言，传感器的波段数越多，频带宽度越窄，越容易区分和识别地物信息，针对性也越强。成像光谱仪获得的图像在地表植被和岩石的化学成分分析中具有重要意义，高光谱遥感可以提供丰富的光谱信息，足够的光谱分辨率可以区分具有诊断光谱特征的地表物质。对于特定目标，选择的传感器波段越多，并不会使光谱分辨率越高，效果越好。应根据目标的光谱特性和必要的地面分辨率综合考虑。在某些情况下，太多的波段、太高的分辨率和太多的接收信息会形成海量数据，这将"掩盖"地物的辐射特性，不利于快速探测和识别地物。因此，应根据需要选择合适的光谱分辨率。

（4）时间分辨率

时间分辨率是指对同一目标进行重复探测时，相邻两次探测的时间间隔内目标变化情况的分辨能力。时间分辨率在遥感中意义重大，可用于动态监测和预测，如植被动态监测和土地利用动态监测。通过预测还可以发现地物的运动规律，并总结出模型或公式，为实践服务。利用时间分辨率，我们可以分析自然历史变迁和动力学，如观察河口三角洲和城市变化的趋势等，并进一步研究这些变化发生的原因及动力机制。利用时间分辨率还可以提高成像率和解像率，对以往获得的数据进行叠加和分析，以提高地物识别的精度。

3. 解译者自身条件的影响

图像目视解译的主体是解译者。解译者的知识水平、工作经验、目视能力对图像解译的质量起着决定性作用。解译者如果拥有丰富的专业、区域地理和遥感系统知识和解译工作经验，那么对图像的理解将会更深刻、更准确。当遇到重大疑难问题时，他们能综合利用多种信息源和解译方法进行科学的推理和判断，得出更为可信的结论。相反，如果解译者的知识储备不够、经验不足，图像解译的质量就很难得到保证。

第三节　遥感目视解译

一、目视解译概述

目视解译是最基础，也是最重要的遥感图像解译方法，它凭借人的眼睛（也可借助光学仪器），依靠解译者的知识、经验和掌握的相关资料，通过大脑分析、推理、判断，来提取遥感图像中有用的信息。随着遥感、地理信息系统以及计算机制图技术的深入发展，早期以手工勾绘、手工转绘成图为技术手段的目视解译已经发展成为一种全新的人机交互式目视解译。这种新方法以遥感图像处理软件为平台，通过便捷的软件操作完成人机交互环境下的图像解译，实现了图像处理、显示、解译、制图的一体化。目视解译不仅能够综合利用图像的色调、颜色、纹理、形状、空间位置等图像特征，而且还能把它们和解译者的经验知识以及其他非遥感数据资料结合起来进行综合分析，因而解译结果会更加真实可靠。正因如此，目视解译仍然是当前遥感应用中不可替代的图像解译方法。遥感图像目视解译之所以重要，在于它目前仍然是获取地物信息的重要手段，很多图像目标的目视识别还不能被计算机自动解译所完全替代。遥感图像蕴含丰富的信息，对于这类图像中的许多复合性目标(如居民地)，目前的模式识别技术还无法与人类大脑的识别能力相比拟。此外，目视解译的重要性还体现在，它可为计算机自动解译提供启示性的思路和方法。深入研究目视解译的原理、机理和过程，借以启发和发展计算机图像理解技术，是提高计算机解译能力的必由之路。

目视解译具有以下特点：

①综合识别能力、对复杂背景下的目标的识别能力强。

②可与计算机识别技术相结合进行交互解译。

③解译精度一般不如计算机解译的高(位置精度和属性精度)。

④主观性较大，劳动强度大。

二、目视解译的方法

目视解译的方法有很多，主要包括直接解译法、对比分析法、信息复合法、综合分析法、参数分析法和地理相关分析法等。解译者可以根据遥感图像的类型和特点，选择恰当的解译方法对图像进行解译。

1. 直接解译法

直接解译法是指根据经验或地面调查的结果，确定出各种类型地物的解译标志，然后在遥感图像上直接观察这些解译标志特征，再与各类典型地物的标志进行匹配，将符合某种类型地物的影像区域判定为该类地物。此方法适用于那些特征明显、不易混淆的地物的识别。例如，在可见光黑白图像中，与周围地物相比，水体对光的吸收率高，反射率低，呈现灰黑色或黑色色调，根据色调并结合地物的形状，即可准确识别出水体，再根据水体的形状则可直接分辨出水体是河流还是湖泊。相对来说，这种方法在大比例尺航空像片的解译中更为有效。

2. 对比分析法

对比分析法是指将图像目标与一套已知地物类型的标准遥感影像进行对比，找出相似的图像区域，从而准确识别目标地物属性的一种方法。对比的内容包括多波段对比、同类地物对比、空间对比和多时相对比。

(1)多波段对比分析法

地表绝大多数地物的反射或发射光谱是随着波长的变化而变化的，因此，同一种地物在不同波段的遥感图像上，往往会呈现出不同的色调或颜色。多波段图像对比有助于识别在某一个波段图像灰度相似但在其他波段上图像灰度差异较大的目标。

(2)同类地物对比分析法

同类地物具有大致相同的影像特征，在同一景遥感图像上，可以通过对比分析，由已知地物推断解译其他未知目标地物。例如，根据城市具有街道纵横交错、大面积浅灰色调的特点，可将城镇与村庄区分出来。

(3)空间对比分析法

通过两幅图像的对比分析，以已知图像为依据，解译未知图像。例如，两幅地域相邻的彩红外航空图像，其中一幅图像已完成了解译并经过了野外验证，将它作为另一幅图像解译时的重要参考，既可保证解译的协调一致性，还可加快解译速度。使用空间对比法，应注意对比区域的自然地理特征应基本相同。

（4）多时相对比分析法

同类地物的光谱特征在某一时段可能差别并不明显，但地物的光谱特征具有明显的时间特征，在其他时段它们可能表现出完全不同的影像特征。因此，当图像上地物的属性无法准确认定或者同类地物无法准确区分时，通过多时相遥感图像的对比分析，有助于目标地物的准确解译。

3. 信息复合法

信息复合法是把遥感图像与专题地图、地形图等其他辅助信息源进行复合后，根据专题地图或地形图提供的信息，帮助解译者对遥感图像有更深入的理解，从而更准确地识别图像上目标地物的一种方法。例如，TM影像地图覆盖面积大，影像上的土壤特征不明显，而植被类型有助于加强对土壤类型的辨别。因此，采用信息复合法，利用植被类型图添加辅助信息，可以提高土壤类型的解译精度。此外，等高线在地貌类型、土壤类型和植被类型识别方面也有辅助作用。信息复合法要确保遥感图像必须与辅助信息源严格配准，这也是保证地物边界的准确性的关键。

4. 综合分析法

当使用某一解译标志很难辨认或区分目标地物时，可以将多个解译标志结合起来，或借助各种特征或现象间的内在联系，通过综合分析和逻辑推理，间接判断目标特征或存在的现象或属性。例如，对于解译为作物的图像范围，可以根据作物对气候、地貌和土壤质量的依赖性进一步区分作物的种属。又如，河口泥沙沉积的速度和数量与河流集水区的土质、地貌、植被和其他因素有关。流域内不同的自然环境造成了长江口和黄河口沉积物沉积的区别。地图资料和统计资料是前人工作的可靠成果，在解译中同样有着重要的参考作用。只有结合已有的图像进行综合分析，才能得到满意的结果。仅限于在某些区域或类别采样的现场调查数据可能无法完全代表整个解译范围的所有特征。只有在综合分析和推理的基础上，才能正确地运用和解释。

5. 参数分析法

参数分析法是在遥感过程中测量研究区内一些典型物体（样本）的辐射特性、大气透过率和传感器响应率，再对这些数据进行分析，从而区分物体。测量大气透过率的同时可由一个简单的比值确定空间和地面上的太阳辐照度。传感器响应率可通过实验室或飞行定标获得。使用这些数据确定未知物体的属性可以从两个方面进行：

① 将图像上样本的灰度与其他图像块进行比较。如果相同则其属性也与样本相同。

② 从地面测量各种物体的反射特性或发射特性，然后将其转换为灰色。再根据遥感区域内各种目标的灰度值与图像上的灰度值比较，来确定各种目标的分布范围。

6. 地理相关分析法

地理相关分析法是指根据地理环境中各地理要素间的相互依存和相互制约，利用专业知识，分析和推断地理要素的性质、类型、状况和分布的方法。例如，在植被的识别过程中综合考虑地理位置、气候状况、土壤类型、地貌特征等来确定植被的种类。地理相关分析法需要对研究对象有较深入、全面的了解，才能够找出它的关联因素即间接解译标志。当关联因素不具有机理上的确定性，而是统计意义上的关联性时，也可以对各关联因素进行统计相关性分析，找出最重要的、相关性最大的因素。

值得注意的是，在图像解译过程中，有些方法中可能同时包含了其他方法，各种方法往往是交织在一起的。目视解译特别强调各种方法的综合使用和相互印证，只有这样，解译工作才能更加科学合理，解译结果才会更为可信。

三、目视解译的基本程序与步骤

遥感影像目视解译是一项精细周密的工作，解译人员要遵循基本的程序与步骤，才能更高效、准确地完成解译任务。通常认为，遥感图像目视解译分为5个阶段(图14-5)。

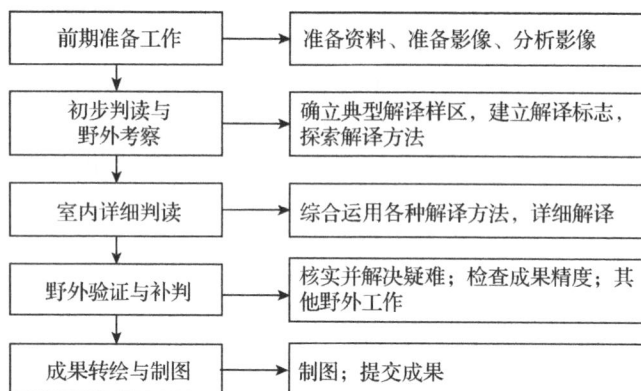

图14-5 目视解译程序与步骤

1. 前期准备工作

遥感图像能够展示地球表层的信息。受地理环境综合性和区域性的特点以及大气吸收和散射的影响等，遥感图像有时会出现同物异谱或异物同谱现象，这使得遥感图像的目视解译具有不确定性和多解性。为了提高目视解译的质量，有必要在目视解译之前做好充分的准备。具体内容有：

(1)分析工作目的

将工作目的和任务详加分析使得解译目标更加清晰明确以利于后续解译工作的开展。还需将解译的目标内容、精度要求等详细予以描述，以便后面对照检查。

(2)收集背景资料

针对解译任务和目标，收集相关资料。一般来说，地学遥感所需的基础资料包括地形图、DEM以及有针对性的地貌、地质、水文、气象等资料。

(3)制作遥感影像

根据解译目标和范围购买合适的原始遥感数据，即遥感数据在光谱波段、空间分辨率等方面需满足解译任务的要求。遥感数据可以是航空像片，也可以是卫星数据。在制作影像之前，需对图像做正射校正，使之与正射投影的地形底图一致。对于航空影像，若需要其数字图像，则需将摄影胶片或像片扫描数字化；对于卫星数据，若需要其纸介质图像，则需将其用高分辨率绘图仪输出纸图。

(4)准备解译工具

基于纸介质的目视解译，所需工具包括立体镜(解译立体像对必需)、放大镜、直尺、比例规、透明聚酯薄膜、铅笔等；基于计算机显示图像的解译，需要较好性能的计算机和相关软件；基于计算机的交互式目视解译，是遥感图像目视解译的一个越来越普及的方法，其优点在于影像可以随时利用图像处理方法进行各种局部增强，有利于提高解译质量。同时现在解译成果都要计算机成图或进入地理信息系统数据库，在计算机上进行解译使解译成果直接保存为 GIS 的数据格式，而纸图成果需要经过转绘并矢量化的过程。现在多数遥感图像处理软件都具有功能完善的交互式目视解译工具。

（5）熟悉相关环境

相关环境是指解译区的各种有关的地形、地貌、地质、水文、气象等背景信息。这些信息往往对解译目标有很好的参考价值，在综合推理解译、相关分析解译和信息复合解译等方法中十分宝贵，因此必须要对它们有很好的了解。

2. 初步判读与野外考察

初步判读的主要任务是掌握解译区的特点，建立典型解译样区，制定目视解译标志，寻找解译方法以保证全面解译。室内初步解译的重点是建立图像解释标准，以保证解译标志的正确性和可靠性。野外考察是必须进行的，在开展调查前，应制定好野外考察方案和路线。在进行调查时，为了在研究区内建立解译标志，有大量细致的工作需要完成，需填写各种地物的解译标志登记表。此外，还需制定影像判读专题分类系统，依据目标特征与影像特征的关系，反复判读并对比检验野外考察结果，建立遥感影像解译标志。若条件限制无法进行野外考察，则应尽可能收集其他已知特征类型的图像，并对解译标记进行初步解译和总结，以供参考。

3. 室内详细判读

初步解译与判读区的野外考察为室内判读奠定了基础。在完成遥感影像解译标志建立之后，室内即可进行详细解译。在确定的分类体系指导下，专题判读应采用综合分析、地学分析模式对比、分区判读等方法，由表及里、循序渐进地完成专题判读，最后做好判读结果的对比验证工作。

在室内详细判读过程中，对于复杂的地物现象，应综合运用各种解译方法。例如，利用遥感图像编制地质构造图；直接解译法可根据音调特征识别断裂构造；岩层结构类型可通过对比分析确定；利用地学相关分析方法，结合地表地质资料和物化探资料分析，可确定隐伏构造的存在和分布范围；使用直尺、量角器、求积仪等简单工具可测量岩层产状、构造线方位、岩石出露面积、线性构造长度和密度等。多种方法的综合应用可以避免一种解译方法固有的局限性，提高影像解译质量。无论采用何种方法进行解译，掌握目标地物的综合特征，综合运用解译标志，提高解译质量和精度是解译的关键。识别地物是遥感图像的直接解译标志的重要依据，同时，也可利用遥感影像的成像时间、季节、类型和比例尺等间接解译标志来识别地物。影像判读时应尽可能利用所有能够提供媒体帮助的标志进行综合分析，不可以仅依靠某些指标，尽量避免错误，提高准确性。室内解译中如有边界不清、无法区分的地方，应及时记录，并在野外验证和补判阶段解决。

4. 野外验证与补判

室内目视判读的初步结果需要进行野外验证，即再次到研究区域核实以检验目视判读的质量和解译精度。详细判读中出现的疑难点、难以判读的地方则需要在野外验证过程中补充判读。野外验证的主要内容包括 2 个方面：第一，检验专题解译中图斑的内容是否正确，并将专题地图点的特征类型与实际地物类型进行比较，以确定解译是否正确。如果斑点过多，通常采用抽样方法进行检验。同样，在验证图斑界限的过程中，如果发现实际地物类型的解译错误是由解译标志错误导致的，则需要修改解译标志，并根据新的解译标志重新开始判读解译。第二，对困难问题进行补判。补判是对室内无法解决的有疑问的疑难问题的重新解译，是通过实际野外观察和调查，找到与遥感图像疑难点相一致的实际区域，确定其地物属性和类型。如果具有代表性，则建立新的解译标志。

5. 成果转绘与制图

遥感图像目视判读结果的显示形式是专题图或影像图像图。将遥感图像的目视判读结果转换为专题图有两种方法。其中之一是在带有灯光的透视表上，手工转绘成图。

制图过程包括：

①将具有精确地理基础控制的信息在聚酯薄膜上转绘；

②根据成图精度要求，将遥感影像专题解译结果转绘至聚酯薄膜。在转绘过程中，图斑界线的厚度需是一致的，制图单元的类型通常是以地学编码为代表的；

③绘制框架、图例和比例尺，整饰专题图以供出版。另一种是基于精确几何基础的地理地图绘图仪用于转绘为图。专题图转绘后，再绘制专题图图框、图例、比例尺等，并对专题图进行整饰以供出版。

四、不同类型遥感影像的目视解译

遥感技术有多种成像方法，不同成像方法得到的图像通常会有不同的几何特征和图像特征。本节以 4 种不同类型的遥感图像为例，分别讨论了图像特征和目视解译方法。

1. 单波段遥感图像的解译

单波段摄影像片由可见光黑白像片、黑白红外像片、彩红外像片、热红外摄影像片等组成，通常都是利用航空遥感手段，通过摄影成像技术获取的图像。航空遥感高度低，成像比例尺大，地物的图像特征清晰可见，因此，单波段摄影像片的解译相对而言更容易实现。

(1)可见光黑白像片和黑白红外像片的解译

可见光黑白像片和黑白红外像片上，色调是地物最重要的解译标志之一。解译者主要根据地物色调的不同，结合形状、大小、纹理等多种解译要素，通过直接解译法以及相关分析法等就能完成对像片的准确解译。黑白像片上，地物的色调取决于其在可见光范围内反射率的高低。反射率高的地物色调浅，反射率低的地物色调深。例如，水泥路面呈现灰白色，而水体呈现深灰色或浅黑色。

黑白红外像片上，地物的色调变化规律与可见光黑白像片有着本质的区别，近红外波段反射率的高低决定了地物在黑白红外像片上色调的深浅变化。例如，植被在可见光黑白像片上为暗灰色，但在黑白红外像片上则呈现浅灰色调，这是因为其在近红外波段具有强反射的缘故。各种植被类型在不同的生长阶段或受环境变化的影响，其近红外反射强度会出现变化，在黑白红外像片上色调的明暗程度也就不同。因此，根据色调差异可以区分出不同的植被类型。

（2）彩色像片与彩红外像片的解译

彩色像片反映了地物的天然色彩，地物类型之间的细微差异可以通过色彩的变化表现出来。例如，清澈的水体呈现蓝绿色，而含有淤泥的水体则呈现浅绿色。彩色像片丰富的色彩变化能提供比黑白像片更多的地表信息，其解译也比黑白像片更加容易。然而，由于受到大气散射和大气吸收作用的影响，彩色摄影的信息损失量远大于彩红外摄影，因此航空遥感中使用更多的不是彩色摄影，而是彩红外摄影。彩红外像片也称假彩色像片，指用彩色红外摄影技术拍摄的像片。彩红外技术最早用于军事侦察，它通过绿色植物对近红外光的强反射特征识别非天然植物的绿色伪装，现广泛应用于资源调查和环境监测等领域，尤其是在调查森林、农作物病虫害方面发挥了重要作用。彩红外像片解译时，首先要理解并掌握其成像原理；其次，要熟悉各种地物在可见光和近红外波段的反射光谱特性，从而掌握不同地物在像片上的色彩变化规律，并在此基础上建立各类地物的解译标志；最后，遵循目视解译的方法和程序对彩色红外像片进行解译。

2. 多光谱遥感图像的解译

多光谱图像是指采用多光谱成像系统在同一时间获取的同一地区具有多个光谱波段的扫描图像。目前使用最多的多光谱图像都是卫星遥感图像，如 Landsat 的 MSS、TM、ETM+以及 SPOT 的 HRV-XS 等。与航空摄影像片相比，多光谱图像具有光谱分辨能力强、信息量丰富、综合性强、利于动态监测等优点。

多光谱遥感图像的解译除了遵循前述原理和方法外，主要利用图像的光谱特征来区分物体，具有如下特点：

①解译标志是按波段建立的，尤其是色调这一标志随波段变化十分明显，由地物反射波谱特性和传感器工作波段可推知物体在图像上的色调。

②判读方法主要依靠各波段图像的对比分析，充分顾及地物波谱特性与图像灰度的关系。

③可彩色合成处理，以颜色来反映物体波谱特性差别，大大提高人眼的辨别能力而增强判读性能。

因此，对多光谱遥感图像进行解译，可以采用以下 3 种方法。

①比较判读　为了正确判读地物的属性和类型，应将多光谱图像与各种地物的光谱反射特性数据联系起来。

②假彩色合成　多波段假彩色合成是一种最常见的多光谱扫描图像的解译方法，它能克服单波段图像的局限性，对具有相似光谱特征的多种地物的识别更为有效。假彩色合成图像上的颜色是参与合成的各个波段的亮度值按照不同比例混合的结果，不同地物在不同波段上的亮度总是存在一定的差异，因此，合成图像上的各种颜色往往对应着不同的地物类别，成为图像解译的主要依据之一。

多光谱图像的彩色合成可以有多种合成方案，不同的合成方案又有着截然不同的色彩组合与图像增强效果。因此，为了提高解译效果，往往需要针对解译的目标地物选择最佳的合成方案。最佳波段组合应含较多信息量、有较小相关性、差异大的地物光谱、可分性好的波段组合。以下 3 个原则可用于选择最佳波段：

a. 被选择的波段应具有大量信息。

b. 选择相关性小的波段。

c. 对所研究地物类型，其被选择的波段组合应有较大的光谱差异。

③ 利用图像上的空间特征来进行解译　无论单波段像片还是多波段像片的判读，在利用它们的光谱判读标志的同时，应结合图像上的空间特征来进行。尽管卫星像片比例尺很小，地物的空间特征在像片上的反映仍然是很明显的。从卫星像片上运用图像的空间特征来判读地物，大多从宏观的角度分析，如各种地貌类型、地质构造类型、冰川和雪盖面积、古河道、古遗迹等。提高空间特征的目视效果，可使用反差增强、密度分割、边缘增强等方法。随着卫星影像分辨率的提高，也可进行微观分析。

3. 热红外图像的解译

地表地物都有反射、透射和发射电磁辐射的能力。可见光和近红外遥感主要探测地物反射和透射电磁辐射的差异，而热红外遥感则是通过 $3.5 \sim 5.5 \mu m$ 和 $8 \sim 14 \mu m$ 2 个大气窗口，探测地物自身热辐射的差异，并通过摄影和扫描两种方式反映和记录。尽管它们的目的都是获取地物的信息，但成像原理完全不同。解译者在识别热红外图像上地物类型，提取地物信息的重要标志是不同地物热辐射强度在图像上形成的不同色调和形状特征。热红外成像的特殊性决定了其图像解译要素的特殊性，主要表现在以下 4 个方面。

①色调是地物亮度和温度的构像　热红外图像上不同的灰度反映了地物热辐射特征的差异。图像的色调越亮代表地物的热辐射能力越强；图像的色调越暗代表地物的热辐射能力越弱。不同的地物具有不同的热辐射条件，在影像上表现为不同的色调。因此，识别地物的基础和关键是图像色调的差异。

②热辐射差异形成了地物的"热分布"形状　当物体温度和背景温度之间的差异被热红外传感器检测到时，传感器会在图像上形成地物的"热分布"形状。通常来说，这种"热分布"形状不一定能够真实地表现地物形状。例如，山区河流在白天和夜间的热红外图像检测结果是不同的，水体比热容较大，白天升温慢于周围事物，图像呈灰暗色调；晚上水体降温缓慢，河流成为一个热辐射带，在图像上呈灰白色飘带状。再如，高温目标会进行热扩散，这会导致物体形状的扩大变形。

③热辐射特性会影响地物的尺寸　在热红外图像中，地物的形状和热辐射特性影响其尺寸大小。当高温物体与背景之间热辐射存在明显的差异时，即使是运行中的发动机、高温喷气管和小型火源等小型地面物体，也能在热红外图像中显示出来，并且它们在图像中的尺寸往往大于实际尺寸。

④目标地物与背景之间的辐射差异会产生阴影，并有冷、热阴影之分　烈日下停放在机场的喷气式飞机下方被遮挡的地面与周围机场地面会出现明显的不同。当飞机发动以后，机尾会喷出高温热气流，这种热气流会在地面形成很强的热辐射。在飞机起飞后不久的热红外图像中，能够清晰地看到上述地面温度的差异。其中，暗色调的飞机轮廓部分就是冷阴影，飞机尾部喷雾状的亮色调部分就是热阴影。阴影是一种"虚假"信息，它干扰了图像的识别，但同时又提供了一种反映特殊目标存在或属性的新信息。

不同的地物可以根据热红外影像解译标志进行识别。下面为部分地表地物的热红外图像特征和解译方法的介绍。

①土壤与岩石 热红外图像中土壤含水量对土壤的色调有很大影响。在午夜后拍摄的热红外图像中，由于水体热容量大，夜间热红外辐射也很强，高含水量的土壤为灰色或灰白色，低含水量的土壤为深灰色或深灰色；岩石的热容量较大，夜晚有较高的热红外辐射能力，因此，白天暴露在阳光下后的岩石在夜间的热红外照片上通常为浅灰色。例如，热红外图像中的玄武岩通常为灰色至灰白色，花岗岩为灰色至深灰色。

②水体与道路 水体传热良好，白天热红外图像一般较暗。水泥、沥青和其他材料制成的道路在白天接收的热能很快就能转化为热辐射，因此在图像上呈浅灰色至白色；午夜后的热红外图像上，水体因具有热容量大、慢散热的特性呈现浅灰色至灰白色，而道路因夜间散热快而呈暗色。

③森林与草地 白天植物表面水蒸气的蒸腾作用降低了白天的叶片温度，使其低于裸露地面的温度，热红外图像上的森林表现为深灰色到灰黑色。夜间植被覆盖下的地面热辐射会增加树冠温度，因此，热红外图像中的植物大多为浅灰色，有时为灰白色。而草原可迅速散热降温，因此，夜间草原的热红外照片呈黑色或深灰色。

值得注意的是，天气状况对自然地物色调特征有一定影响。例如，强风会加速物体表面的散热，降低温度，显著降低地物的色调，还可能产生地物热影像位移等现象。在连续低温条件下，地物之间的温差大大减小，很难在热红外图像中得到反映。相比较来说，人工热源热成像更稳定，受外界天气影响不多。目前，一些卫星提供的红外遥感图像的影像分辨率低于热红外照片，其解译方法与热红外航空照片相似。黎明前，热红外航空像片效果最好，且夜间优于白天。这是因为热红外图像中的色调差异主要取决于地面物体的温度和辐射热红外的能力，而晚上不受太阳辐射的干扰。

4. 微波遥感图像的解译

微波遥感的波长范围为 1 mm～100 cm，能穿透云层和大气降水，测量云层下目标地物发射的辐射，对地表也有一定的穿透能力，并能全天候、全时段工作。波长 0.8～30 cm 的为常用的微波，又可细分为 Ka、K、Ku、X、C、S、L、P 等波段。微波遥感的工作模式分为主动式(有源)微波遥感和被动式(无源)微波遥感。被动微波遥感用于观测目标物体的辐射。常用的被动遥感器是微波辐射计；主动微波遥感可通过遥感器向地面发射微波，探测目标地物的后向散射特性。常用的主动遥感器有微波散射计、微波高度计和成像雷达。成像雷达有实孔径雷达和合成孔径雷达。近年来，合成孔径雷达技术发展迅速，除了配备于机载遥感平台外，还配备于航空航天遥感平台，用以获取地球表面的微波遥感图像。所获微波遥感图像有以下几个特点：

①侧视雷达采用非中心投影方式(斜距型)成像，这不同于摄像机中心投影。

②比例尺在横向扭曲畸变，在雷达波的照射区，地面各点对应的入射角不同。距离雷达轨道越远，入射角越大，图像比例失真也越严重。有雷达航迹距离越大，比例尺越小的规律。

③在地球科学研究领域，Ka 和 X 波段成像雷达经常被用来调查资源和环境。雷达图像可应用于海洋环境调查、地质制图和非金属矿产资源调查、洪水动态检测和评估、地貌研究和地图测绘等。

雷达图像判读需要具备微波遥感的基本理论知识，掌握各种目标物的微波特性和微波与目标地物的相互作用规律，了解微波遥感图像的判读方法和技术。微波遥感图像的判读有以下几点：

①采用从已知到未知的方法，利用相关资料熟悉解译区。如果可能，将微波遥感图像带到现场进行调查。从宏观特征入手，将微波遥感图像与专题图相结合，反复对比目标地物图像特征与待解译内容，建立地物解译标志，并在此基础上完成微波遥感图像的解译。

②将通过投影校正微波遥感图像与 TM 或 SPOT 等影像进行信息重叠，形成假彩色图像；使用 TM 或 SPOT 等影像为微波遥感图像解译添加辅助解译信息。例如，探测洪水是利用中国地面卫星站使用 SAR 和气象卫星图像覆合。

③使用同一高度的侧视雷达在同一侧对同一区域进行两次成像，或在同一侧对同一区域使用不同高度的侧视雷达进行两次成像，所获得的影像能产生视差，可进行立体观测，获得不同的地形或高差，或解译其他目标特征。

第四节　遥感图像的计算机分类

一、遥感图像分类概述

随着遥感技术的迅猛发展，遥感图像的计算机分类越来越受到重视。遥感图像的计算机分类，是对给定的遥感图像上所有像元的地表属性进行识别归类的过程。图像分类总的目的是将图像中每个像元根据其在不同波段的光谱亮度、空间结构特征或其他信息，按照某种规则或算法划分为不同的类型，获得遥感图像像元与实际的地物相对应的信息，从而实现遥感图像的分类。

遥感图像的计算机分类与目视解译的目标是一致的，但手段和方法则完全不同。最简单的分类是只利用不同波段的光谱亮度值进行单像元自动分类。另一种则不仅考虑像元的光谱亮度值，还利用像元和其周围像元之间的空间关系（如图像纹理、特征大小、形状、方向性、复杂性和结构等），对像元进行分类。遥感图像计算机分类的方法纷繁多样，基于分类过程中人工参与的程度，可分为监督分类、非监督分类和两者相结合的混合分类。监督分类使用了人工选择的训练区，而非监督分类则完全依赖计算机对像元特征的统计。值得一提的是，在实际分类中，并不存在单一"正确"的分类形式。选择哪种方法取决于图像的特征、应用要求和计算机软硬件环境。

二、监督分类

监督分类又称训练分类法，即用被确认类别的样本像元去识别其他未知类别像元的过程。在这种分类中，分析者需要从研究区域选取代表各类别的已知样本作为训练场地（训练区），根据训练区样本选择提取特征参数（如像素亮度均值、方差等），建立判别函数，再依据样本类别的特征来识别非样本像元的归属类别，从而实现遥感图像分类的过程。监督分类可分为 2 个基本步骤，一是选择训练样本和提取统计信息；二是选择合适的分类算法。

1. 选择训练样本和提取统计信息

训练样本的选择是监督分类的关键,需要分析者对要分类的图像所在的区域有所了解,或进行过初步的野外调查,或研究过有关图件和高精度的航空照片。最终选择的训练样本应能准确地代表整个区域内每个地物类别的光谱特征差异。因此,监督分类对训练区的选择有以下要求:

①训练区是图像上已知覆盖类型的代表样区,具有描述主要特征类型的光谱属性。

②训练区所包含的样本类别要与待分类区域的一致,训练样本应在各类目标地物面积较大的中心选取,这样才能体现代表性。

③训练样本的选取应能够提供各类足够的信息和克服各种偶然因素的影响,训练区的数目最少要满足建立判别函数的要求。

④样本选择要具有完整性、代表性,尽量选择多个样区且要分布均匀。

训练样本的来源可以是:

①实地收集　即通过全球定位系统(GPS)定位,实地记录的样本。

②屏幕选择　即通过参考其他图或根据分析者对该区的了解,在屏幕上数字化每一类别有代表性的像元或区域,或用户指定一个中心像元,机器自动评价其周边像元,选择与其相似的像元。空间自相关性存在于邻近像元,邻近像元有很大可能具有相似的亮度值,因此,有研究结果显示从空间自相关数据中获取的训练样本会产生较大的分类误差。选择训练样本后,为了比较和评估样本的优劣,需要计算每类训练样本的基本光谱特征信息,通过每个样本的基本统计值(如均值、标准方差、最大值、最小值、方差、协方差矩阵、相关矩阵等)来检查并评价训练样本的代表性和训练样本的质量,以此选择合适的频带。通常用图表显示和统计测量来评估训练样本的质量。图表显示是将训练样本的直方图、均值、方差、最大值和最小值绘制成线性和分散等图,以直观地评估各类训练样本的分布、离散度和相关性;统计测量是利用统计方法定量测量训练样本之间的分离度。

应用于不同环境时,训练样本的选择以及监督分类中统计评估的步骤和方法将有所不同。以下是基本操作流程:

①将有关分类区域的信息收集起来,如地图、航空像片或实地资料等,以便了解该区域的主要分类和分布情况。

②检查图像,根据现有参考数据或现场调查经验,评估图像质量,检查其直方图,确定是否需要其他预处理,如地形校正和配准等,并确定其分类系统。

③根据上述标准为图像上的每个类别选择训练样本。训练样本必须易于识别并均匀分布在整个图像中。

④针对每一类训练样本,显示并检查其直方图,计算并检查其均值、方差和协方差矩阵,及相应的特征空间相关波谱椭圆形图和表示其分离度的不同统计指标,来评估其训练样本的有效性。

⑤根据上述检查和评估结果修改训练样本,如有必要可以重新选择和评估训练样本。

⑥在合适的分类过程中应用训练样本的信息。

2. 选择合适的分类算法

在监督分类中,可以使用许多不同的算法将未知类别的像素划分为一个类别。下面主要介绍几种常用的算法：

(1) 平行算法

平行算法又叫盒式决策规则，根据训练样本的亮度范围形成多维数据空间。如果其他像元的光谱值落在与训练样本的亮度值相对应的区域内，则将其划分为相应的类别。如图14-6所示，波段1中 A 类和 B 类训练样本的最小值和最大值分别为 A_{min1}、A_{max1}、B_{min1} 和 B_{max1}，波段2中的最小值和最大值分别为 A_{min2}、A_{max2}、B_{min2} 和 B_{max2}，则表示由这些值定义的亮度区域分别为 A 和 B。如果这两个波段中所有其他像元的亮度值均低于 A，则该像素被划分为 A 类。此过程可以扩展到两个以上的波段和类别。

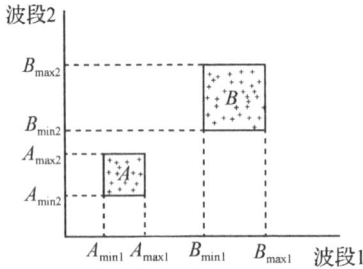

图 14-6 平行算法示意   图 14-7 最小距离法示意

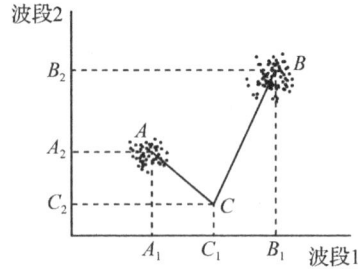

此外，区域 A 和 B 可能不使用其最大值和最小值来定义，而是使用其平均值和标准方差。该算法简洁直接，能将大部分像素划分为一类。缺点是当有许多类别时，每个类别定义的区域很容易重叠。由于选择错误，训练样本的亮度范围可能远低于其实际亮度范围，这将导致许多像素不属于任何种类。在这种情况下，必须采用其他规则将这些未分类像素划分为一个类别。

(2) 最小距离法

最小距离法使用的是训练样本的每个频带中的每个类别的平均值，根据每个像素与训练样本的平均值之间的距离来确定其类别。如图14-7所示，在波段1和波段2的散点图中，A 类和 B 类的训练样本形成两个类别集群 A 和 B，它们在两个波段中的平均值位于两个集群(A_1、A_2)和(B_1、B_2)的中心。假设存在一个像素 C，其光谱亮度值(C_1，C_2)，根据类别集群 A 和 B 的平均值(A_1，A_2)和(B_1，B_2)计算其大小。距离 $AC < BC$，因此，将其划分于类别 A。最小距离法在遥感分类中应用并不广泛，缺点是没有考虑不同类别的内部方差的差异，导致某些类别在其边界和分类错误上重叠。因此，需要一些更先进、更复杂的距离测量方法。

(3) 最大似然法

平行算法和最小距离法均未考虑各类别在不同波段的内部方差和不同类别直方图重叠部分的频率分布。假设 A 类和 B 类的平均亮度不同，但整个亮度分布之间存在重叠，且重叠部分两类的频率不同。假设亮度值 C 落在其重叠区域，根据平行算法或最小距离法，除非我们设置任意阈值，否则很难将 C 归因于 A 或 B。最大似然法则是使用一个有效的决策规则来确定 C 是更类似于类别 A 还是类别 B。该算法根据训练样本的均值和方差来评估其他像元和训练类别之间的相似性。

最大似然法可以同时定量地考虑两个以上的波段和类别，是一种使用很广的分类器。

然而，该算法的计算量比最小距离法大，并且对不同类别的方差变化比较敏感。它的基本数学公式是基于正态分布的假设。

除了上述 3 种算法外，还有许多其他算法，包括基于概率分布的贝叶斯分类器、基于同质基础的 ECHO 等。

3. 监督分类的优缺点

（1）监督分类的优点

①分类类别可根据应用目的和地区有选择地确定，以避免不必要的类别。

②可以控制训练样本的选择。

③通过检查训练样本，可以确定训练样本是否精确分类，从而避免分类中的严重错误。

④避免了非监督分类中光谱集群组的重新分类。

（2）监督分类的缺点

①其分类体系的确定和训练样本的选取都有很强的人为主观因素。分析者定义的类别可能是自然类别中不存在的图像，致使多维数据空间中各种类别的重叠而非独一份；分析者选择的训练样本通常不可以代表图像中的真实情形。

②图像中同一类别也存在光谱差异，如同一森林类别森林密度、年龄和阴影的差异会造成森林类别的内部方差较大，导致训练样本缺乏良好的代表性。

③训练样本的选择和评估需要更多的人力和时间。

④只能识别训练样本中定义的类别。如果分析者不知道类别分类特征或定义的类别太少则无法识别监督分类。

三、非监督分类

非监督分类指人们事先对分类过程不施加任何的先验知识，仅根据遥感影像地物的光谱特征的分布规律，对其特征值进行分类。非监督分类对不同类别进行划分，并没有确定类别的属性，其属性是事后对各类别的光谱特性来确定，或与实地调查比较后确定的。非监督分类也称聚类分析，即选择若干个模式点作为聚类的中心，每一中心代表一个类别，按照某种相似性度量方法（如最小距离方法）将各像元归于各聚类中心所代表的类别，形成初始分类。然后再由聚类准则判断初始分类是否合理，如果不合理就修改分类，如此反复迭代运算，直到合理为止。

与监督分类的先学习后分类不同，非监督分类是边学习边分类，通过学习找到相同的类别，然后将该类与其他类区分开，但是非监督分类与监督分类都是以图像的灰度为基础，通过统计计算一些特征参数，如均值、协方差等进行分类的，所以也有一些共性。长期以来，已经发展了近百种不同的自然集群算法，如 ISODATA、链状方法等。这里仅简述最常用的 ISODATA 算法。

1. ISODATA 算法

ISODATA 算法即重复自组织数据分析技术。一般需要分析者定义：

①最大的集群组数量 C_{max}（如 40 个），通常该数量都应该大于最后的分类图中的类别。

②在循环中，最大的类别是恒定的像元百分比当达到该百分比时，ISODATA 算法停

止。但对有些图像，可能永远也达不到该百分比，因此需要其他参数来中断这个计算。

③最长运转时间指当 ISODATA 算法执行的时间达到这个指定的最大值，不论其像元百分比是否达到，ISODATA 算法即中断。

④每个集群串中最小的像元数量和最大的标准方差。

⑤最小的集群均值间距离 如果两个集群的距离小于这个值，则将合并。

⑥集群分散值通常为 0。

ISODATA 算法是一个循环过程，初始的集群组是随机地在整幅图像的特征空间选择 C_{max}，其基本的步骤为：

①初始随机地选择 C_{max} 中心。

②计算其他像元离 C_{max} 中心的距离，按照最小距离规则划分到其对应的集群中。

③重新计算每个集群的均值，按照前面定义的参数合并或分开集群组。

④重复步骤②和步骤③，直到其达到最大不变像元百分比，或者最长运转时间。

经过 ISODATA 算法得到的集群组只是一些自然光谱组，需要分析者将每个集群组归到其对应的类别中，这个过程通常需要参考其他的图(如航片或其他有关该区的图)，或者结合用户本身对该区的了解。有时一些自然组可能是混合的，不一定会对应于一个类别，因此在实际应用中，经过 ISODATA 算法得到的图，分析者将一些易于识别的组归类后，做成一个黑白掩膜图像，用到原图像中，过滤掉归类的部分，留下难以归类的图像，对这个残余图像重新运行 ISODATA 算法，直到所有的集群组都能归类。

2. 非监督分类的优缺点

(1)非监督分类的优点

①非监督分类不需要预先对所要分类的区域有广泛的了解或熟悉，而监督分类则需要分析者对所研究区域有很好的了解从而才能选择训练样本。但在非监督分类中，分析者仍需要一定的知识来解释非监督分类得到的集群组。

②监督分类中所要求的决策细节在非监督分类中都不需要，非监督分类只需要定义几个预先的参数(如集群组的数量，最大最小像元数量等)，因而大大减少了人为误差的产生。即使分析者对分类图像有很强的看法偏差，也不会对分类结果有很大影响。因此，非监督分类产生的类别比监督分类所产生的更均质。

③独特的、覆盖量小的类别均能够被识别，而不会像监督分类那样因分析者的失误而丢失。

(2)非监督分类的缺点

非监督分类的主要缺点来自于对其"自然"的依赖性：

①非监督分类产生的光谱集群组并不一定对应于分析者想要的类别对应，因此，分析者面临着如何将它们和想要的类别匹配的问题，实际上，很少有一对一的对应关系。

②分析者较难对产生的类别进行控制。因此，其产生的类别也许并不能让分析者满意。

③图像中各类别的光谱特征会随时间、地形等变化，不同图像以及不同时段的图像之间的光谱集群组无法保持连续性，这使得不同图像之间的对比变得困难。

四、监督分类与非监督分类的结合

监督分类与非监督分类各有其优缺点。实际工作中，常常将监督分类与非监督分类相结合，取长补短，使分类的效率和精度进一步提高。基于最大似然原理的监督分类的优势在于，如果空间聚类呈现正态分布，则会减小分类误差，且分类速度较快。监督分类主要缺陷是必须在分类前，必须圈定样本性质单一的训练样区，而这可以通过非监督分类来进行。即通过非监督分类将一定区域聚类成不同的单一类别，监督分类再利用这些单一类别区域"训练"计算机。通过"训练"后的计算机将其他区域分类完成，这样避免了使用速度比较慢的非监督分类对整个影像区域进行分类，且在分类精度得到保证的前提下，提高了分类速度。具体可按以下步骤进行：

①选择一些有代表性的区域进行非监督分类　这些区域尽可能包括所有感兴趣的地物类别。与监督分类训练样区尽可能单一的要求不同，非监督分类选择的训练样区应包含类别尽可能地多，以便使所有感兴趣的地物类别都能得到聚类。

②获得多个聚类类别的先验知识　聚类的类别作为监督分类的训练样区，其相应的先验知识可以通过判读和实地调查来获得。

③特征选择　选择最适合的特征图像进行后续分类。

④使用监督分类对整个影像进行分类　根据前几步获得的先验知识以及聚类后的样本数据设计分类器，并对整个影像区域进行分类。

⑤输出标记图像　分类结束后影像的类别信息已确定，所以可以将整幅影像标记为相应类别输出。

五、其他分类

1. 模糊分类

上述所有分类方法都假设每个像元只能被分类为一种类型，并且像元和类型之间只能存在一对一的关系。然而，受遥感图像分辨率等因素的影响，图像中像元对应的地物不仅仅是一个类别，而是两个或两个以上类别的混合体。例如，TM 30 m×30 m 像元对应的居民区可能由房屋、草地和道路构成。将其划分为单个房屋、草地或道路显然会造成分类上的巨大错误。模糊分类允许根据混合类型的百分比将像元分为若干类型。例如，一个像素的 50% 是草地，20% 是房屋，30% 是道路，则在模糊分类中，该像元属于这 3 种类型的分量分别为 0.5、0.2 和 0.3，而在传统分类中，该像元一般被分类为草地。

通常，每种类型对应于其像元的百分比由每种类型的百分比函数确定，图 14-8 展示了上述例子中 3 种类型的简单示意图。X 轴表示像素亮度值，Y 轴表示每种类型的百分比。如果像素亮度值介于 a_1 和 a_2 分类为草地，b_1 和 b_2 之间为道路，c_1 和 c_2 之间为房屋，这与传统分类类似。但在其他亮度范围的像元则以概率的形式，按照其概率百分比划

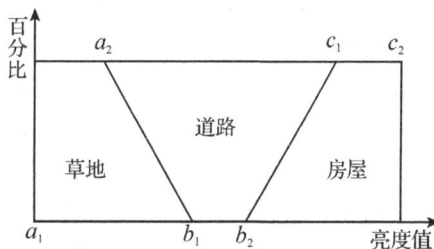

图 14-8　模糊分类中各成分百分比函数

分到不同的类别中。

模糊分类原理在许多领域都有着广泛的应用，尤其是在遥感图像分类中。从理论上讲，模糊分类可提高图像分类的准确性。但由于模糊分类仍然需要传统的分类规划进行，在实际应用中，其分类精度因情况而异。

（2）空间结构纹理分类

简单的光谱分类器仅考虑图像的光谱特征，然而实际景观中，地物拥有一定的空间结构特征，如城市居住区通常由树木、草地、道路、房屋屋顶、停车场等构成。因此，利用不同的空间特征纹理能方便区分不同的类型，若仅依据简单的亮度信息可能无法很好地区分不同的类型。人眼能够区分不同的空间特征，因此，人们更提倡通过不同的量化方法计算其空间特征，然后将其用于分类。实际研究结果也表明，空间结构的利用对于许多城市土地利用分类和一些高精度的图像分类更加重要。

空间结构分类器主要使用一些函数来度量空间纹理结构，从而得到新的层。这些函数常使用某个窗口来测量像元与周围像元之间的关系，例如，在5×5窗口中像元之间的方差和空间相关系数等。将这些层添加到原始图像的光谱层，以对混合图像进行分类。通常，在空间纹理结构计算中使用更多的是相邻像元，其相对分类精度明显提高（如32×32个像元）。然而，大量相邻像元的使用将混合不同类型边缘像元的数量。同时，较大的窗口也会降低图像的分辨率。

（3）神经网络方法

人工智能神经网络方法，简称神经网络方法，是一种利用计算机模拟人类学习过程，即建立输入、输出数据关系的程序。人工神经元网格一般分为输入层、输出层和隐藏层。该程序模拟人脑的学习过程，通过反复输入和输出训练，增强和修改输入和输出数据之间的关系。

六、误差和精度评价

遥感数据是地理信息系统中重要的数据源。随着遥感与地理信息系统的整合，许多遥感数据以及从遥感数据中提取的专题地图数据被用来定量地分析社会及环境问题。地理信息系统用户关心的一个重要问题就是这些遥感数据以及从遥感数据中提取的数据中所包含的错误类别及其精度高低。遥感和地理信息系统中数据获取、处理和分析过程中的各种错误源，其单个或累积效果往往是很难一一追踪的。遥感过程的各个环节均会产生误差或错误，如遥感数据获取过程中的由于轨道位置不稳定、太阳高度、大气、地形等引起的几何和光谱变形；在几何和光谱校正的数据处理过程中由于模型不完善或者不适当运用，或者使用者人为错误产生的影响；在数据分析过程中分类方法的选择，训练样本的提取，各种参数的选择；由矢量数据与栅格数据相互转换时所引起的位置或属性误差等。图像分类是主要的遥感制图分析方法，我们主要讨论图像分类过程中的精度评价。

图像精度指的是一幅不知道其质量的图像和一幅假设准确的图像（参考图）之间的吻合度。如果一幅分类图像中的类别和位置都和参考图接近，我们就称这幅分类图像的精度高。精度评价对于遥感分类很重要，因为一幅分类图像的精度直接影响从遥感图像的制图以及得来的报告对于实际土地、环境管理，以及其他数据分析的有用性和用这些数据进行科学研究的合理性。

精度评价必须客观地通过某种方法，定量地将一幅图像和另一幅同区域的参考图像或其他参考数据进行对比。任何用户都不会在没有足够证据前提下，接受对一幅遥感成图的科学性、质量与精度的评价。事实上，要取得合理的精度评价数据往往是困难的，因此，精度评价不是一项容易的事。

（1）误差来源及特征

分类误差来源和特征的分析既是对分类过程的检验，也是对分类结果进行改进的重要前提工作。任何分类都会产生不同程度的误差。分析误差的来源和特征既是对分类过程的检验，也是改进分类方法的主要前提。分类误差主要有两类：一类是位置误差，即各类别边界的不准确；另一类是属性误差，即类别识别错误。分类误差的来源很多，遥感成像过程、图像处理过程、分类过程以及地表特征等都会产生不同程度和不同类型的误差。

遥感成像过程中，遥感平台翻滚、俯仰和偏航等姿态的不稳定会造成图像的几何畸变；传感器本身性能和工作状态也有可能造成几何畸变或辐射畸变；大气中的雾、霾、灰尘等杂质必然造成图像中的辐射误差；地形的起伏会使图像中产生像点位移从而造成几何畸变；坡度也会影响地表的辐射接收和反射水平，造成辐射误差。

遥感图像分类前，一般都要进行辐射射校正、几何校正、研究区的拼接与裁切等预处理。在这些图像处理过程中，由于模型的不完善或控制点选取不准确等人为因素，即便是处理后的图像中，几何畸变和辐射畸变依然可能会存在。此外，几何校正中像元亮度的重采样所造成的信息丢失是无法避免的，对分类结果也将产生一定影响。

地表各种地物的特征直接干扰分类的精度。通常来讲，越简单的地表景观结构，获得的分类精度越容易较高，对于类别复杂、破碎的地表景观，分类误差更容易产生。故而，各类别之间的差异性和对比度对分类精度有显著影响。

图像分类过程中，分类方法、各种参数的选择、提取训练样本的分类系统与分类和数据之间的对应程度也会影响分类结果。目前还没有堪称完美的算法模型，其分类结果中都会出现错分的现象。

遥感图像影响分类精度的重要因素有空间分辨率、光谱分辨率和辐射分辨率。有些分类结果精度不高，不是分类方法的问题，而是直接受制于图像本身的特征。

上述各个环节所产生的误差，最终都有可能累积并传递到分类结果中，形成分类误差。因此，分类误差是一种综合误差，很难将其区分开来。分析发现，分类误差在图像中并不是随机分布的，而是与某些地物类别的分布相关联，从而呈现出一定的系统性和规律性。了解并分析分类出现误差的原因和分布特征，对于修订分类结果或改进分类方法具有重要的意义。

（2）精度评价的方法

遥感图像分类精度的评价是将分类结果与检验数据进行比较以得到分类效果的过程。精度评价中所使用的检验数据可来自实地调查数据或参考图像。参考图像包括分类的训练样本、更高空间分辨率的遥感图像或其目视解译结果和具有较高比例尺的地形图、专题地图等。实际工作中，检验数据往往以参考图像为主，实地调查数据为辅。精度的最佳评估方法是比较分类图和参考图像的所有像元之间的一致性，但这种方法通常是不现实和没有意义的。因此，精度评估通常由抽样完成，即从检验数据中选择一定数量的样本，分类的精度取决于样本与分类结果的一致性。

遥感观测空间大，类型复杂，因此，设计一种既有可靠的理论统计依据又在实践中可行的采样方法是精度评估的基本问题。在抽样设计中应使用概率采样，以确保样本的代表性和有效性，从而使每个样本的总体参数估计是可靠的。常见的概率抽样方法应包括简单随机采样、分层采样、聚点式集群采样以及系统采样等。不同的采样方法所采用的参数估计的具体计算形式和公式不同，各有优缺点。应考虑分类系统的影响和应用目的，并根据精度评估的目的确定具体方法。

（3）误差矩阵与精度指标

样本是分类精度评价的基本单元，可靠的样本数据应为计算统计量和进行精度评价提供必要的基础资料。在良好采样方案和可靠的样本数据的基础上，便可讨论精度评价中如何选择统计量和进行分析，并最终获取精度评价指标。最常采用的方法是建立误差矩阵（或称混淆矩阵），以此计算各种统计量并进行统计检验，最终给出对于总体的和基于各种地面类型的分类精度值。

① 误差矩阵　是精度评估的标准格式。误差矩阵是一个包含 n 行和 n 列的矩阵，其中 n 表示类别的数量。通常用表 14-1 的形式表示，其中：p_{ij} 是分类数据类型中第 $i(i=1, \cdots, n)$ 类和实测数据类型第 $j(j=1, \cdots, n)$ 类所占的组成成分；p_{i+} 为分类所得到的第 i 类的总和；p_{+j} 为实际观测的第 j 类的总和；P 为样本总数。

表 14-1　误差矩阵表

实测数据类型	分类数据类型						实测总和
	1	2	$\cdots$	i	$\cdots$	n	
1	p_{11}	p_{21}	$\cdots$	p_{i1}	$\cdots$	p_{n1}	P_{+1}
2	p_{12}	p_{22}	$\cdots$	p_{i2}	$\cdots$	p_{n2}	P_{+2}
$\cdots$	$\cdots$	$\cdots$	$\cdots$	$\cdots$	$\cdots$	$\cdots$	$\cdots$
j	$\cdots$	$\cdots$		p_{ij}	$\cdots$	p_{nj}	P_{+j}
$\cdots$	$\cdots$	$\cdots$		$\cdots$		$\cdots$	$\cdots$
n	p_{1n}	p_{2n}	$\cdots$	p_{in}	$\cdots$	p_{nn}	P_{+n}
分类总和	P_{1+}	P_{2+}	$\cdots$	p_{i+}	$\cdots$	P_{n+}	P

一般误差矩阵的最左侧列表示参考图像上的类别，最顶部行表示要评估的图像上的类别，当然也可以互相交换。矩阵中列出了像元个数（或者像元所占的百分比）。在表 14-2 中，代表居住区的像元共有 181 个，并且它们均已被正确分类，即参考图像上居住区的 181 个像元，均在被评价图像上被识别区分出来；表 14-2 中，第一行数据列出的是居住区在参考图像上被错误指定为其他类别的像元数量；第一列数据列出的是在评估图像上其他类别被错误指定为居住区的像元数量。显然，正确分类的像元数列在误差矩阵的对角线上。最右侧数据列出的是各类别在参考图像上的总数量，最底部数据列出的是每类别在被

表 14-2　误差矩阵实例

类别	被评价的图像				
	居住区	未利用地	植被	道路	总和
居住区	181	11	65	5	262
参考图像　未利用地	10	1	3	0	14
植被	48	3	96	1	148
道路	5	1	8	62	76
总和	244	16	172	68	500

评价图像上的总数量。

近年来，为了满足不同的目的和要求，出现了一些新的分类精度评价方法。它包括运用模糊集理论进行模糊评价和运用多元统计分析中的综合统计学对复杂土地类型进行定量描述和分析，并得出了概率意义上的精度估计。目前，这些新方法仍在发展和完善中。

②精度指标　针对误差矩阵的精度基本统计估计量包括以下几个，其中变量解释同表 14-1。

a. 总体分类精度：

$$p_c = \sum_{i=1}^{n} p_i / p \tag{14-2}$$

它是一个具有概率意义的统计量，表示每一个随机样本所分类的结果与地面实际类型相一致的概率。

b. 用户精度 p_{ui}（对于第 i 类）：

$$p_{ui} = p_{ui} / p_{i+} \tag{14-3}$$

它表示从分类结果（如分类产生的类型图）中任取一个随机样本，其所具有的类型与地面实际类型相同的条件概率。

c. 制图精度 p_{Ai}（对于第 i 类）：

$$p_{Ai} = p_i / p_{+i} \tag{14-4}$$

它表示分类图上相同位置的分类结果与地面实际数据中的任意随机样本一致的条件概率。

总体分类精度、用户精度和制图精度从不同的方面描述了分类精度，是简便易行并具有统计意义的精度指标。与这些统计量相关联的度量还有经常提到的漏分与错分误差。所谓漏分误差即指对于地面观测的某种类型，在分类图上任取一样本，其被错划分为其他不同类型的概率，也就是实际的某一类地物有多少被错误地分到其他类别；而错分误差则指对于所分出的某一类型，任取一个样本，它与实际地面观测类型不同的概率，也就是图像中被划为某一类地物实际上有多少应该是别的类别。漏分误差与制图精度互补，而错分误差与用户精度互补。

当检查误差矩阵中各数据关系时，其地图用户看到的是分类图中各类别的可信度，而制图分析者关心的是用于产生这张分类图的方法的好坏。从用户角度，误差矩阵显示的是

225

用户精度，从制图者角度，其显示的是制图精度。在计算两者时，其主要的区别是精度计算时的基数。对制图精度，其基数是参照图像上各类别的总数量；对用户精度，其基数是被评价图像上各类别的总数量。如表 14-3 所示，对居住区，其制图精度为 181/262，即 69.08%；而其用户精度为 181/244，即 74.18%。用户精度指示的是这幅图的可靠性。表中表示被评价图像中标明为居住区的像元中，有 74.18% 对应于实际的居住区；而制图精度则告诉制图者在实际为居住区的地表，有 69.08% 被正确地分到居住区这一类。

表 14-3　精度评价实例

总体精度 = (181+1+96+62)/500 = 69.4%

类别	制图精度	漏分误差	用户精度	错分误差
居住区	181/262 = 69.08%	30.92%	181/244 = 74.18%	25.82%
未利用地	1/14 = 7.14%	92.86%	1/16 = 6.25%	93.75%
植被	96/148 = 64.86%	35.14%	96/172 = 55.81%	44.19%
道路	62/76 = 81.58%	18.42%	62/68 = 91.18%	8.82%

(4) Kappa 分析

Kappa 系数是一种多元离散方法，用于评价遥感图像分类精度和误差矩阵。该方法认为遥感数据是离散的、多项式分布的，抛弃了基于正态分布的统计方法，在统计过程中综合考虑了矩阵中的所有因素，因而更具实用性。其计算方法为

$$\text{Kappa} = \frac{P\sum_{i=1}^{n}p_{ij} - \sum_{i=1}^{n}(p_{i+}p_{+i})}{P^2 - \sum_{i=1}^{n}(p_{i+}p_{+i})} \tag{14-5}$$

式中：P 为所有样本的总数；n 为矩阵行数，一般等于分类的类别数；p_{ii} 为位于第 i 行、第 i 列的样本数，即被正确分类的像元数；p_{i+} 和 p_{+i} 分别为第 i 行、第 i 列的总像元数。

总体精度仅考虑对角线方向上正确分类的像元数量，而 Kappa 系数需要将对角线以外的所有类型的漏分和错分像元同时进行考虑。故此，总体精度和 Kappa 系数往往不相同。当 Kappa 系数大于 0.80 时，表示分类数据与检验数据的一致性高，即分类精度高；当 Kappa 系数的值在 0.40~0.80 时，表示精度一般；当 Kappa 系数的值小于 0.40 时意味着分类精度相对较差。通常精度评价需要将以上各种精度指标同时计算，以得到更多的分类精度信息。

精度评估不是一个简单的过程。虽然精度评价中的部分重要问题已经达成共识，但依然有许多未解决的问题，如精度评价中不同抽样方法的客观性以及是否有更好的采样方法；如何比较不同采样方法得到的 2 个误差矩阵等。

第十五章
遥感技术应用

20世纪80年代，摄影测量技术和遥感技术不断发展，成为科学技术的一个新领域。它们广泛应用于国民经济建设和社会发展的许多领域，特别是在国家基础测绘和空间数据基础设施建设、资源调查、环境保护、自然灾害监测、再生资源预测、道路设计等领域中发挥着重要的作用。

第一节　遥感技术在国家基础测绘中的应用

随着计算机技术以及信息技术的飞速发展，人类社会已经进入了信息时代。现代信息技术不仅关系到现代科学技术、教育、工农业生产乃至经济发展的方方面面，而且关系到人们的生活、工作和娱乐方式。在信息社会中计算机和互联网技术及产业不仅给国家带来了繁荣，也给世界各地的人们带来了各种便利。

为了促进信息社会的快速发展，美国在1993年提出了"信息高速公路"的概念，即建立"国家信息基础设施"（National Information Infrastructure，NII），它主要由计算机服务器、网络和计算机终端组成。为了在"信息高速公路"上表达、描述和查询地理参考信息，并在互联网上准确表达、描述和查询数据，美国必须建立国家空间数据框架，为此美国于1994年提出建立"国家空间数据基础设施（National Spatial Data Infrastructure，NSDI）"。为了在人们的日常工作、生活和娱乐中推广信息技术，美国于1998年提出了"数字地球"的概念。

国家空间数据基础设施是国家信息基础设施的一部分，是连接"信息高速公路"和"数字地球"的桥梁。其中包括空间数据协调、管理与分发体系和结构、空间数据交换网、空间数据交换标准和数字空间数据框架等。

在创建国家空间数据基础设施的过程中，最大的投资是创建数字空间数据框架。在创建数字空间数据框架方面，摄影测量技术和遥感技术直接地或间接地发挥着非常重要的作用。一方面，根据以往的传统，航空摄影测量创建的1∶10 000地形图是数字空间数据框架的数据源之一。按照美国建立国家空间数据基础实施的目标，将来的空间数据基于1∶10 000比例尺地图应是数字地球空间数据框架的重要资源。通过扫描这些地形图或手动跟踪数字化，能够得到道路、水系、行政边界、地名注记以及建立数字高程模型所必要的数据点等矢量数据。由此看来，摄影测量技术以及遥感技术在构建数字地球空间数据框架中起着间接作用。另一方面，现代摄影测量和遥感技术正在成为数字地球空间数据收集和更新的直接手段。现有地形图的数字化是获取矢量空间数据的一种手段，但是这个数据获取方式需要大量的时间和费用。

数字地球空间数据框架（Digital Geo-Spatial Data Framework）是国家空间数据基础设施的核心，其中包含着最基本的空间数据集。框架内容通常包括以下三类数据，即数字正射影像、数字高程模型和数字线划图。一方面，这一空间数据框架为地球观测和分析提供了最基本和使用最多的数据集。另一方面，它为用户提供了地理坐标参考的相关信息，以帮助用户添加关于空间位置的不同信息。

现代摄影测量与遥感技术以生产数字正射影像为主，同时生产数字高程模型，为地理信息系统、各种工程应用提供基础测绘数据。随着数字摄影测量和遥感技术的发展，衍生出各种形式的数字化与可视化产品，极大地拓展了摄影测量的应用领域。除提供各种比例尺的数字地形数据外，还服务于农业、林业、环境、工业、建筑和军事等领域。

第二节　遥感技术在农业中的应用

遥感技术在农业中的应用主要有以下几个方面：研究和监测土地资源；识别作物计算种植面积，并基于作物的生长状况估算产量；分析作物种植及生长情况，并及时进行灌溉、施肥和收割；及时预报、组织防治作物灾害活动等。例如，我国从1987年开始进行"全国土地利用现状调查"，该调查是与土地的权属调查相结合的，几何精度要求高，因此，在县一级多采用遥感正射影像图作为量算面积的依据。

一、农作物播种面积的遥感监测

在我国，耕地数量和质量的减少使得保护耕地成为了实现农业可持续发展中的一项重要的战略任务。遥感数据以其信息丰富、覆盖范围大、实时性和真实性强、收集速度快、周期短、精度可靠、节约时间、减少人力物力、节省费用等特点，被广泛用于动态监测农业用地的数量和质量。利用遥感卫星监测和记录农作物的覆盖面积数据，可对农作物进行分类，估计各种农作物的播种面积。遥感估计作物产量是建立作物的光谱和产量关系的重要技术，通过光谱可获得农作物的生长信息。在实际工作中，绿度和植被指数常常被用作评估农作物生长状况的基准，植被指数包括作物生长潜力和面积。

二、农作物长势与产量的遥感监测

农作物长势是全面评价农作物生长的综合参数。农作物生长监测是指对农作物播种、生长状况和变化的宏观监测。不同的栽培农作物具有不同的发育时期和生长趋势，其光谱反射率也不同，叶面积与农作物产量之间存在良好的线性关系。利用这一特征，可以测量叶面积指数，以便监测农作物的生长情况和产量估算。在可见光 0.6~0.7 nm 以及近红外 0.75~1.00 nm 的反射率比也可用于估计长势，其比值越高，证明农作物长势越好，反之则说明长势不良。还可根据比率和干重确定回归关系，并确定回归系数以获得单位面积的近似产量公式。利用卫星遥感技术监测中国主要农业地区的农作物生产情况，并监测和预估收获产量正逐渐成为农业生产管理和决策过程中的一项重要信息，将带来明显的社会效益和经济效益。

三、农作物长势与产量遥感预报模型

农业模型是农业科学方法论上的一个新突破，它通过农业过程的数字化，使农业科学水平从经验尺度提高到理论尺度，已被公认为一种新的农业研究方法。中国对农作物模型的研究始于 20 世纪 80 年代中期，有很强的机理性，较为突出的有水稻模型 RICEMOD、齐昌汉的水稻模型 RICAM、冯利平的小麦模型 WHEATSM 以及尚宗波的玉米模型 MPESM 等。这些模型能够反映农作物生长发育的基本生理生态机制和过程，具有动态性和普遍性。然而，不同模型中的农作物描述既有简单的也有复杂的。许多模型使用数量较多的假设来描述未知的生理过程，这降低了准确性。此外，模型所需要的大量气候、土壤和农作物特征资料很难获取，这也增加了应用难度，需要进行深入的研究和校正。

四、农作物生态环境监测

利用遥感技术进行农作物生态环境监测可以监测土壤侵蚀、土壤酸化、土壤碱化的主要分布区域以及土壤湿度等，还可以监测土地盐碱化的发展趋势。这些信息可以提醒种植者尽快采取适当行动，防止不良趋势继续发展。德国、日本、印度等国已经开始利用卫星成像系统在早期阶段识别农作物病害和虫害，并及时采取应对措施，有效降低其危险程度，提高了农作物的经济效益。

五、农业灾害监测

动态控制和评估重大灾害，以减少自然灾害造成的损失，是遥感技术应用的一个重要领域。遥感技术结合各种自然灾害的实际应用模型，可用于调查和监测各种自然灾害的发生、发展、灾情、损失和评估，并预灾情时间，以尽量减少自然灾害造成的损失。目前，遥感灾害监测已比较成熟地应用于监测干旱、洪水、冻灾等农业气象灾害。气候异常对农作物生长有一定影响，利用遥感技术监测农作物受灾害程度、受害面积等，可以定量评估农作物损失，然后针对具体灾害情况采取补种、施肥、排水等对策。

六、农业结构调整和区域发展

资源条件的不同与农业生产发展的适宜性之间往往存在矛盾。利用遥感技术，可以对不同资源条件的异质适宜性进行空间分析，以适当反映不同因素适宜性的空间组织，为农业生产因地制宜创造科学依据，提高资源可持续利用效率。在调整农业结构时，分区条例必须根据客观规律，特别是区域分异规律的要求，阐明自然条件(土壤形态、土壤、气候、植被、动物、水文、地质等)的发生、发展和分布规律；说明社会经济条件的变化和分布规律(人口、劳动力、技术、收入分配、地理位置等)，确定和评估资源数量的影响以及在此农业生产条件下资源的质量和空间分布对农业生产的影响，审查区域生产综合体及其潜

力的开发、使用和保护；为农业规划建立科学基础和示范的决策指标和战略措施。只有依据较强的空间分析技术和稳定的空间数据信息，才能形成区划合理的农业生产结构和布局。

七、数字农业

数字农业是遥感技术、地理信息系统、全球定位系统、机电一体化和农业的有机结合。它是遥感技术在农业应用的集中体现。数字农业是信息密集型技术，对信息的提取和处理有很高的要求，在一定程度上也是信息技术发展的必然结果；此外，数字农业也是一项环保技术，农业生产中过量使用农药和化肥会导致严重的环境污染，过度农业也会导致土壤流失和水资源浪费。因此，发展数字农业技术也是环境保护和可持续发展的需要。

第三节　遥感技术在环境科学中的应用

目前，环境污染是一个困扰世界的重大问题。遥感技术可用于快速、广泛地监测水污染、空气污染、土地污染以及各种污染造成的损害和影响等。近年来，中国利用遥感技术进行了多项环境监测应用试验，分析和评价了沈阳等城市的环境质量和污染水平，还在监测城市热岛效应、烟气扩散、大气污染、水体污染、绿色植物覆盖指数和交通量等方面取得了重要成果。

随着遥感技术在环境科学的广泛应用，环境遥感学科应运而生。环境遥感是利用遥感技术来明确环境条件的变化、环境污染的性质和污染物的扩散规则的学科，环境条件（如气温和湿度的变化）和环境污染大多会造成地物光谱特征不同程度的变化，而地物光谱特征的差异也是遥感探测识别地物的最根本依据。

一、陆地环境遥感

陆地环境遥感的目标范围很广，涵盖了地表生物圈、人文圈、岩石圈等。其间，最引人注目的是利用遥感技术对土地利用/土地覆盖（LU/LC）和城市生态环境进行的分析和研究。

土地利用/土地覆盖遥感分类是环境遥感的一个重要应用研究方向。20世纪80年代的土地覆盖遥感工作主要基于传统的统计聚类方法，侧重于土地类型的分析和解释以及对应光谱特征的描述。利用遥感数据制作的土地覆盖图虽然有一定的用途，但信息量过大，很少涉及土地覆盖与其他自然景观要素之间的关联。近年来还出现了许多新的遥感图像分类方法，主要包括决策树方法、多元数据挖掘方法、多元数据专家系统、计算机识别方法和人工智能神经网络分类方法等。

城市是人类的主要生存环境，遥感技术在城市生态环境的变化和动态扩张监测方面的应用受到关注。用于城市生态环境演变和城市动态变化监测的遥感影像数字处理方法很多，不同的环境条件和应用目标，选用不同的算法和波段组合，并且各有优缺点。

二、水环境遥感

20 世纪 70 年代以来,许多国家应用航空遥感来监测沿海污染,应用卫星遥感监测区域海上石油泄漏和赤潮。1980 年以来,卫星遥感已被用于监测水环境污染浓度场的变化和评估污染对环境的影响程度。遥感技术在海洋环境中的应用主要涉及海洋水文学、气象学、生物学、物理学、海洋能源、海洋污染、近岸工程等领域。但遥感技术通常难以获取深海信息,这也是海洋遥感面临的一个问题。

水色遥感的重点是附近海域和海岸带,主要用于污染物排放地点的选择、水环境评价、环境污染事件(溢油、赤潮)以及识别和监测水泥、水沙、浊度、叶绿素、黄色物质等方面。近年来,遥感技术在监测赤潮和溢油污染等方面的应用引起了人们的广泛关注。水体污染物的提取和分析开始向技术集成、平台综合、算法优化、结果定量等方向发展,人工智能技术已经开始应用于改进污染物的定量提取方法,并且高度重视新概念、新理论、新参数的发展,应用范围已经突破了近岸海水和地表水体,针对地下水补给区的识别也开始扩大。

三、大气环境遥感

大气环境遥感指利用遥感技术监测大气的结构、状态和变化。它对于监测和预测灾害性天气、气候变化和全球环境变化具有极其重要的意义。由于遥感技术的特点和大气环境问题的独特性,大气环境遥感主要应用于研究全球的环境变化。目前的研究仍侧重于热岛效应、大气校正、定量计算气溶胶厚度和环境空气污染定性识别,对空气污染程度的定量研究和分析较少。

城市热岛效应是城市遥感的一个长期研究课题。城市热岛遥感主要通过城市下垫面的热红外遥感来进行。利用热红外遥感信息调查来研究城市热岛及其环境影响具有独特的优势,国内外许多科学家对此做了大量的研究。利用遥感信息模型和大气污染迁移扩散数值模拟相结合的方法可进行城市热岛时空分析和预测模拟。大气校正是空间对地遥感定量地获取地面真实反射率必须进行的重要步骤,在遥感数据深加工和处理之前均须进行必要的大气和几何校正。

大气环境遥感光谱监测是大气环境污染监测的高科技技术,具有高灵敏度、高分辨率、多组分、实时、监测速度快等特点。一些研究表明,在对遥感数据进行大气校正时,必须考虑城市空气污染的影响。大气环境遥感的研究为促进城市污染的定量表征和评估提供了非常有用的帮助。

第四节 遥感技术在林业中的应用

林业是国家可持续发展的重要物质基础,是经济建设和环境保护中十分稀缺的可再生资源。全国绿化委员会办公室发布的《2022 年中国国土绿化状况公报》显示,目前,我国森林面积 2.31 亿 hm^2,森林覆盖率达 24.02%。在如此巨大的面积上进行林业生产,任务十分艰巨。传统林业生产已不能适应现代社会的发展，迫切需要采用先进的技术手段。

遥感技术自 20 世纪 70 年代被应用以来，具有宏观性、综合性、再现性和成本低的特征，成为了研究森林资源现状和审查动态变化的理想手段。世界上很多国家，特别是林业发达的国家均在林业生产中采用了遥感技术，应用于森林资源清查、病虫害的监测、灾害后的评估等。随着遥感技术的飞速发展，遥感数据的分辨率不断提高，其应用技术也越来越广泛和成熟。特别是近年来，遥感(RS)、地理信息系统(GIS)和全球定位系统(GPS)的结合已经应用于林业的许多领域，显示出强大的生命力。

一、森林资源调查和规划

森林资源数据是林业经营决策的重要依据。快速准确地获得森林资源数量和质量的能力一直是一个国家林业生产水平的重要标志。截至目前，我国森林资源的清查方式仍然以人工调查为主，调查周期一般为 5 年。森林资源的成分复杂，调查工作量大，费用高，调查总体内各单位难以同步。若要减少森林资源的清查周期，迅速、准确、高品质、高效地取得森林资源的各种数据，评估森林资源的质量和用途，实现森林资源的定期、甚至实时监控，就必须改变传统的清查方式，采用先进的技术手段。遥感技术是解决这一难题的重要途径。在我国，已经利用遥感技术对几个地区进行了森林分布调查、编制林业区划图、估计森林蓄积量，这为林业生产和生态环境改善提供了重要资料。

二、森林资源动态监测

卫星遥感可定期获取遥感数据，为动态监测森林资源提供可靠的信息来源。森林资源的动态变化可以通过利用两个不同时相的遥感数据来实现。例如，利用点面结合和相互组合的方法对自然保护区的热带森林植被进行动态变化的遥感监测；利用专家系统和植被指数差值进行植被动态监测；结合地理信息系统和连续资源清查方法进行动态森林资源监测。

三、森林火灾的监测预报

利用 AVHRR 图像和 TM 图像可正确定位森林火灾，包括火头位置、火势发展方向、各种救火措施的实际效果等重要信息。救火指挥部可以根据遥感提供的信息，立即采取有效措施，进行防范，减少火灾损失。通过火灾宏观遥感监测与早期预报、森林火灾扩散与趋势监测与评价、火灾损失评估和辅助决策减灾，我国已经建立了快速、准确、实用的"森林火灾监测应用技术体系"。这些研究提高了遥感技术在中国森林火灾监测和预报中的应用成效。

四、森林病虫害监测

当植物遭受病虫害时，不同波段的植物光谱值会发生变化。例如，如果植物受到病虫害的影响，虽然人眼感觉不到，但红外波段的光谱值却已经发生了很大的变化。从遥感数据中收集这些变化的信息，并分析病虫灾害的源头、分布和发展情况，可以为预防和控制病虫害提供可靠的信息。

五、森林灾害损失评估

遥感技术可以及时、准确地评估森林灾害造成的损失。在进行 1987 年大兴安岭特大火灾的损失估算时，利用卫星数据资料统计的燃烧面积为 124 万 hm^2，其中燃烧面积较重、较轻、居民区和街道分别为 10.43 亿 hm^2、19.3 万 hm^2、2 400 hm^2 和 1 500 hm^2，准确率高达 96%。1986 年，中国吉林省长白山自然保护区的原始森林受到特大飓风的袭击。由于该地区交通不便，地面调查困难，利用卫星遥感资料进行的损失评估，有效地支援了灾害后的建设。随着遥感技术的发展，其应用也从宏观到微观，从定性到定量，日益扩大。

第五节　遥感技术在水资源研究中的应用

遥感技术不仅可以观测水体本身的特征和变化，还可以提供周围自然地理条件和人类活动影响的全面信息，为全面研究自然环境和水文现象之间的关系创造了有利条件，进而发现自然界中水的运动变化规律。另外，卫星遥感对自然界的环境动态监测比以往的方法更全面、仔细、准确，从而可以获取大量的全球环境动态变化的数据和图像，为研究区域水文过程甚至全球水循环和水平衡等重要水文问题带来较多数据支撑。因此，在陆地卫星图像的实际应用中，水资源的遥感已经成为最受关注的一个方面，遥感技术在水文学和水资源的研究中已经发挥了巨大作用。在美国陆地卫星图像应用中，水文学和水资源方面所获的收益首屈一指，其中仅减少洪水损失和改进灌溉所带来的收益就占陆地卫星应用总收益的 41.3%。

遥感技术在水文和水资源研究中的应用主要包括水资源调查、水文信息预报和区域水文研究。例如，地表水资源的解译标志主要是色调和形态，一般来说，对于可见光图像，当水体浑浊、浅水沙底、水面冻结以及光刚好在镜头中反射时，图像呈现浅灰色或白色；相反，当水体较深或水体不深但水底淤泥较多时，图像色调较深。对于红外彩色图像，水体对近红外波段有较强的吸收作用，因此水体图像为黑色，与周围土壤等地物有明显的边界。对多光谱图像来说，每个波段图像中的水体色调都是有差异的，这种色调之间的差异也是解译水体的间接标志。地表水资源(如河流、沟渠、湖泊、水库和池塘等)均可以利用遥感图像的色调和形态特征较为容易地解译出来，这在水资源调查时得到了广泛的应用。

一、固体悬浮物质监测

水质环境中，悬浮固体物质增多会影响水环境的浊度以及光学性质。因此，在使用遥感技术对水环境污染程度进行分析时，可以对固体悬浮物质含量进行判断。水体本身对波长较长的红外线具有良好的吸收性，所以可以使用一定波长的红外线对水质固体悬浮物含量情况进行监测。在数据分析中，监测人员可以通过对设备传回的信息进行收集，分析水质的浓稠度以及光学性质，最终得出准确的固体悬浮物含量信息。另外根据设备传输的红外波段以及监测信息，监测人员可以分析两者之间的关系，并由此得到数学模型，随后通过模型进行计算，求得最为真实的浓度信息。在进行污染物浓度、悬浮物浓度分析时，可以使用光谱综合分析法，从而让监测人员更好地掌握悬浮物在水环境中的分布特征以及浓度情况。

二、油污监测

油污污染是水污染中最严重的问题之一，会直接影响水环境的生态平衡。在利用遥感技术监测水环境时，油污监测是最重要的目标也是最主要的监测对象。通常可以使用红外遥感技术、紫外遥感技术和可见光遥感技术进行测量，据此导出被监测区域的污染物含量，并基于监测结果构建计算模型。监测人员可以根据遥感监测分析数据确定污染物来源，准确分析和管理污染物来源，从而消除或缓解油污污染。由于应用不同的遥感技术的环境不同，监测人员可以在使用遥感技术监测油污污染时根据污染物特征选择适用的遥感技术，以获得最接近真实的遥感结果，并为随后的污染物管理提供数据支持。

三、水体富营养化监测

水体富营养化的一个重要标志是悬浮物的增加和水环境的恶化。在使用遥感技术监测水体富营养化时，大多数技术人员选择使用可见光和近红外波段进行监测，这是因为这些悬浮固体中含有叶绿素，而叶绿素在近红外波段会产生一个陡坡。因此，我们可以了解浮游植物在水环境中的大致反射光谱特征。在实际操作中，监测人员可以在监测水中悬浮物的过程中适当的使用红外波段，收集数据，并使用相应的模型来反演，以得到水体污染物的含量。在这个过程中，监测人员需要建立一个有效的计算模型来确保最终结果的准确性。

第六节　遥感技术在洪水灾害监测中的应用

洪水灾害是突然发生的自然灾害，其发生的特点为具突然性，且持续时间短。但是，洪水灾害的预防和控制是长期的过程。从洪水发生过程来看，人类对洪水的反应可以分为以下4个阶段：洪水控制和洪水综合管理，洪水监测、预报和警报，监测洪水灾害情况、防洪救灾，洪水灾害综合评价和减灾政策决定分析。这4个阶段相互关联，相互制约，使整个系统构成长期工作。从时效和工作性质来看，这4个阶段的研究内容可以总结为2个层面，即长期的区域综合治理与工程建设和洪水灾害监测预报与评估。遥感和地理信息系统作为一种高新技术，可以直接应用于研究洪水灾害的各个阶段，进行洪水灾害监测和灾害状况评估分析。

洪水灾害监测分为地面站网观测和宏观遥感监测。地面站网观测包括雨情监测、水情监测和防洪工程设施监测。在洪水初期，通过地下水观测站网络和水情了解实际洪水情况；借助区域洪水预报模型，预测区域洪水的发展趋势。洪水灾害的遥感监测打破了传统时空站网监测的局限性。多平台遥感技术形成了一个全方位的洪水灾害三维立体监测系统。气象卫星时间分辨率高(绕地球一周只需1~2 h)，有助于洪水灾害的宏观和动态监测；陆地卫星具有很高的空间和光谱分辨率，所获信息丰富，有助于灾害前的状况调查和灾害后的受害程度调查；航空遥感具有高速、灵活、便利和应急能力强的特点，尤其是航空微波遥感全天时、全天候监测洪水的能力，是防洪遥感监测的重要手段。随着以微波航空遥测和信息传输技术为核心的地–星–地和机–星–地系统的构建，中国具备了实时监测洪水灾害的能力。

　　洪水灾害评估信息系统是特别主题的地理信息系统，以洪水灾害为分析对象，研究洪水灾害发生的时间规则和空间分布，评估地区洪水灾害损失，协助相关部门制定防洪和灾害救援方案。我国在"七五"和"八五"期间，作为国家重大研究和国际合作项目的一部分，在黄河下游、黄河三角洲、洞庭湖、太湖流域等地区开展了洪水风险预测和防灾研究，积累了丰富的实践经验和理论知识。

　　随着遥感与 GIS 以及与 GPS 集成技术及应用的深入研究，可以预料，遥感与 GIS 在洪水灾害监测与评估中将发挥更大的作用。

参考文献

奥勇，王晓峰，2009. 遥感原理及遥感图像处理实验教程[M]. 北京：北京邮电大学出版社.

陈晓玲，赵红梅，黄家柱，等，2013. 遥感原理与应用实验教程[M]. 北京：科学出版社.

邓书斌，2010. ENVI 遥感图像处理方法[M]. 北京：科学出版社.

董彦卿，2012. IDL 程序设计——数据可视化与 ENVI 二次开发[M]. 北京：高等教育出版社.

段延松，2019. 无人机测绘生产[M]. 武汉：武汉大学出版社.

段延松，曹辉，王玥，2018. 航空摄影测量内业[M]. 武汉：武汉大学出版社.

郭学林，2018. 无人机测量技术[M]. 郑州：黄河水利出版社.

韩培友，2006. IDL 可视化分析与应用[M]. 西安：西北工业大学出版社.

季顺平，2018. 智能摄影测量学导论[M]. 北京：科学出版社.

贾永红，2003. 数字图像处理[M]. 武汉：武汉大学出版社.

李明泽，2010. 遥感技术与应用实验指导[M]. 哈尔滨：东北林业大学出版社.

李明泽，于颖，2018. 摄影测量学[M]. 哈尔滨：东北林业大学出版社.

李小娟，宫兆宁，刘晓萌，等，2007. ENVI 遥感影像处理教程[M]. 北京：中国环境科学出版社.

林君建，苍桂华，2005. 摄影测量学[M]. 北京：国防工业出版社.

孙家抦，2003. 遥感原理与应用[M]. 武汉：武汉大学出版社.

王佩军，徐亚明，2016. 摄影测量学[M]. 3 版. 武汉：武汉大学出版社.

王桥，杨一鹏，黄家柱，等，2005. 环境遥感[M]. 北京：科学出版社.

徐芳，邓非，2017. 数字摄影测量学基础[M]. 武汉：武汉大学出版社.

杨曦光，2017. 高光谱遥感环境参数反演方法[M]. 哈尔滨：东北林业大学出版社.

杨曦光，于颖，严立文，等，2020. 水色遥感原理与方法[M]. 哈尔滨：哈尔滨地图出版社.

袁金国，2006. 遥感图像数字处理[M]. 北京：中国环境科学出版社.

赵红，2016. 摄影测量与遥感技术[M]. 武汉：武汉理工大学出版社.

赵文吉，段福州，刘晓萌，等，2007. ENVI 遥感影像处理专题与实践[M]. 北京：中国环境科学出版社.

赵英时，等，2018. 遥感应用分析原理与方法[M]. 2 版. 北京：科学出版社.

周其军，叶勤，邵永社，等，2014. 遥感原理与应用[M]. 武汉：武汉大学出版社.

周延刚，何勇，杨华，等，2015. 遥感原理与应用[M]. 北京：科学出版社.